L'Homme social à son corps dépendant

Acteurs de la Science
Fondée par Richard Moreau,
professeur honoraire à l'Université de Paris XII
Dirigée par Claude Brezinski,
professeur émérite à l'Université de Lille

La collection Acteurs de la Science est consacrée à des études sur les acteurs de l'épopée scientifique moderne ; à des inédits et à des réimpressions de mémoires scientifiques anciens ; à des textes consacrés en leur temps à de grands savants par leurs pairs ; à des évaluations sur les découvertes les plus marquantes et la pratique de la Science.

Dernières parutions

Simon BERENHOLC, *L'Homme social à son corps dépendant. Analogies comportementales entre les cellules biologiques et les sociétés humaines*, 2015
Robert LOCQUENEUX, *Baromètres, machines pneumatiques & thermomètres, Chez & autour de Pascal, d'Amontons & de Réaumur*, 2015.
Pierre de FELICE, *Mille ans d'astronomie et de géophysique. D'Aristote au Haut Moyen Age*, 2014.
Charles BLONDEL, *La psychanalyse*, 2014.
Philippe LHERMINIER, *La valeur de l'espèce. La biodiversité en questions*, 2014.
Roger TEYSSOU, *Freud, le médecin imaginaire... d'un malade imaginé*, 2014.
Robert LOCQUENEUX, *Sur la nature du feu aux siècles classiques. Réflexions des physiciens & des chimistes*, 2014.
Roger TEYSSOU, *Une histoire de la circulation du sang, Harvey, Riolan et les autres, Des hommes de cœur, presque tous...*, 2014
Karl Landsteiner. L'homme des groupes sanguins, édition revue et augmentée, 2013.
Jean-Pierre Aymard, *Karl Landsteiner. L'homme des groupes sanguins, édition revue et augmentée*, 2013.
Michel Gaudichon, *L'homme quelque part entre deux infinis*, 2013.

Simon Berenholc

L'Homme social à son corps dépendant

Analogies comportementales entre les cellules biologiques et les sociétés humaines

L'Harmattan

5-7, rue de l'Ecole-Polytechnique, 75005 Paris

http://www.harmattan.fr
diffusion.harmattan@wanadoo.fr

ISBN : 978-2-343-05633-3
EAN : 9782343056333

Tous les groupements suscités par la Vie ont des analogies fonctionnelles sociales.

La Vie est totalement biochimique.

Elle n'existe, pour le corps matériel, et pour la pensée qui en provient,
que par ses constituants moléculaires assemblés.
Chaque assemblage va aboutir à la création de tous les supports corporels,
et de toutes les substances qui font les communications intercellulaires
et sociales à l'extérieur.
Santé et maladies découlent des désorganisations induites spontanément
par un inné perturbé, ou par les agressions d'origine environnementale.
Maladies physiologiques et mentales orientent les décisions individuelles
et sociales qui en résultent.
Douleur ou plaisir accompagne la vie de chacun, s'impliquant dans les idéologies,
alors, souvent, les raisons veulent ignorer le cœur, surtout celui des autres.

C'est pourquoi nous pouvons parler de l'Homme social, à son corps dépendant.

La vie est une toile
Chaque jour, une touche de couleur
À la fin de ta vie
Lègue une œuvre de maître

Pour un humanisme immun
Contre la haine

Pour ceux que j'aime
et qui m'aiment
Et surtout pour tous les autres…

SOMMAIRE

Académie Nationale de Chirurgie Dentaire

SÉANCE PUBLIQUE AU SÉNAT

Jeudi 15 Mars 1990, sous la Présidence d'Honneur de Monsieur le Président du Sénat Alain POHER.

ORDRE DU JOUR

ALLOCUTIONS DU PRÉSIDENT
LA MATIÈRE ET LA VIE

1° **L'Objet vivant**
par Monsieur Albert DUCROCQ
Rédacteur Scientifique au *Figaro* et à Europe N° 1
Professeur à l'École des Sciences Politiques

2° **Les Horloges Biologiques**
par Monsieur Ladislas ROBERT
Maître de Recherche au C.N.R.S.

3° **De l'Expérience Biologique au Modèle Humain**
par Monsieur Simon BERENHOLC
Professeur à la Faculté de Chirurgie Dentaire de l'Université Paris V

C'est à cette occasion que fut utilisé le terme de « *biosociologie* ». Analogies comportementales sociales, entre les cellules libres ou associées et la société humaine.

On peut concevoir l'évolution comme une expérience biologique, avec des erreurs et des avancées, par et y compris les relations environnementales.

L'Etre humain socialisé est un ensemble complexe de sous-ensembles d'individus complexes, indépendants, mais solidaires dans l'interdépendance.

Il existe une analogie comportementale avec les individus cellulaires biologiques !

C'est à partir de ce constat que nous tenterons d'extrapoler les connaissances de la vie biologique, pour les corréler avec des comportements semblables de la vie sociale. Cela se retrouvera tout au cours de cet ouvrage.

Les lois biologiques de tous les individus, plantes, insectes, animaux, dont l'homme, sont semblables, et transmissibles pour chacun. Les mutations aléatoires sont acceptées quand elles sont adaptées à l'environnement. *Chaque cellule* participe à l'existence harmonieuse du corps, pour laquelle elle *a été programmée*, selon ses capacités.

Les lois sociales, *dépendent des nécessités et des idéologies qui les déterminent*. Il en est ainsi de la propriété, de la communication, de la nutrition, et de la pérennisation de l'idéologie, et sexuelle pour les individus, et dans les sociétés, les religions, Malthus, avec la restriction démographique par le contrôle de la natalité, la Chine de Mao Tse Dong, avec sa politique de l'enfant unique.

Elles peuvent évoluer ou disparaître.

Les individus, dans un espace donné, et théoriquement selon leurs capacités, sont comme les cellules. Et la différence provient de la *liberté du choix des fonctions par chaque individu*.

Mais les sociétés imposent aussi des choix, inhérents à l'économie qu'elles créent.

Ainsi, l'individu est de moins en moins libre, et de plus en plus tributaire des politiques déterminées.

Toutes ces constatations seront exprimées dans les différents chapitres.

Pour faire réfléchir, et, peut-être, faire fléchir ?

Dans le *QUOTIDIEN DU MEDECIN* N° 4776
MERCREDI 26 JUIN 1991

Le Pr. Hamburger lance sa biosociologie.

En recevant, le lundi 24 juin 1991, les nouveaux membres de l'Académie des Sciences, le Professeur Jean Hamburger a invité l'honorable compagnie à réfléchir sur la biosociologie.

Pour le président de l'Académie, ce terme pourrait être choisi « pour l'étude de l'ensemble des risques biologiques que comportent les mœurs humaines » et « cette discipline nouvelle aura pour tâche de chercher méthodiquement les moyens compensateurs de nos comportements périlleux ».

Il apparaît que nos définitions n'ont pas la même interprétation.

Bio a pour racine grecque bios, la vie.

La biologie est l'étude de la vie.

La sociologie est l'étude des faits sociaux dans les sociétés humaines.

C'est le pourquoi de la biosociologie, le 15 mars 1990.

C'est le pourquoi de cette association des deux mots.

Comme souvent, des idées sont dans l'air du temps, y compris dans la recherche.

En 1976, Richard Dawkins, *Le gène égoïste* ; Odile Jacob 1989, pense que les idées peuvent évoluer un peu comme les gènes et sont responsables de l'évolution des cultures. De là, la création du mot mème, de *mimesis*, imitation, comme même en français mais n'ayant pas le même accent, l'étymologie étant différente.

Tobias Kuhn, dans *Physical Review* X du 21 novembre 2014, écrit : « … les idées scientifiques naissent, se diffusent, se transforment… circulent entre chercheurs… »

Ainsi, en 1802, Lamarck en France et Treviranus en Allemagne créent le terme de Biologie.

C'est l'étude de la vie et des êtres vivants.

La sociologie, plus récente sous ce nom, s'est trouvée représentée dès que l'écriture, pariétale ou dans les constructions, et le papier, relatèrent la vie des sociétés, magistralement exprimée plus tard dans les romans entre autres.

La sociologie, mot créé par Auguste Comte en 1839, exprimant la physique sociale, a pour intention de comprendre les comportements humains dans les sociétés en général.

Elle tend aussi à expliquer le pourquoi des relations existant aux différents niveaux de la vie sociale, qui vont de l'individu à l'universel.

En objectivant les différents réseaux familiaux, culturels (religions et philosophies), elle ouvre une compréhension aux interactions des individus en particulier, avec l'environnement immédiat jusqu'au lointain mondial.

Elle essaie d'en tirer des moyens d'action pour modifier les relations existantes, au profit de certaines conceptions morales, éthiques, idéologiques et donc politiques.

La biosociologie est donc bien l'étude comparative de la vie biologique, dans tous ses rapports avec les relations qu'elle implique, et de ses analogies avec la vie sociale des Hommes.

AVERTISSEMENT !

Un essai incite à la contradiction. Cela pourra me satisfaire, car il aura poussé ainsi à une réflexion.

Pour une polémique « *homéostasée* » ! Équilibrée.

Le point de départ est, sans contestation plausible, que l'évolution nous ramène à des origines cellulaires.

Un essai peut être aussi à la base de l'évolution d'une réflexion.

Réflexion de ma part. Et de la vôtre ensuite, lecteur averti.

Dans les deux sens, prévenu et connaisseur, donc vous en valez deux.

Toute existence reconnue d'un individu, d'une Société, d'un fait, d'une idéologie, n'autorise pas, d'emblée, un accord ou un refus de comparer leur comportement avec la vie cellulaire.

C'est instinctivement, ou après réflexion, qu'on adhère, ou non.

C'est à partir de ce constat que nous nous sommes impliqué.

Parler d'analogies comportementales n'impose évidemment pas une notion d'exemplarité. Il ne faut absolument pas en faire un argumentaire philosophique ou politique.

Mais il n'est pas totalement absurde d'avoir une attitude anthropomorphique. Car le comportement cellulaire est souvent comparé à des attitudes sociales (cellules, cellules anarchiques, cellules compétentes, tolérance, c'est dans mon ADN, il est lymphatique...).

Et l'individu utilise parfois des termes biologiques pour certains états psychologiques (je suis allergique à... je suis vacciné, je suis immunisé...).

L'être humain vivant possède un vécu social, une mémoire, une culture, modulés par une intelligence.

Et il réagit toujours, mais aussi parfois, de façon imprévisible, face à une situation quelle qu'elle soit.

Une cellule, autonome libre ou fixée, ne possède de réaction limitée et habituellement prévisible qu'en fonction d'une injonction ou d'une agression.

D'évidence, le monde des animaux et des plantes subit également cette influence. Nous en parlerons aussi brièvement.

Par analogie, nous récusons toute conception d'un corps social qui s'assimilerait à une entité physique et biologique, comme un corps humain.

Par contre, des coïncidences comportementales peuvent en découler !

La biosociologie est une discipline et une science sociale, une approche pour la compréhension de faits sociaux. Mais elle ne doit pas être une récupération idéologique ! Ce travail se veut être uniquement un Essai.

C'est un travail de réflexion, basé sur des données biologiques et des comparaisons avec ce qu'apporte la sociologie. **Les données biologiques** exposées ne sont évidemment pas exhaustives. Elles **ne sont exposées brièvement** que pour expliciter les rapports sociaux cellulaires et les analogies sociales humaines qui en découlent.

Cet essai permet des digressions sur la vie sociale et politique, l'homme s'évadant de son corps physique par la pensée, mais s'appuyant sur des données biologiques sous-jacentes, et manipulatrices.

Car chaque cellule, chaque organe a une fonction spécifique bien définie, pour une existence harmonieuse et protégée du corps global dont il dépend.

L'analogie, ici, est une similitude fonctionnelle

Ce ne peut être l'inspiration philosophique d'un comportement social ou politique.

Et pourtant !

L'homme est égocentrique par nature, à sa naissance. Seule la culture le modifie au cours de sa vie. Notre corps est singulier, car unique, exception faite pour les jumeaux monozygotes, et encore !

Son comportement interne biologique aurait un équivalent disons « socialiste », ce terme étant pris, non dans un sens politique, mais de mise en commun des capacités organiques, certains éléments pouvant accessoirement disparaître sans problème, d'autres restant indispensables, mais seul le cœur apparaît comme l'unique apparence de la vie. Elle disparaît quand il ne bat plus.

L'individu humain est mort. L'être social disparaît avec lui, physiquement.

C'est notre corps

Son comportement par rapport à ce qui l'entoure est « nationaliste. »

Il **travaille** nuit et jour, il est **famille** on ne peut plus, il est **patrie** pour lui-même !

Avec tout ce que cela implique, par la valeur donnée aux mots.

Référencée dans un contexte social et politique, historiquement, cette devise peut devenir sujet à diverses interprétations. Et donc, notre corps serait national et socialiste !

« *Mal nommer les choses, c'est ajouter aux malheurs du monde* » a dit Albert Camus.

C'est pourquoi chaque mot a un sens que l'on ne devrait pas dévoyer.

La Vie sociale, au langage ambigu, a une différence fondamentale avec la biologie, où le langage est connu, avec un seul sens bien défini. Le langage biologique s'augmente au fil des découvertes, c'est-à-dire de mises à jour des relations cellulaires, explicitant leur comportement.

Des mots identiques pour tout ce qui vit.

Le langage social évolue, avec les acquisitions provenant d'autres cultures, d'inventions, d'autres mots qui s'incorporent. Les néologismes doivent être bien définis, sinon ils sont source de confusion !

Comme nous l'avons exprimé, c'est confirmé par le mot biosociologie.

Après le Big Bang, 13,7 milliards d'années, la Terre, nébuleuse du Soleil, est née il y a environ 4,6 milliards d'années. L'ère éditée de la vie commence il y a 3,6 milliards d'années. Les origines de la vie sont sources d'exégèses, et les scientifiques matérialistes ou spiritualistes ont tenté expérimentalement d en fournir des preuves favorables à leur thèse.

A partir de gaz, méthane, azote, d'hydrogène sulfuré, d'ammoniac ainsi que de l'eau et de décharges électriques (soupe originelle), pour les matérialistes.

Les idéalistes créent aussi des acides aminés issus de l'argile (comme Dieu l'a fait ?). Mieux que la tour de Babel, seul l'Acide Désoxyribonucléique ou ADN est le langage universel biologique, de tout ce qui vit.

L'aire éditée, comme un nid, c'est l'espace physique en trois dimensions, et biologique qui se crée et se perpétue grâce à l'ADN.

Cela ne fait que repousser le problème de l'origine du vivant et des valeurs qu'il génère. L'homme est-il fait à l'image d'un Dieu créateur, ce qui impliquerait que l'organisation du corps humain serait un bon modèle pour gérer législativement une société ?

N'est-il qu'un animal plus évolué, grâce à la pensée, avec des implications biologiques innées ?

Y a-t-il une hiérarchie dans notre organisme qui peut influencer une conception du pouvoir politique, donc de la vie sociale ?

Le monde du vivant est inégal, et cela se traduit aussi dans le monde social dans lequel il évolue.

Mais, d'évidence, il y a plus de diversité dans tout le biologique, dans tout ce qui est vivant, que dans les idéologies des groupements sociaux.

Je rappelle que, pour nous, il est simplement curieux d'analyser sociologiquement, chez les individus et leurs différents ensembles, les réactions qui ressemblent à certains comportements cellulaires.

L'espace-temps est variable pour réaliser des actions plus ou moins abouties, et capables de se modifier. L'évolution biologique a bénéficié de milliards d'années pour que l'être actuel soit ce qu'il est.

L'évolution sociale, depuis les premiers humains, 6,5 millions d'années, est ainsi beaucoup plus rapide et, depuis quelques millénaires, bien plus expéditive encore.

Car l'évolution apporte la diversité des espèces depuis le premier être vivant qui s'est reproduit, et il y a plus de germes, de plantes et d'animaux que l'évolution sociale n'a de diversité.

Les diverses idéologies se rassemblent en quelques groupements, qui diffèrent par peu de caractères, mais qui produisent le plus souvent les mêmes comportements et résultats in fine.

Historiquement, stalinisme et hitlérisme par exemple.

Ici, le biologique montre qu'ils ont eu la même conduite comportementale, par exemple, que les lymphocytes tueurs !

Les conceptions existentielles des sociétés

Différentes conceptions pour la place attribuée aux individus dans les sociétés s'étalent, entre tout pour l'individu et tout pour la société.

Ou l'individu prime sur la Société, ou la Société domine les individus, avec des situations intermédiaires. Entre l'individualisme et, disons, l'utilitarisme, les philosophies, les idéologies sont supportées par un individu, ou par un groupe, et les oscillations rétroactives, selon les réactions provoquées par les tentatives de réalisations des idéaux, provoquent des coercitions. Les pressions sont exercées par le pouvoir sur les contestataires, et réciproquement. Il s'avère, d'évidence, que la tentative de finaliser le concept philosophique doit s'appuyer sur des coercitions plus ou moins nécessaires envers les opposants. Ainsi, Max Weber, dans des conférences données en 1917 et 1919, fait la différence entre l'éthique de conviction et l'éthique de responsabilité.

L'éthique de conviction est la philosophie qui sous-tend l'orientation politique du pouvoir en place, pouvoir obtenu par une partie de la population ayant voté pour une mise en place de certains principes, ou par la prise de pouvoir d'une autre manière.

L'éthique de responsabilité est une tentative d'adéquation, entre l'idéologie au pouvoir du moment et la contestation. Il se crée une dilution des obligations de l'idéologie dans l'adversité, sorte d'abandon dû à l'adversaire, ou bien un durcissement réactif du pouvoir.

Chacune des deux éthiques est introduite et dosée selon les nécessités de la réussite, en raison des dommages collatéraux causés par l'application sociale, ou idéologique, des idées du règne en cours. La communication, source nécessaire de transmission des idées, est donc impérative pour la réussite et l'acceptation du pouvoir, et de son action.

Les mots sont porteurs de références et sont les vecteurs obligés pour le soutien communicatif des actions du pouvoir et pour motiver le refus des opposants.

Le mot liberté prend alors une dimension proportionnelle à l'idéologie qui la promeut, mais explique aussi la variabilité de son acceptation par ceux qui le perçoive. *La liaison individu et liberté permet alors de concevoir toute une hiérarchie de valeurs dans les sociétés, le produit de ces deux extrêmes aboutissant aux moyens de réaliser une idéologie.*

L'adaptation imposée à la vie biologique ou sociale permet des comparaisons, d'où certaines analogies.

Le corps humain, par tous ses éléments constitutifs hérités de l'Homo sapiens et qui perdurent en nous jusqu'à ces jours, a un comportement utilitariste qui doit tenter de s'accommoder avec le mode moderne de l'environnement. Il va réagir en fonction de ses anciennes capacités, pour moduler le taux de sucre, comme un ancien frugivore, de sel, par ses origines… S'il n'y arrive pas, de très nombreuses maladies vont se développer et il devra se doter de capacités de résistance, d'endurance, d'assimilation et d'intégration, que nous développerons.

BIOSOCIOLOGIE

Etude comparée des analogies comportementales sociales entre cellules libres ou associées et la société humaine.

Pour la biologie, pour tout ce qui vit, le corps est Un

- Unicité d'intégration.
- Unicité dans la compréhension des langages cellulaires.
- Unicité comportementale.

Pour tous les individus, les cellules sont incorporées dans un dessein unique : leur survie et leur pérennisation.

Pour une vie sociale toujours rééquilibrée, avec une cohésion maintenue.

C'est pourquoi sera incluse une description succincte de tous les organes, chacun participant à l'équilibre vital.

Comme tous les organismes sociaux, avec chacun une spécificité.

Un Etat est dans un état qui paraît être analogue au biologique.

En France, par exemple, La république est Une et indivisible.

Article 1 : La république a pour langue le français avec l'unification dans l'intégration.

Le langage doit fournir le lien pour la compréhension.

L'unicité pose un problème comportemental, du fait de l'acquisition des idéologies culturelles et cultuelles, car chaque individu possède, en plus, la pensée.

C'est le différentiel incontournable d'avec la cellule biologique.

C'est pourquoi, pour maintenir une cohésion dans la vie sociale, malgré la diversité, il a fallu créer des lois et une Constitution pour gérer au mieux l'existence d'un pays, dans l'intérêt de tous, pour l'intérêt de chacun.

Préambule de la Constitution française du 4 octobre 1958

Article 2 : La France est une république indivisible, laïque, démocratique et sociale. Elle assure l'égalité devant la loi de tous les citoyens, sans distinction d'origine, de race (j'aurais préféré d'ethnie) ou de religion.

Elle respecte toutes les croyances.

Article 10 : Nul ne doit être inquiété pour ses opinions, même religieuses, pourvu que leur manifestation ne trouble pas l'ordre public établi par la loi.

Le politiquement correct est très souvent en contradiction avec cet article.

D'après la laïcité, toute personne est libre de penser comme elle l'entend.

Et même un sourd muet réussit à exprimer ses opinions.

Il faut être aveugle (expression usuelle) pour ne pas voir que le terme entendre a plusieurs sens, mais pas dans le biologique où « tous les sens » en ont un, bien individualisé pour chacun.

AVANT-PROPOS

De l'expérience biologique au modèle humain, c'est le fruit du parcours semé d'épreuves, qui, par les essais et leur réalisation, a abouti, des origines de la vie, au modèle humain actuel. Pour ce modèle, l'humain correspond à l'individu, représentatif de la globalité de l'espèce.

De ce trajet, comme une mémoire transmise, nous avons une approche bio-sociologique du comportement humain, dans sa globalité, par rapport à ses origines.

La sociobiologie, élaborée par WILSON en 1975, se définit comme l'étude systématique de la base biologique de tout comportement social.

Elle dérive de l'évolutionnisme darwinien qui en est la base scientifique.

Elle a évolué à son tour avec Stephen Jay Gould et les néo-darwiniens.

Notre idée, dès le 15 mars 1990, était de susciter des interrogations sur le pourquoi de certains comportements humains. L'inné dit l'inédit, pour chaque individu. Tous pareils, mais cependant différents.

L'inné est à qui ? Un acquis pour transmettre l'hérédité à chaque individu, donc à tous ! Si nous partons de l'origine présumée de la vie, l'ère éditée de la naissance de la vie est reproduite jusqu'à nos jours, héréditairement.

Et l'acquis s'acquiert avec le temps, en relation avec l'environnement naturel et culturel.

L'environnement est fondamental, et fondateur. Il initie et il conditionne tout l'avenir de l'individu. Il suscite toujours, soit une acceptation, soit une réaction de résistance par l'adaptation.

Pour un être unicellulaire, l'adaptation se fera après des mutations, retenues car adaptées, donc adoptées par le milieu, et qui se transmettront aux descendants, des mutations successives pouvant intervenir, certaines non retenues car inadaptées au milieu où elles se produisent.

Et le corps biologique répondra toujours aux sollicitations de l'extérieur.

Pour l'être humain, c'est le pouvoir d'évoluer dans une société, selon des valeurs qui sont le résultat d'un passé affectif et d'une culture hérités socialement, avec des mutations idéologiques, qui doivent être acceptées par une majorité responsable, non soumise, sinon elles seront rejetées avec le temps et quand les forces auront changé de camp.

Dès que l'homme et la femme, ayant les mêmes besoins, se sont rassemblés, cela a été le noyau social.

Ils sont réciproquement complémentaires. Pas un plus que l'autre ! Moitié, moitié ! Avec chacun une spécificité biologique reconnue, non interchangeable, faire enfanter pour l'un, et enfanter pour l'autre.

L'individu est conditionné par les interactions de son inné, et de son acquis. Valeurs intellectuellement renouvelées, bouleversées d'évènements nouveaux. Et les prévalences conflictuelles aboutissent à un comportement qui peut être, à un moment donné, inattendu et qui peut perdurer.

L'intelligence humaine est, en très grande partie, responsable du résultat de nos actes.

Mais l'instinct et les pulsions restent sous-jacents, et peuvent les influencer.

La vie simplement et la vie sociale sont toujours conditionnées par les paradigmes de **communication, nutrition et multiplication.**

La vie biologique de base se confond toujours avec les réalités matérielles environnementales obligatoires de l'existence d'un individu quel qu'il soit.

L'origine est la même « du microbe à l'éléphant » (Jacques Monod).

« L'espèce humaine est une classification biologique d'individus inter-fécondables, et comprend donc tous les humains. Ils peuvent donner naissance à des individus féconds. »

On doit parler génétiquement d'espèce humaine.

Distinguée à des fins commerciales, pour la sélection et l'élevage, vaches, chiens…, la race est définie comme sous-espèce, dans la hiérarchie taxonomique, pour des spécifications et des aptitudes particulières.

La race, terme ancien, est à la base de caractères de classification dont les gènes sont responsables, par suite de mutations transmises (noir vs soleil, ou certaines maladies pour certaines ethnies).

Le génome est pratiquement totalement semblable pour toute l'humanité.

Mais ce terme est appliqué idéologiquement pour soustraire ou supprimer des individus, dans un type de société où le racisme est devenu, ainsi, un comportement totalitaire.

Le mot raciste est pourtant le mot entré dans le vocabulaire usuel qui convient pour les exclusions qu'il supporte globalement, et qui se substitue en spécificités bien définies, tels homophobie, antisémitisme...

Et comment peut-on être antiraciste s'il n'y a qu'une race humaine ?

Les trois obligations vitales sont indissociables.

- Sans **communication**, c'est la mort.
- Sans **nutrition**, c'est la mort.
- Sans **multiplication**, globale, c'est la disparition d'une espèce avec sa mort.

Ces trois activités, absolument conjointes, vont permettre la **pérennisation** d'un individu, par une simple division cellulaire comme chez le microbe ou le transfert d'une partie de l'information génétique d'un individu à un autre, comme chez l'Homme, pour l'immortaliser.

C'est le troisième élément de la vie, obligatoire, qui est nécessaire à la pérennisation d'une espèce, avec la transmission des caractères ancestraux.

Au moins deux des trois éléments sont nécessaires à la vie.

Les trois ou les deux premiers, au moins, pour l'être humain, qui n'est pas obligé de se reproduire, à titre individuel, mais qui en a le pouvoir !

Le premier et le troisième pour les virus, qui sont des parasites obligés de la cellule hôte, qui pourvoit à leur multiplication ; ce sont des protovivants, aspirant à la vie, pour des scientifiques qui prennent la cellule pour le premier objet vivant. Ne jouons pas sur les mots, car les virus jouent leur existence et survivent en créant des maux aux vivants.

Le 15 mars 1990, c'est dans une conférence donnée à une séance de l'Académie Nationale de Chirurgie Dentaire de France, dont le titre était « De l'expérience biologique au modèle humain » que nous avons pensé au terme BIOSOCIOLOGIE.

C'était, en résumé, l'étude du comportement de l'homme comme conséquence innée de la vie biologique de base.

Nos obligations universitaires et professionnelles prolongées nous ont empêché de réaliser le développement des idées suggérées dans cette conférence.

Enfin libre, je souhaite en apporter une compréhension plus grande.

C'est pourquoi le titre même est voulu plus adapté raisonnablement !

Tout notre corps est segmenté en organes ayant des qualifications de travail spécifiquement dévolues, cerveau, cœur, estomac, système circulatoire, réseaux de défense... comme dans la Société, et auxquelles on pourrait faire correspondre des ministères.

Etat totalitaire s'il en est, il s'accorde tout de même, pour se maintenir en vie, outre la nutrition obligatoire, d'autres possibilités d'apports extérieurs, qui ont le même langage (les groupes sanguins similaires par exemple sont acceptés).

Les greffes, elles, ne sont acceptées (un plus) que par une tolérance provoquée, pour une perte de pouvoir défensif (un moins), comme un état d'équilibre.

Socialement, les problèmes d'immigration sont résolus, le plus, si l'intégration impose le langage commun avec le pays accueillant, si le savoir se propage par l'enseignement scolaire, la sédentarisation par le travail (un plus aussi pour l'immigré), mais c'est l'obligation pour l'Etat de fournir les moyens de réaliser ce programme, le moins, car cela a un prix, financièrement parlant, et **la reconnaissance, c'est-à-dire le respect,** d'une autre culture acceptée, pour celui qui s'intègre aussi, d'où une certaine dilution. Et les avantages d'une immigration réussie ne sont pas négligeables. Avantage culturel, avantage professionnel (rappelons les Polonais et les Italiens... dans le travail des mines), avantage financier (ils paient des impôts) et sont d'excellents footballeurs aussi ! Tous ont voulu s'intégrer, sans forcément se fondre.

Et souvent, comme les convertis, ils sont autant et parfois plus nationalistes que les autochtones.

Deux régiments d'étrangers, engagés volontaires, pas encore naturalisés français, mais intégrés, ont été formés en 1939 pour combattre les nazis.

Immigrer et se marginaliser, c'est comme un Etat dans l'Etat.

Comme en biologie, la fermeté permet la réussite du plan vital d'un pays.

L'angélisme ne doit pas s'imposer comme idéologie, sinon...

Comme pour une greffe, elle est acceptée ou rejetée.

Accepté, l'individu immigré peut, à titre personnel, vivre sa religion et sa culture, sans l'exporter pour l'imposer, dans le complexe social où il vit. Les cultures se complètent, pouvant extirper les éléments nocifs à l'équilibre nouvellement créé. L'immigré doit tolérer, lui aussi, cette situation.

Et accepter l'autre. Qui l'a accepté.

Cette notion d'indépendance culturelle et religieuse, avec l'interdépendance dans le pays hôte, est socialement la représentation semblable de la vie biologique.

Nous développerons donc un certain nombre de comportements qui pourront être représentatifs de notre conception de la biosociologie.

PRINCIPE PRINCEPS DE LA BIOSOCIOLOGIE

Tout ce qui vit, tout ce qui bouge, placé dans un environnement donné, crée une rétroaction, spécifique ou non à la pression exercée par un tel environnement.

Avec l'espoir que ce principe soit archi-médié !

Tout ce qui vit

Définir la vie se conçoit aussi par rapport à son contraire qui est la mort.

Biologiquement, elle part de la conception.

A quel moment ces quelques cellules, 1, 2, 4, 8 au troisième jour, sont-elles l'être humain, corps et âme ?

Avec certitude de la naissance à la mort, pour le corps en formation. Mais à quel moment vient la pensée ?

Par contre, nous le répétons, trois nécessités, dont deux assemblées au moins, conditionnent une existence.

La communication, la nutrition et la pérennisation.

La vie est communication, mettant en relation tout ce qui est interne à un organisme avec l'environnement, et tout ce qui vit, vie biologique, mais aussi la vie sociale.

Il est fondamental de constater que la bouche est aussi le lien entre les nécessités existentielles de la vie, la parole, la nourriture et l'amour.

La vie est nutrition, car la recherche de nourriture est la nécessité vitale, et sans elle, la mort en est l'aboutissement. La grève de la faim, expression qui veut dire qu'on veut l'ignorer, car la faim ne fait pas la grève et n'oublie pas de vous harceler, est un moyen de pression dans nos pays, mais la faim s'impose et devient commune dans des régions pauvres et sous-développées. C'est pourquoi je préfèrerais la grève par la faim, la faim étant un moyen pour justifier la grève.

Ce qui crée une véritable différence d'appréciation de ce fait entre les pays dits riches, et les autres.

Dans les pays dits riches, ce n'est pas le même œil qui regarde un individu se priver de manger.

Et on s'est habitué à voir les pays pauvres confrontés journellement à la mort par le manque de nourriture.

La lutte pour la vie est une expression qui correspond aux premières violences créées dès les premières existences de la création.

Elle intervient dans la recherche de surfaces (les mamelons de la maman par exemple), d'espaces qui permettent une existence favorable à la vie, et donc, bien plus tard, à la procréation qui s'ensuivra.

L'espace vital correspond aux zones où se développent avec prédilection les germes, les plantes, une jungle dit-on... et aux zones de chasse pour la vie qui se déplace, tels les animaux, les humains et les plantes aussi.

Il est d'évidence que la violence se retrouve impliquée dans la conservation de ces territoires, nécessaires aussi à la multiplication.

La vie est multiplication, pour pérenniser les espèces.

Dans la genèse (1,28) Dieu dit à Adam et Eve,

« *Soyez féconds et multipliez-vous, remplissez la terre et soumettez-la* »

Tout ce qui vit veut faire de même !

Y compris les idéologies ! ! !

Les virus parasitent en communiquant avec des cellules spécifiquement choisies et ne vivent que pour se multiplier, sans se nourrir.

Ce sont cependant des entités vivantes.

Les spores microbiennes ne se nourrissent plus mais, placées dans des conditions environnementales convenables, peuvent de nouveau se développer, puis se multiplier !

Dans des momies égyptiennes, on a retrouvé des spores microbiennes qui ont germé, sont redevenues actives et se sont multipliées en milieux nutritifs. Ces microbes sporulés, non-actifs, sont évidemment des individus vivants, comme d'autres animaux qui hibernent.

On a retrouvé, à titre historique, des bacilles *Yersinia pestis* dans des canines incluses d'individus, morts de la peste en Provence en 1720 !

Tout ce qui bouge

Deux plaques tectoniques se déplacent, dans **l'Océan Pacifique ! ! !** à une quarantaine de kilomètres de Fukushima, le 21 mars 2011.

Elles créent un tremblement de terre et un tsunami avec des vagues dépassant les digues de protection.

Les centrales nucléaires sont détruites avec des émanations radioactives.

Principe de précaution sous-évalué, considérations écologiques exacerbées, d'où problèmes existentiels à réaménager.

Voici rétroactivement les conséquences d'un problème de physique.

Comme la création de certains barrages ! Il faut évaluer comment va évoluer l'environnement, immédiat et lointain.

Vous déplacez une pierre en marchant.

L'eau de ruissellement sera déviée, la vie sous-jacente sera perturbée car l'environnement est alors modifié.

Un skieur hors piste peut créer une avalanche… avec des bouleversements topologiques nouvellement créés.

L'écologie devra se réadapter aux conditions naturelles, et la vie sociale sera confrontée à des données conflictuelles.

Et ce qui était inerte oblige alors à une réadaptation.

C'est le cas du vent qui souffle et qui oblige les arbres à s'en protéger !

Ce sont les marées, avec l'attraction avec la lune, marée haute, et aussi sous le soleil ! Marée basse.

C'est aussi le cas des pluies qui modifient le contexte environnemental, avec des cours d'eau qui provoquent des inondations et des mouvements de terrain.

Ou la sécheresse en leur absence !

Tout ce qui bouge est ainsi devenu source de modifications. Par rétroaction.

La rétro-inhibition est un cycle fermé, qui contrôle l'action.

Ce principe princeps de base peut s'inclure dans la cybernétique.

La cybernétique est la science qui rassemble toutes les théories concernant les « processus de commande et de communication et leur régulation chez l'être vivant, dans les machines et dans les systèmes sociologiques et économiques » (cybernétique, Wikipédia).

En biologie, toute modification due au contexte environnemental crée, dans les corps vivants, une régulation rétroactive contre les agressions extérieures et intérieures et aussi, après toute ingestion, pour s'adapter aux nouvelles situations.

Elle s'implique dans les interrelations entre systèmes gouvernants qui contrôlent, et systèmes opérationnels gouvernés, régis par des processus de rétroaction (*feed-back*).

Et s'inspirant de la biologie, des virus informatiques perturbent les informations transférées !

LA VIE

La Vie, chacun en a une conception par son ressenti.
Et chacun s'appuie sur sa culture pour la définir.

La vie pose question, d'où quelle réponse à apporter ?

Car définir la Vie, philosophiquement, est une nécessité d'intellectuel.

Animiste comme Aristote, pour qui la Vie serait une âme, une force vitale animant les « êtres vivants » (sic), ou comme Bergson qui, dans l'évolution créatrice, écrit que la vie est « la liberté s'inscrivant dans la nécessité pour la tourner à son profit », comme la téléonomie, hasard ou nécessité de Jacques Monod, cet élan vital est un Principe distinct de l'âme pensante et de la matérialisation du corps. Pour Kant, un principe de vie, en soi, semble être de nature immatérielle. « Toute vie repose sur la faculté intérieure et se détermine par son libre arbitre. »

Nombreuses sont les philosophies qui s'inspirent de la Métaphysique et ne diffèrent que par leur interprétation de l'âme, et la pensée.

La pensée, la conscience pour généraliser, est concentrée dans le cerveau.

Biologiquement, l'électroencéphalogramme plat, qui ne décèle aucun signe de mouvement, de vie, n'est, semble-t-il, pas l'impossibilité d'entendre et de penser !

Et l'âme ? Que devient-elle après la mort ?

Vaste problème métaphysique, qui semble justifier une destination, paradisiaque pour certains, et un enfer pour d'autres. Environnement récepteur pour une résurrection corporelle ou de l'âme, fondée sur une conception morale adaptative. Morales aux principes de base différents, donc aux finalités de destination *post mortem* définies.

Ainsi, le terrorisme religieux, de tout temps, a eu tendance à vouloir détruire ce qu'il considère comme « mal pensant ».

Le concept de vie s'appuie sur la réalité de ce qui est matérialisé et s'oppose aux dogmes.

Il est évident que la science permet de concevoir ce qui est, et ce qui est fait partie de la vie.

Nous voyons matériellement la différence entre le vivant et le mort.

Ce qui est réel n'est pas un dogme, c'est ce qui est. Mais cela ne définit pas la Vie.

Ce n'est pas la Vie, comme le sous-entend la conscience, par la culture.

L'objet vivant, la cellule, pour certains, n'est pas la Vie comme on la conçoit. C'est dit sans âme !

Et les cellules souches ont des potentialités… vitales, de reproduction.

Nombreux sont ceux qui pensent que l'Etre humain débute vers la sixième semaine, lors de la création du sexe femelle ou mâle.

Et à quel moment la Pensée ?

Socialement parlant, il y a des bons vivants, et les autres. Laissés à l'appréciation de chacun.

Mal dans leur peau.

Et pour des malheureux, vivre n'est pas une vie !

La vie est plus forte que l'inertie.

Elle est toujours mouvement. L'hibernation reste mouvement. Très ralenti.

La mort n'est plus la vie, car sans le pouvoir de la continuer. Une plante, inerte, semble-t-il, pour dire immobile, progresse cependant par une croissance continue, depuis ses racines dans le sol et la tige au-dessus du sol.

La végétation peut détruire les temples d'Angkor et bien d'autres monuments ou constructions, finissant par en faire des ruines !

Pour devenir de l'Histoire.

La vie, la biologie lui accorde sa spécificité. C'est pourquoi **la vie, in fine,** quelles que soient les philosophies pour la définir, comme le conçoit le commun des mortels, prosaïquement, **c'est tout ce qui se passe depuis la conception jusqu'à la mort.**

Avant de naître, la vie se propageait pour vous permettre d'exister. Et de venir au monde.

Mais qui était le premier, la poule ou l'œuf ? Nous sommes tous des poussins. Et puis, la vie, c'est le temps d'une existence qui est un usufruit, dont la nue-propriété appartient à la mort.

Ensuite… Où ? Pourquoi et pour quoi ? Et comment serait une autre vie ?

Y a-t-il une âme ? Une aporie, contradiction résolue par la croyance.

L'évolution est un phénomène naturel, qui a abouti à l'Homme actuel.

Il faudra certainement des centaines de millions d'années pour que des modifications apparaissent, sans beaucoup d'améliorations, peut-être la disparition de la dent de sagesse !!! Et la sagesse sera-t-elle encore de ce monde ?

Si l'espèce humaine est encore là !

Par contre, il n'y a pas de sens à parler du sens de l'Histoire.

L'Histoire fluctue selon les conditions économiques, sociales, culturelles du moment, à un endroit donné.

Et dépend des relations mondiales relayées par les moyens nouveaux de communications immédiates.

Il semble que l'homéostasie de tous ces éléments pourrait être un aboutissement global très lointain ! ! !

Les sens interdits ou orientés, comme le code de la route, de bonne conduite... sont des créations purement directives. Intentionnelles. Idéologiques.

Une révolution correspond à un tour complet, en un certain temps.

En histoire, il en est parfois de même. Un dictateur est déchu, mais parfois remplacé par une anarchie de petites oligarchies qui se disputent le partage. Pour arriver à une nouvelle dictature souvent. Des tsars au stalinisme par exemple. C'est parfois une parenthèse, comme la Terreur en 1793, nécessaire contradiction pour retrouver un équilibre.

Bienheureux « politiquement correct », qui canalise l'orientation du comportement.

Et qui s'érige en morale totalitaire. On crée des principes que l'on emploie, par principe.

Pour suivre et tenter de comprendre les évènements, la chronologie devient indispensable.

En imposant des lignes de conduite qui permettent de fuir les contestations, en annihilant tout ce qui peut fâcher, le politiquement correct impose, surtout aux masses, des obligations qui maîtrisent les révoltes idéologiques. Par la force des lois.

En vertu ! de l'égalité, la politique de compassion impose la gratuité et des compensations, qui aliènent les récipiendaires, et elle les met en état de sujétion vis-à-vis de ceux qui les subventionnent.

Le principe de rédemption, logique moralement, mais irrationnel dans la réalité pénitentiaire, permet des sanctions incitatives pour un tel résultat, mais parfois meurtrier après la réintégration dans la société. Et ceux qui ordonnent les peines sont tenus par des lois, plus générales, où l'exception est aussi régie par des magistrats souvent formatés par leurs opinions. Et qui créent un mur pour empêcher ceux qui veulent les contredire.

D'évidence, le biologique n'est pas soumis au politiquement correct. Mais accepte l'intégration.

Toutes les révolutions devraient tendre, *in fine*, en laissant le temps au temps, vers un état d'équilibre, par des mouvements de balanciers.

Où chacun va donner des apports qui seront maintenus ou éliminés, selon la force qui prend le dessus.

Apports qui reviendront, s'ils apparaissent meilleurs.

Pour l'homéostasie.

Un Etat Universel, donc unique, n'est pas concevable, ne serait-ce que par la séparation des continents, et des cultures. Peut-être une communauté ?

Pas facile à réaliser. Tant d'ethnies culturelles différentes.

Créer un Etat, en Afrique, avec des rivalités tribales, et cultuelles (sunnites et chiites par exemple) est un casse-tête, un casse-têtes.

Tandis que l'Homme biologique est universel, pas raciste, mais égoïste.

Tout, dans la Vie, est biologie et physique.

Les formes, la communication, les nutriments, la pensée, tout dépend de la présence d'éléments biochimiques.

Et de configuration spatiale, pour participer à l'Evolution.

Formation lévogyre ou dextrogyre (coquille d'escargot avec enroulement hélicoïdal à droite).

Avec des géométries fractales, structures invariantes à différentes échelles (l'alvéole pulmonaire, comme un petit poumon dans le poumon).

Etre ou ne pas être.

Naître et alors être.

Mourir et ne plus être.

Vivre, c'est sûr, c'est pour le moins, entre ces deux limites.

Et la suite ? Etc., et cetera, il est, et se taira. Quand il sera mort.

Il restera alors tout de même la parole transmise par d'autres, la mémoire orale, ainsi que les écrits.

Car vivre, c'est communiquer, se nourrir et se perpétuer.

Ce sont des notions simples qui permettent d'ériger un concept qui implique une finalité que promeut l'intelligence. On sait, car on sent ce que c'est que la vie, mais, pour l'être humain, vivre, c'est dépasser le biologique, et là, c'est alors revenir aux philosophies exprimées plus avant.

La politique, c'est aussi suivre le programme biologique, communiquer, vivre et prospérer. En s'exportant si possible. Pour confirmer sa suprématie.

Vivre c'est donner et recevoir, recevoir et donner. La vie biologique en est la preuve. Chaque cellule est indépendante, mais solidaire de son entourage. Et, curieusement, la vie ne se cantonne pas qu'à ses exigences sociales propres.

Elle s'extériorise pour aller vers l'autre. L'attraction sexuelle magnifie cette exterritorialité. Et le don de soi.

Pour parler du biologique, on ne peut qu'éliminer les conventions culturelles, et religieuses, aussi, qui motivent et conditionnent le choix du ou des partenaires de la vie sociale. Pour ne retenir que ce qui facilite en premier lieu les rapports sexuels. Les gènes et les molécules, initiateurs.

Tout est inter-prêté, et l'interprétation qui en découle par la communication permet l'indépendance qui crée l'autonomie, dans l'interdépendance qui crée le tissu social.

La vie biologique crée la paix, chez elle, par une précaution permanente de son intégrité, contre un extérieur qui peut être agressif, mais supprime les éléments perturbateurs comme un danger potentiel ou avéré !

De ce fait, la paix entre Etats ne peut se faire, si un ou chacun des belligérants nie, par avance, l'existence de l'autre !

Comme l'œuf et la poule, ici, qui est le premier responsable ?

L'équilibre de la vie

L'environnement extérieur et le milieu intérieur d'un individu, quels qu'ils soient, obligent celui-ci à créer et maintenir un état d'équilibre pour assurer sa survie.

Maintenir une stabilité est obligatoire et, pour cela, il existe des systèmes de régulation qui interagissent en fonction des modifications incessantes des environnements.

C'est ici qu'est appliqué le concept d'**homéostasie** (Claude Bernard).

W.B.Cannon, dans *The wisdom of the Body* en 1932, l'utilise et sert d'introduction à la cybernétique.

Ordre et désordre

L'entropie, en thermodynamique, deuxième principe, est la mesure du degré de désordre d'un système. Plus l'entropie est grande, moins ses composants sont ordonnés, donc l'interdépendance devient incohérente, non régulée.

La néguentropie est au contraire un facteur d'organisation d'un système, biologique ou social, qui s'oppose à la désorganisation.

L'équilibre entre ces deux forces aboutit à l'**homéostasie**.

C'est elle qui permet l'organisation cellulaire coordonnée dans un organisme vivant.

Erwin Schrödinger, *Qu'est-ce que la vie ?* éd. Points Sciences Le Seuil 1993 et Léon Brillouin, *La science et la théorie de l'information* éd. Masson 1959 qui développe les travaux de Claude E. Shannon *A mathemetical Theory of communication* The University of Illinois Press, 1949, ISBN 0-252-72548-4, montrent que la cohésion est maintenue grâce à l'information, à la communication.

Le monde, la vie « vivante », tend vers le désordre ordonné. L'ordre total est la mort ; c'est l'équilibre parfait, l'ordre immobile. Plus rien ne bouge, sauf les dégradations par les vers.

Un ordre, qui évolue spontanément, peut être empêché, mais un ordre gagné est payé par un autre ordre perdu, par une uniformisation installée. La santé est tenue par une organisation individuelle, et la perte d'un élément crée la maladie qui est un autre ordre, qui tend à l'uniformisation.

Le cancer est un exemple de désordre qui s'amplifie. La cellule cancéreuse continue de grandir par la perte de son inhibition de contact.

L'inhibition de contact est représentée par les frontières des États.

Si la défense immunitaire n'est pas capable de le détruire, c'est aussi parce que la cellule cancéreuse devient « immortelle », sa faculté d'apoptose étant inactivée. La cellule cancéreuse est en déséquilibre permanent par une activation des voies stimulatrices et par la suppression des voies inhibitrices. Son programme, son idéologie pour parler social, devient inadapté. Pour perdurer, elle impose son développement, qui finit par broyer toute la vie sociale adaptée. La cellule cancéreuse devient ainsi désordre pour la vie normale des cellules. Elle en modifie l'existence pour son propre besoin.

Le cancer crée un État totalitaire pour son seul profit.

Il a gagné, dans un organisme qui a perdu des propriétés pour survivre, certains organes ne pouvant plus assumer leurs fonctions, car détruits.

Il a gagné, mais l'organisme en meurt, avec aussi le cancer responsable, ou bien un traitement institué permet son éradication médicamenteuse, ou chirurgicale et immune, en maintenant la survie du corps resocialisé !

Les analogies avec le monde social des États totalitaires, dictatoriaux, sont flagrantes.

Par conséquent, la vie ne peut se concentrer sur la seule survie par la maintenance. C'est le cas des malades d'Alzheimer ou des gens dans le coma.

Le ressenti de la vie réside dans les facultés données au cerveau de penser pour s'exprimer librement et influencer le mouvement. C'est ce qui fait la différence de l'existence seulement physiologique.

Par contre, les Etats totalitaires, même s'ils sont censés apporter les besoins par un bien-être matériel, en interdisant les libertés, transforment l'existence de leurs sujets, les réduisant à l'état de comateux, supprimant les libertés de s'exprimer à des gens sains, limitant les exigences des femmes d'apprendre, court-circuitant les moyens relationnels avec le monde extérieur.

Les conceptions de ces Etats, en laissant le temps au temps, finiront par mourir.

Et le pays se transformera, par une révolution, violente, ou importée.

Ou la société interne, révoltée, reprend le dessus et « son cancer » disparaît.

Ou un traitement chirurgical, imposé par le milieu environnant, réussit, avec l'intervention d'autres Etats.

Mais la survie ne peut se maintenir que s'il reste des « cellules » socialisées de la société préexistante.

Sinon ce sera le chaos.

La France, libérée en 1944, mais gardant, malgré tout, des éléments prépondérants de la période antérieure, tout en supprimant des responsables du cancer préexistants, la France libérée a pu retrouver rapidement une stabilité sociale, avec des représentants allant de la gauche controversée (communistes décriés après l'accord germano-soviétique et réhabilités suite à la guerre entre ces deux pays) à l'extrême droite nationaliste.

Dans l'Irak actuel, en voulant modifier la totalité du caractère « moyen-oriental » de la société existante, en supprimant les rouages essentiels qui permettaient l'équilibre religieux et tribal, il s'est créé une démocratie pour le moins ambiguë, car ne tenant pas compte des réalités antérieures qui perdurent.

Les luttes intérieures, mortelles, se sont amplifiées.

Et le gouvernement n'a pas les moyens, malgré une volonté directrice consensuelle, pour maintenir un véritable ordre social de liberté.

La dictature semble remplacée par une certaine anarchie.

Où les rivalités s'exacerbent, avec des conséquences similaires à une guerre civile ! Par des exactions où beaucoup s'éclatent !

Car la démocratie ne s'importe pas comme des biens matériels.

Il faut que le contexte culturel, cultuel, social et économique soit en mesure de l'accepter.

La vie est un système ouvert.

L'homéostasie est la tendance à maintenir un certain ordre, compatible avec un équilibre physiologique.

Comme dit dans le principe de base, il y a une interaction permanente avec l'environnement.

Les informations de l'intérieur vers l'extérieur, de l'extérieur vers l'intérieur, interfèrent à tout moment et s'impliquent dans les réponses, le but étant de conserver l'unité territoriale, et la vie.

C'est la dépendance dans l'interdépendance.

Dans le corps humain, tout se sait, instantanément. De la cellule et de son comportement, aux organes, de l'organisation interne aux relations avec l'extérieur avec qui l'on devra commercer (nourriture) et composer (agressions de toutes sortes). **Comme dans toutes les Sociétés humaines.**

Des matières introduites ou excrétées, de l'énergie nécessaire, extérieure et solaire (photosynthèse, vitamine D par exemple, nourriture, microbes du tube digestif...) sont obligatoires pour l'exercice du vivant « dans son intérieur » et font que ce système ouvre les frontières imposées matériellement (par tous les sens).

Si certaines réactions sont prévisibles, le hasard touche parfois des endroits non-prévus.

Et là, les résultats ne sont pas forcément semblables.

La même lésion crânienne, pour des individus différents, peut créer des situations irréversibles, ou aussi sans conséquences, non dommageables. Car les cellules lésées peuvent être suppléées, ou non, selon l'environnement et l'irrigation sanguine. D'où perte ou maintien de certaines fonctions nerveuses.

L'HOMÉOSTASIE

C'est Claude Bernard qui, dans son *Introduction à la médecine expérimentale* en 1865 crée ce terme issu du grec : similaire et immobile (*stasis* = état ou position et *homolos* = semblable).

C'est l'état d'un équilibre maintenu, à l'intérieur d'un système ouvert comme la vie d'individus quels qu'ils soient, dans un environnement, quel qu'il soit.

Cet état d'équilibre intervient pour une température entretenue pour chaque différente espèce, homme, animal, microbe… dans une étendue restreinte, sinon, elle devient dangereuse.

Par exemple, les 37° centigrades, chez l'être humain qui est homéotherme, ne peuvent descendre au-dessous de 27° (coma hypothermique) ou monter au-dessus de 42,5° (hyperthermie).

Thermolyse et thermogenèse sont régulées par l'hypothalamus.

Notre température corporelle est favorable à l'existence de microbes dans notre tube digestif en symbiose.

Elle favorise l'existence de germes pathogènes qui créent les maladies infectieuses, dont la température idéale de survie est semblable à celle de l'homme.

Leur présence néfaste est signalée rapidement, et les réactions de défense s'installent vite grâce aux communications intercellulaires et humorales.

Les virus qui n'ont pas de besoins nutritifs seront signalés par l'activité des cellules spécialisées et de l'organisme en totalité, comme le thermostat hypothalamique qui permet la fièvre, maléfique pour les virus, car ils sont sensibles aux températures élevées, pour eux, 42°.

Les animaux dits à sang froid ne peuvent pas réguler suffisamment par eux-mêmes leur température interne et doivent utiliser l'environnement pour se mettre à l'abri.

Ils sortent quand la température ambiante leur est favorable.

Pour ne pas mourir d'hypothermie, leur propre homéostasie implique une activité physiologique diminuée, un cœur qui bat moins vite, pas d'activité physique évidemment, donc moins de réserve énergétique utilisée.

L'exemple de la température n'est pas le seul qui démontre la nécessité de l'équilibre.

Le rythme cardiaque, la faim, la soif...

Nombreux sont les examens de laboratoires basés sur cette notion d'homéostasie, moyenne calculée sur l'ensemble des individus normaux, sans maladie.

La numération et la formule sanguine, les ions sanguins, les tests lipidiques, hépatiques, hormonaux...

Les examens anatomiques ou histologiques... Et la glycémie, à jeun.

L'idée de l'homéostasie se trouve impliquée dans la philosophie chinoise du VIe siècle avant J.-C.

Le Yin et le Yang, à partir du confucianisme, expriment la complémentarité dans la diversité du Monde.

Du Monde dans tous ses états.

Le Yin c'est la terre, le plat, la lune et le sombre, le froid, le bas, le négatif, le féminin.

Le Yang c'est le ciel, le rond, le soleil et sa clarté, le chaud, le haut, le positif, le masculin.

Leur logo montre qu'il y a toujours un peu de l'autre dans chacun.

Le *biali* (pensée confucianiste) estime que l'amitié permet de communiquer entre des entités opposées.

Yin et Yang, force ou substance ? Mais concept de classification des objets, des phénomènes, et surtout d'un intérêt didactique.

Il n'y a jamais un équilibre total.

C'est une tendance à l'homéostasie, avec interaction entre pouvoir et contre-pouvoir.

L'osmose

C'est le passage d'une solution moins concentrée, hypotonie (eau par exemple) vers une solution plus concentrée, hypertonie (eau salée par exemple) à travers une membrane semi-perméable, jusqu'à l'équilibre isotonique.

Du moins concentré vers le plus concentré.

Mais une forte pression sur le plus concentré crée l'inverse.

Procédé utilisé pour désaliniser l'eau de mer.

L'osmose a une application biologique dans l'organisme très utilisée.

Le sang (plus de l'EDTA qui est un anticoagulant) qui reste dans un tube à essai montre un sédiment, au fond du tube, avec les globules rouges et blancs... et le plasma qui surnage.

Le plasma est de l'eau salée, avec des ions dissous, des protéines, y compris des anticorps, des hormones, des déchets du métabolisme.

D'où l'intérêt « des prises de sang », qui permettent de mettre en évidence divers désordres de l'organisme.

Dans le milieu isotonique donc équilibré, les globules rouges (GR) progressent dans la circulation, transportent l'oxygène nécessaire aux autres cellules (sang artériel) et récupèrent le gaz carbonique (sang veineux) pendant une durée de vie d'environ 4 mois.

Ils doivent être nombreux, en moyenne environ 4 à 5 millions par millilitre pour accomplir leur mission.

Pas assez, c'est l'anémie, confirmée par un taux d'hémoglobine bas.

L'augmentation transitoire du nombre de GR avec les stages en altitude est naturelle.

L'EPO, hormone favorisant la multiplication des GR dans la moelle osseuse, son introduction chez le sportif, ou du sang oxygéné après traitement et re-transfusé, permettent aussi d'améliorer les performances.

Au laboratoire, dans un milieu hypertonique, le globule rouge perd son eau, se « rétracte ».

Dans un milieu hypotonique, le globule rouge prend l'eau du plasma et éclate.

L'osmose est un phénomène utilisé dans le domaine de la communication. Pour faire passer un message.

Le matraquage des médias (*bashing*) exerce une forte pression pour le faire accepter.

Les enseignants et leur charisme, compétence liée à leur capacité de transmettre, exercent une pression pour faire intégrer les connaissances à leurs élèves, leurs étudiants. Du plus vers le moins !

Osmoses, les États et les filtres

Lorsque l'on parle de plus concentré, c'est, au niveau des Etats, les Pouvoirs qui ont en main tous les pouvoirs, institutionnels ou non. C'est la concentration des directions et de la maîtrise de l'exécutif, du législatif, du judiciaire et surtout des médias, la communication étant le moyen, subtil, incitatif et contraignant, pour obliger une population à se plier aux directives du Pouvoir. Le filtre étant lié à la censure et au matraquage des idées choisies par le politiquement correct. C'est évidemment le cas des pays totalitaires, dictatoriaux. Milieux hypertoniques.

L'idéologie retrouvée dans les démocraties est remise en cause par le vote à date déterminée.

Alors, comme en biologie, l'osmose contraint l'individu à se replier sur lui-même.

Et l'hyperconcentration crée, chez les autres Etats, un état de crainte et aussi de maintien du statu quo, la crainte de voir des associations se faire pour une ingérence, qui pourrait se mondialiser. La liberté des individus de la Corée du Nord est moins impérieuse que le maintien du pays, qui sert d'exemple, entre autres, pour tous, pour dire « nous sommes différents, vous le voyez. »

Si toutes les démocraties du monde voulaient se donner la main !

Le milieu isotonique devrait se trouver dans les républiques laïques, où chacun se place dans un environnement égalitaire ; nous ne discuterons pas sur ce terme. Culturel et cultuel, seul le manque d'air du cultuel les différencie, l'athéisme inclus, dans une ambiance favorable au développement de chaque individu, quel que soit le sexe choisi, où chacun doit trouver son compte, dans le respect des autres. Le filtre est la connivence des notions de liberté.

Parfois, par animosité ancestrale, ou pour se « dédouaner », des démocraties dénigrent et deviennent justicières pour une autre démocratie isotonique, qui a des valeurs démocratiques semblables aux leurs, mais qui doit se justifier.

Le problème est posé dans les différents environnements possibles, créant l'hypotonie. L'hypotonie, environnement irresponsable, sans même une morale, dont la seule responsabilité est celle de la mort, intellectuelle ou physique, des individus qui éclatent, comme en biologie !

Il est interdit d'interdire est le slogan de 1968, en mai. Mais cela suppose de libérer la liberté pour chacun. Qui pourra alors empiéter sur celle d'autrui, et le slogan s'avère dévastateur, antisocial, anarchique. Ou la liberté s'arrête où commence celle d'autrui, et le slogan est alors inexact, par une interdiction implicite. S'il est interdit d'interdire, interdire est alors interdit.

Le respect dû à la non-ingérence, quel que soit l'état d'un autre Etat, même s'il n'est pas recommandable s'appelle de la géopolitique.

Ce qui offre le droit d'ingérence contre des Etats respectables, mais sans poids économique et sans grande surface géographique.

Les démocraties acceptent des intrusions « idéologiques », pour des raisons économiques.

Des pays sont atones vis-à-vis de certaines communautés, par la loi du nombre des votants.

Ce qui fait parfois une intégration subliminale du rejet d'une communauté.

Il n'existe plus de filtre, offrant la possibilité d'expressions de tous, sous toutes les formes possibles, surtout par la violence. Nous retrouvons ici la biologie, avec l'inné, l'acquis, où les problèmes immunitaires de chacun sont confrontés !

Il faut également parler des démocraties angéliques, où les lois existent, ne sont pas appliquées, et où le respect de l'individu n'est basé que sur ses addictions, physiologiques, culturelles et idéologiques, et cultuelles.

Du rousseauisme. Des gens font les jacques, pour une conduite d'un genre stupide. Le respect des autres est plus dépendant de leur nombre en quantité, que de leurs qualités. Cela existe ! Le filtre est de ne laisser passer que des éléments politiquement corrects, dans l'espace audiovisuel de l'idéologie dominante.

Le passage en boucle d'évènements stigmatisant certains actes crée une incitation subliminale, un matraquage pour culpabiliser les auteurs de ces actes. Et le choix des problèmes posés est, d'évidence, plus affectif qu'économique, bien qu'il semble que les deux puissent se lier par géopolitique économique et géopolitique de l'émotion.

Rassembler toute une population choisie dans un camp, c'était comme toute une société. Avec ses riches, ses pauvres, des enfants à naître, des enfants nés, des femmes et des hommes, des plus ou moins religieux et des athées, des intellectuels et des idiots, tout ce qui fait une société telle que celles qui existent de nos jours.

Cette concentration, avec des génies, des mafieux, des chercheurs, des médecins, des médiocres, des musiciens, et le tout venant qui connaît la musique, cette hyperconcentration était comme un seul individu, dans un univers hypertonique antisémite. Il a été biologiquement détruit.

D'où, le plus jamais ça.

Devenu l'axiome qui détermine la prévention en Israël, son principe de précaution.

L'homéostasie sociale

L'osmose fait partie intégrante de la propagande, dans tous les pays, pour modifier les états d'esprit des citoyens, des dictatures et des démocraties, pour aboutir à « un lavage de cerveaux ».

Le passage du moins vers le plus par le peuple vers les dirigeants, avec les grèves et les manifestations, et la pression du plus, l'idéologie, vers le moins se font par les vecteurs de la presse écrite et surtout de l'audiovisuel, l'image, parfois frauduleuse, faisant croire à la réalité.

La membrane semi-perméable est caractérisée par les pouvoirs qui sont des filtres de la pensée dominante.

Censure, politiquement correct et matraquage à longueur de temps, et forces armées, parfois civiles aussi, qui font violence !

L'homéostasie sociale est aussi caractérisée par un équilibre d'une société donnée, dans un milieu ouvert.

Chaque Etat, dans ses frontières, possède une politique fondée sur des critères géographiques, économiques, qui influent sur les relations internationales, politique qui est inspirée par une philosophie.

Cette dernière se prévaut d'une supériorité par rapport à celle des autres pays.

Il se crée une géopolitique qui relie les philosophies similaires.

Elles contredisent les autres conceptions sociales.

L'état d'équilibre est maintenu par les forces respectives de chacun : « *Si vis pacem parabellum* ».

L'équilibre biologique est de la même espèce.

Si nous parlons d'équilibre entre nations, les Etats ont respectivement de semblables problèmes.

Mais si le droit de vote est différent selon le régime dirigeant, alors l'équilibre n'est plus le même !

Dans un pays totalitaire, la force souveraine empêche une partie de sa population d'exister politiquement.

C'est comme si, dans un organisme, des hormones ne pouvaient intervenir à la dose nécessaire pour des cellules alors incapables de fonctionner.

Moins d'insuline, la force dirigeante se sucre et devient obèse.

Dans un pays, si les gens ne sont plus analphabètes, si le monde extérieur leur est ouvert, avec tous les moyens audiovisuels existants, il arrivera, laissant le temps au temps, une révolution qui changera le pouvoir opprimant.

Les femmes brimées mais cultivées s'opposeront au pouvoir ! Elles conduiront enfin, et se conduiront en individu libéré, et libre. Un esclave libéré est-il forcément libre ?

Car le changement viendra aussi des femmes avilies révoltées.

L'osmose des idées est facilitée par les médias, si la membrane perméable n'est pas obturée par une censure étatique, qui ne permet pas le passage de l'information.

Mais les individus parviennent aussi à contourner l'interdit.

Les Français de Londres, dès 1940, pouvaient être entendus dans la France occupée.

Dans chaque État, l'émotion est source de réactions, selon le contexte religieux, social, environnemental.

Comme exprimé dans le principe initial.

Mais il existe aussi une partie de la population qui participe à une géopolitique de l'émotion en privilégiant des concepts personnalisés, intériorisés par la culture et l'espace social privilégié (religion, endoctrinement...)

« *Il y a une forme de racisme inversé, compassionnel, dans le fait d'ériger certaines populations en martyrs intouchables, intrinsèquement victimes, et donc en dehors des règles communes* » Natacha Polony, le *Figaro* p. 17, 9 novembre 2013.

Ce qui semblerait leur donner des droits d'agression, qui seraient refusés aux agressés, coupables à leurs yeux de ce qu'ils sont devenus.

Sans donner le droit à l'Histoire.

Et que les médias diffusent, pour ancrer ces idées dans l'esprit civil.

Au profit de leur idéologie dite bien-pensante.

Biologiquement, c'est la partie limbique du cortex cérébral qui réagit émotionnellement (agressivité, peur, plaisir et aussi mémoire).

Par analogie, dans chaque Etat, la direction, le cerveau du moment, pour le moins, accepte qu'une partie de la population prenne parti, en ce qui concerne le monde extérieur, pour ou contre la gouvernance d'un autre pays, influencée par des médias.

La mobilisation s'exprime alors en termes et actes violents, mots assassins, et drapeaux brûlés...

Selon la connivence des autorités vis-à-vis du pays extérieur, l'autorité mobilise pour ou contre le comportement du pays concerné.

Et pardonne les erreurs commises par les médias fraudeurs, si elles sont conformes aux idées des dirigeants.

N'en déplaise au monde du journalisme, l'éthique devrait parfois interdire des mots assassins ou analogues quelle que soit leur cible.

N'en déplaise à des journalistes, n'est pas qui veut Albert Londres.

Les agences de presse peuvent être polluées par des visions politiques qui leur sont imposées et qui se traduisent par des images parfois tronquées, ou même théâtralisées. Et par le mensonge par omission.

Avec le matraquage des sous-titres passés en boucle.

Leur acharnement, par des mots ou des visions qui tuent, arme les assassins.

La communication visuelle implique alors une réalité fictive.

Des faux peuvent créer des réactions violentes au nom de la géopolitique de l'émotion.

Rappelons le film « Le juif Süss », et le livre *Les protocoles des sages de Sion*, faux violemment antisémites, encore appréciés dans certains pays et responsables d'exactions ! Inclus dans la charte du Hamas « article 32, 18 août 1988 ». Et aussi pour ceux qui, comme des dieux donnés qui se souviennent des cieux, se prennent pour des prophètes.

Cela existe, et se voit parfois puni par les tribunaux. Après.

Quand le mal est fait.

Il en est de même des rumeurs.

Révélées en première page, dégonflées en sixième page, en quelques lignes.

Et une certaine confraternité journalistique protège parfois ceux qui ont fait « des erreurs ». Pourtant,

« *Quand le déshonneur est public, il faut que la vengeance le soit* »

Le mariage de Figaro. Beaumarchais.

La Charte d'éthique professionnelle des journalistes (5SNJ) du 9 mars 2011 conditionne l'exercice de cette profession.

« Le droit public à une information de qualité, complète, libre, indépendante et pluraliste, rappelé dans la Déclaration des Droits de l'Homme et la Constitution française, guide le journaliste dans l'exercice de sa mission. Cette responsabilité vis-à-vis du citoyen prime sur toute autre. »

Ces principes et les règles éthiques engagent chaque journaliste…

Le journalisme consiste à rechercher, vérifier, situer dans son contexte, hiérarchiser, mettre en forme, commenter et publier une information de qualité ; il ne peut se confondre avec la communication.

La notion d'urgence dans la diffusion d'une information ou d'exclusivité ne doit pas l'emporter sur le sérieux de l'enquête et la vérification des sources…

Le journaliste « tient l'esprit critique, la véracité, l'exactitude, l'intégrité, l'équité, l'impartialité, pour les piliers de l'action journalistique ; tient l'accusation sans preuve, l'intention de nuire, l'altération des documents, la déformation des faits, le détournement d'images, le mensonge, la manipulation, la censure et l'autocensure, la non-vérification des faits, pour les plus graves dérives professionnelles. »

Cependant, il arrive des dérives, et le filtre éthique est bouché.

Par de nombreuses déviations, pour ne pas enfreindre la loi si possible, la communication prime sur l'exactitude des faits. L'idéologie autorise l'autorité du moment à des révélations inexactes ou opportunistes, des rumeurs qui influencent l'opinion publique.

Comme, parfois aussi, avec des opérations de style « fortitude » !

Désinformation anglaise pour tromper les Allemands sur le lieu du débarquement.

Le passage en boucle, dans des chaînes de télévision, de quelques mots pour définir un fait, pour culpabiliser un pays ou un individu, sans révéler la totalité de l'information, est finalement accusateur. Ces mensonges par omission, avec ces informations subliminales, sont des incitations, pour le moins, à la malveillance. Parfois plus, à des actes répréhensibles contre ceux que l'on veut ostraciser.

Il en est de même de photos montages et de filmographies accusatrices, qui contredisent la charte des journalistes. Les rectifications ne sont jamais programmées avec la même publicité !

Et le corporatisme idéologique d'entraide protège souvent le fautif !

Le biologique ne trompe pas, il répond toujours pareil, mais l'Homme veut le tromper. Pour guérir si possible…

De plus, le politiquement correct crée une pensée unique, sacrifiant celui qui ne pense pas pareil. Il se crée un consensus qui uniformise une pensée. Mais qui dit consensus dit aussi qu'il y a des pensées dont l'accord n'est pas offert.

Si la parole ne peut être accordée, il y a une dictature qui se légalise ensuite. La pensée, quelle qu'elle soit, doit pouvoir être combattue par des pensées différentes, pour faire apparaître la vérité, même si elle n'est que transitoire.

Seuls les actes répréhensibles qu'ils créent seront interdits.

Car, comme la pensée est libre, elle doit pouvoir s'exprimer librement.

Ce sont les médias qui sont les meilleurs ou les plus néfastes véhicules des idées.

L'invitation à diffuser est souvent du donnant-donnant.

Et la politique ne devrait s'inviter que si les autres visions ont l'accession à la parole divulguée.

La charte des journalistes doit s'appliquer à toutes les opinions et devrait subordonner leurs actes à la vérité ; l'éthique n'est pas une science, c'est une échelle de valeurs morales.

Et la censure de chacun permettrait de véritablement comprendre le fond de la pensée émise.

Et non que le politiquement correct qui se dit.

Dans chaque Etat, le vote est un facteur d'équilibre.

Dans un pays où chacun peut s'exprimer selon ses conceptions, laïques, religieuses ou philosophiques, les résultats finaux en pourcentage doivent être peu éloignés.

Par exemple, entre deux candidats, 40 et 60 % sont des différences encore homéostatiques.

Plus l'espace s'agrandit, et plus la force dominante s'exercera.

Si plusieurs niveaux de pouvoirs sont entre les mêmes mains, il faut craindre un risque de pouvoir qui tendra à se maintenir par un autre moyen que le vote libre.

Si le vote, comme cela a pu se voir, met une majorité à 99 % (ou plus !) c'est un pouvoir dictatorial, ou totalitaire qui est en cause.

Un vote régulier, à dates convenues, est le seul moyen de donner un équilibre populaire, qui permet une existence libre.

Mais, ainsi, le Président de tous doit donc être aussi celui des autres.

Raisonnons par l'absurde.

Pour donner ainsi libre cours aux contradicteurs, pour les députés,

26 millions de Français votent. La moyenne est donc 13 millions.

Admettons que 100.000 voix séparent les deux concurrents.

L'un obtient 13.050.000 voix, l'autre 12.950.000.

Si, pour le Sénat qui possèderait la moitié plus un sénateur en sa faveur, par rapport à la moyenne, soit 2 voix de différence, et s'il en est de même à la Chambre des Députés, et si à chaque vote, aucun n'est malade et chacun vote conformément à son obédience politique, de ce vote présidentiel par consensus, le Président élu, s'il est en droit de considérer qu'il a la majorité, les X propositions exposées doivent-elles être totalement appliquées ?

La réflexion s'impose.

Majorité et homéostasie sont si proches.

Et là, le biologique comme la majorité se confondent !

Le biologique laisse une certaine latitude d'espace avec la moyenne.

La majorité doit faire de même.

L'équilibre du monde, des Etats, du social, dépend de l'équilibre de chaque individu, et de sa socialisation.

En biologie, il n'y a pas de réactions émotionnelles.

Mais le stress affectif et social s'implique dans le biologique, créant des réactions physiologiques pouvant amener la mort.

Les spectateurs d'un incident, un match, une prise d'otages, une réaction de défense... et un accident cardiaque !

Société et osmose

L'osmose participe à la vie sociale d'une manière fondamentale.

Et l'état de connaissances de la population d'un Etat en est un des paramètres, avec le nombre des individus, la force de la culture et celle philosophique de l'Etat lui-même.

Le nombre est d'importance et ne nécessite pas d'explications, sauf pour se concentrer sur les autres paramètres.

Plus un pays est évolué, disons intellectuellement, et plus le transfert des connaissances sera aisé.

Comme en osmose, l'enseignement sera diffusé différemment.

A l'école, les enseignants sont la membrane qui **filtre les connaissances**, selon leur conception de l'enseignement.

Du plus vers le moins, car ils créent la pression.

Mais avec l'obligation de se mettre à la hauteur de la compréhension possible des élèves.

Il est d'évidence que si, dans une classe, il y a de nombreux « peu francophones » qui débutent, parmi quelques autochtones, ceux-ci auront un niveau de connaissances moins élevé que dans une classe plus homogène.

Les enseignants se mettant à la portée de ceux qui doivent s'intégrer, leur pression est donc moins forte.

Alors, la pression plus forte, du plus vers le moins, sera difficilement intégrée.

Les autochtones ne seront plus au niveau des autres classes équivalentes.

C'est pourquoi il faut un professeur connaissant bien la langue des nouveaux arrivants, pour l'assimilation de la langue d'accueil.

Et devenir en osmose avec les lois du pays qui accueille.

Nous voyons des petits enfants chinois qui reçoivent cette éducation.

Les élèves doivent d'abord connaître et comprendre la langue nouvelle.

C'est une obligation et c'est pour cela que, dans certains pays, des cours sont programmés pour ceux qui veulent immigrer.

L'intelligence ne peut suppléer à l'absence de compréhension du langage, donc à la compréhension du cours dispensé.

De plus, dans des classes homogènes, au fur et à mesure que l'on progresse dans la hiérarchie des études, la pression permet le passage de connaissances de plus en plus affinées. Ce qui aiguillonne le désir de progresser !

Il est donc nécessaire, au départ, de séparer pour intégrer, avec la nécessité, pendant les loisirs, récréations, sports, activités culturelles, de réunir pour participer à la vie collective.

C'est là que se crée une véritable osmose.

La véritable égalité ne se crée pas, dans un pays, par le mélange des langues, mais par unification du langage usuel, pour une intégration réussie. La langue de l'immigré, sa culture sont un apport pour le pays d'accueil.

Il s'avère que, immigrés ou non, c'est grâce au langage que seuls passent le filtre des concours ceux qui en sont capables. Voilà la vraie égalité dans un Etat.

Et souvent, nous remarquons que dans les têtes de classe se trouvaient les opprimés récemment accueillis.

Ce fut le cas, après 1918, des réfugiés de pays de l'Est, puis, après la seconde guerre et les décolonisations, de ceux d'Afrique du Nord, Tunisie et Algérie, et du Viet Nam ensuite.

La troisième génération, à l'intégration réussie, se comporte alors comme les nationaux anciens du même âge, dans le même milieu social.

C'est pourquoi supprimer les notes qui hiérarchisent les capacités de chacun et permettent de préparer les enfants à la compétition qu'est la vie est une erreur. Les remplacer par des appréciations de bienveillance est une compassion qui ne prépare pas l'enfant à son avenir. Pourquoi alors, dans les concours, comme aux courses de chevaux, ne compenserait-on pas les moins bons, en handicapant les meilleurs ? Y penser aussi pour les Jeux olympiques !

Et aussi, pourquoi les concours ? Que le meilleur gagne ! Ce qui nous renvoie au début de la scolarité !

Le paramètre culturel intervient familialement pour l'apprentissage de la vie sociale dès l'enfance.

Et c'est un facteur qui s'implique dès l'école.

Il se crée souvent comme un népotisme professionnel par osmose, et parfois une suite dans l'exercice du métier parental, une pression plus ou moins consciente exercée sur la descendance.

Je suis heureux de mon travail dit-on en rentrant chez soi. Et une certaine « aura » de la réussite peut être persuasive. Mais peut aussi rebuter par crainte de ne pouvoir faire aussi bien. Et les choix seront alors très éloignés.

Parfois une contre-réaction des enfants se manifeste vis-à-vis de la famille ou de l'un de ses membres.

Réaction affective ou due à l'environnement culturel ou historique, comme durant mai 1968, où des enfants de policiers, de magistrats… ont subi des brimades, même de langage, et ont coopéré ensuite à des actes violents antisociaux !

J'en ai assez de travailler, vivement la retraite, et c'est d'évidence un handicap pour l'avenir des enfants qui n'entendent que cela.

Quant au mot patron !

Le milieu social, où l'on évolue dépend de la réussite familiale, puis de soi-même. Il se forme, par osmose, un comportement corporatif s'il est professionnel. Ce milieu vous projette ou est rejeté, selon l'évolution intellectuelle ou émotionnelle, selon la pression exercée par l'environnement. Et la république laïque est le meilleur filtre pour diminuer les pressions. Les reconnaissances de tous les comportements affectifs, religieux impliquent une obligation pour chacun d'incorporer autrui dans son cursus vital de la société.

La pression diminuant, l'osmose identitaire permet mieux, à chacun, de se mélanger à l'autre.

C'est pourquoi la pression religieuse est dangereuse quand elle se veut émancipatrice. Comme dans un milieu hypertonique que représente la hiérarchie religieuse, sur un individu qui se convertit, celui-ci s'imbibe et s'enfle pour devenir dangereux jusqu'à « exploser » autrui, comme un globule rouge du sang !

Les religions, qui sont toutes respectables, offrent un milieu isotonique sociétal. Dans un milieu hypotonique social, une religion peut s'imposer.

Dans un milieu vraiment laïque, l'osmose permet à chacun de vivre sa vie personnelle, mais en diluant les différences en société.

D'évidence, quand une société évolue dans un milieu économiquement dévalué, les individus ont tendance à refuser les dirigeants antérieurs, responsables, et les boucs émissaires, soi-disant coupables des maux de leur société.

C'est le lit pour faire adopter une idéologie opposée, comme pour l'avènement du nazisme en 1933. Avec les comportements qu'elle supporte et les prises d'intérêts qu'elle implique.

CHAÎNE ADN

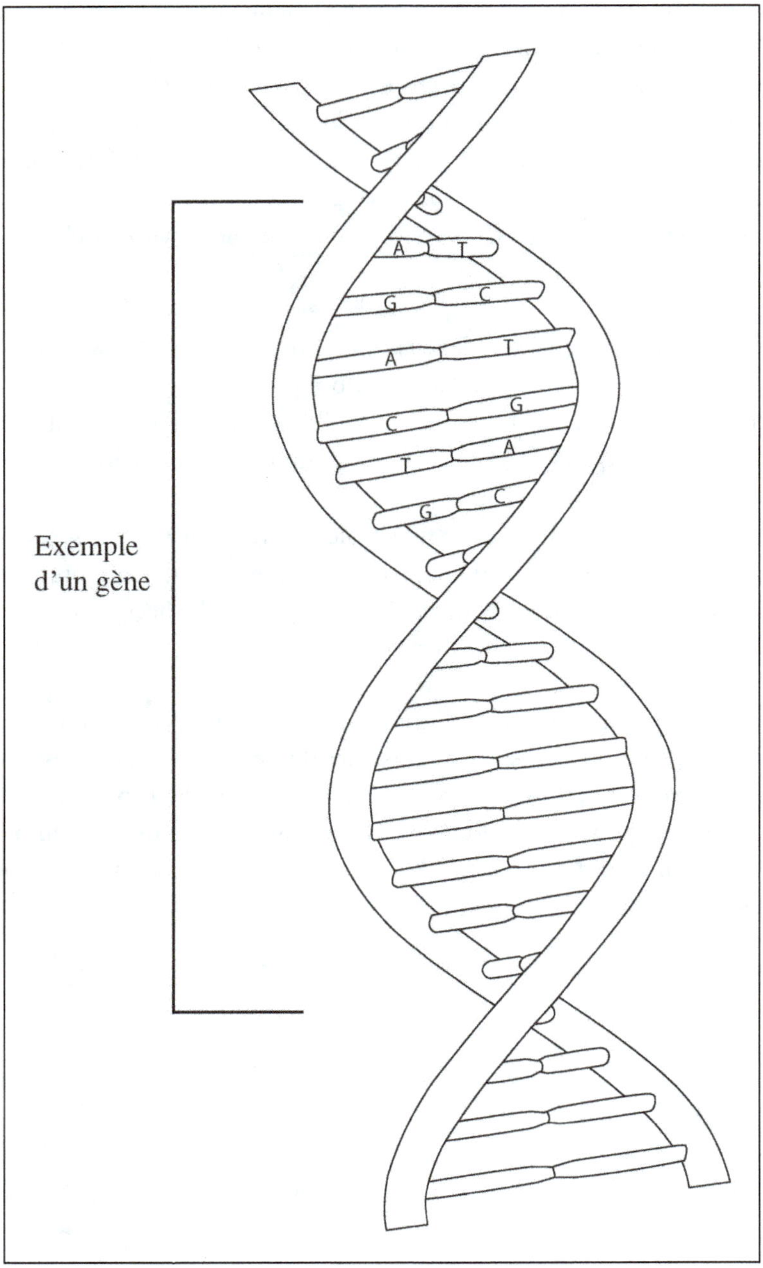

Un gène est une partie du chromosome. Il porte une information génétique.

LE CHROMOSOME

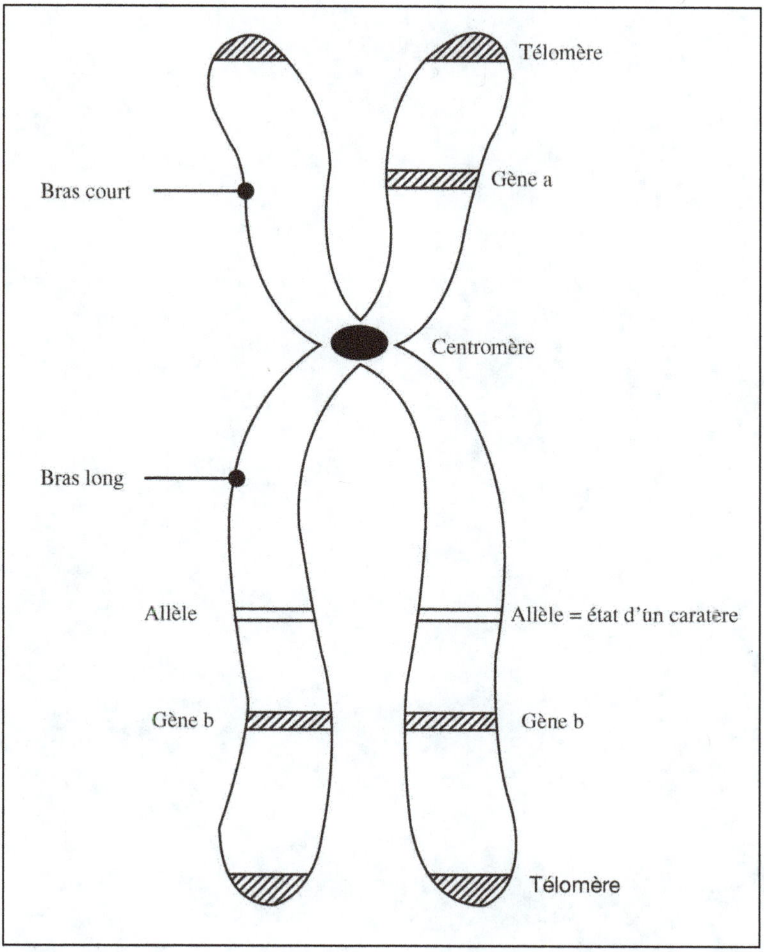

Les chromosomes homologues vont par paires. Un allèle est une version d'un même gène, sur un des chromosomes, pour un caractère donné. Deux allèles identiques sont codominants. Différents, un seul s'exprime, il est dominant ! Et l'autre est dit récessif. Le raccourcissement des télomères signe le vieillissement des cellules.

L'INNÉ

Comment peut-on définir l'inné ?

C'est l'ensemble des caractères supportés par les gènes qui se trouvent sur les chromosomes.

Les caractères sont tous les aspects d'un organisme qui peuvent être analysés.

Les chromosomes sont le support de l'Acide DésoxyriboNucléique.

Le chromosome, par l'ADN, est formé de molécules organiques, les nucléotides, bases nucléiques, deux puriques, l'adénine et la guanine, deux pyrimidiques, la cytosine et la thymine pour l'ADN.

L'uracile dans l'Acide ribonucléique (ARN) est remplacée par la thymine qui est sa forme méthylée dans l'ADN.

Chaque base est appariée à son complément obligatoire, comme un couple, Adénine et Thymine, AT, Guanine et Cytosine, GC.

Bases reliées par un sucre, le désoxyribose et des liaisons phosphates.

En trois dimensions, c'est une double hélice hélicoïdale, une échelle qui tourne !

C'est une échelle, dont chaque barreau est fixé aux deux extrémités par A et T, G et C.

Les barreaux se suivent dans un ordre précis pour un ensemble qui forme un gène.

Si l'échelle se sépare en deux, chaque barreau, coupé en deux, se réunira avec son complément habituel, T et A, ou A et T, C et G ou G et C.

Ces ensembles sont transmis de génération en génération.

Les gènes, seuls ou associés, induisent une série d'actions qui permettent la fabrication de substances biologiques, c'est la recombinaison par l'ARN.

Les mêmes gènes, du microbe à l'éléphant, induisent des séquences biochimiques pour aboutir aux mêmes substances.

L'arbre de vie possède les mêmes racines.

Mais, par le fait génétique des multiples croisements et des mutations depuis l'origine, les gènes se sont introduits parfois dans le génome de descendants créant spontanément des Organismes Génétiquement Modifiés, mutés, ce que nous sommes devenus.

Cela est aussi vrai pour les plantes.

Il est donc concevable qu'ajouter un gène humain dans une cellule, par exemple dans une levure, pour lui faire fabriquer de l'insuline pure, c'est créer un organisme génétiquement modifié (OGM).

L'éthique permet de croire que toute transformation génétique est créée pour le bien de l'humanité.

Il est cependant obligatoire, pour chaque OGM, de vérifier qu'il ne se crée aucune nuisance collatérale sur l'environnement.

L'inné, c'est aussi l'ensemble de ce qui fait tout organisme « vivant ».

Le Droit biologique est inné dans l'inné. Il en a fait une éthique universelle. Pour tout ce qui vit.

Toute dérive est punie.

Une descendance est semblable à la cellule originelle qui lui a donné naissance.

Chaque individu humain porte dans ses cellules 22 paires de chromosomes autosomes, plus la paire de chromosomes sexuels, soit 46 chromosomes.

Chaque individu porte en soi la moitié de la paire autosomale des chromosomes de chacun des géniteurs. Chez les individus, tout ce qui est commun à chacun des géniteurs est redondant et n'influe que pour un seul caractère.

Ces gènes codant pour tous les actes effectués dans la vie biologique, ils sont donc doubles pour la même activité. Cette redondance permet la réalisation effective d'un travail, un seul « côté » étant suffisant.

Une absence défective des deux crée un trouble.

Mais, dans l'action des deux gènes correspondants, l'un peut être dominant par rapport à l'autre.

Pour le sexe, la femme aura la paire sexuelle XX et l'homme la paire XY.

Ce qui fait que le descendant des deux individus différents, mâle et femelle, porte une partie des caractères de chacun des parents.

Le chromosome est le support de l'Acide Désoxyribonucléique (ADN).

L'ADN est un manuel d'instruction pour construire la vie biologique.

L'ensemble de cet ADN pour chaque individu est appelé génome et se transmet des parents aux enfants.

Dans le noyau de la cellule se trouvent donc inclus les chromosomes avec les gènes.

Les gènes sont des unités d'hérédité. Un ou plusieurs se réunissent en un segment d'ADN (ou d'Acide Ribonucléique : ARN) pour contrôler un caractère particulier. **Les gènes sont des unités de fonction.**

Pour un exemple, associés en groupe pour une identité cellulaire, **le groupe de gènes Hox se retrouve chez tous les vertébrés à symétrie bilatérale**, pour la formation de l'axe antéro-postérieur, le tube neuronal, et la morphogenèse des membres, et prouve qu'il y a une suite dans l'évolution.

LES CHROMOSOMES SEXUELS

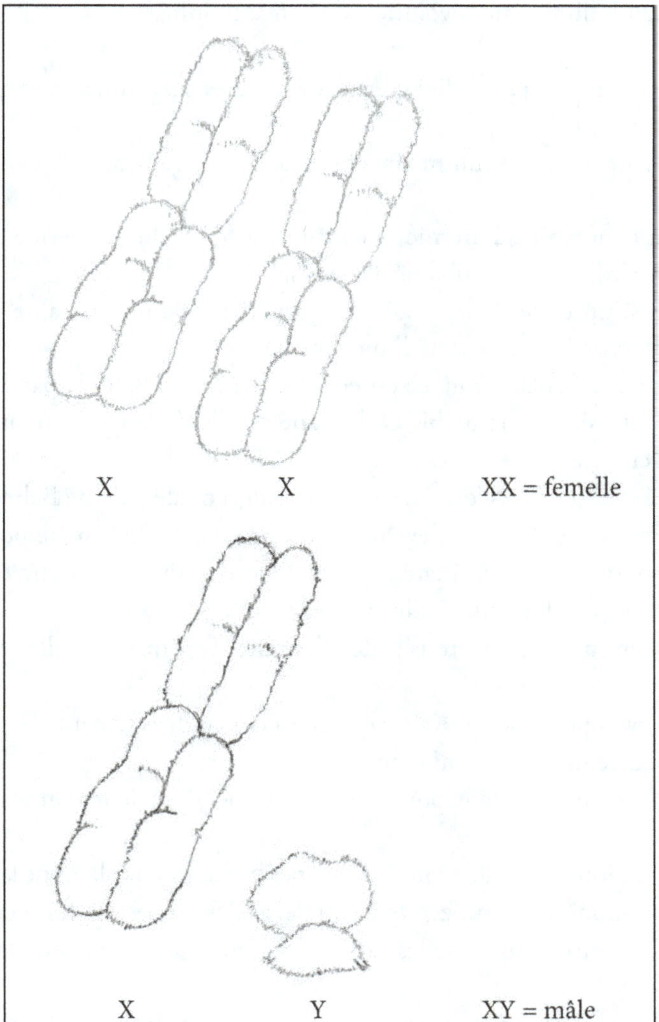

Chacun des chromosomes provient du père et de la mère. Chromosomes d'après le microscope électrique à balayage.

La femme apportant par l'ovule le caractère sexuel féminin X, le côté sexuel définitif est apporté par les spermatozoïdes de l'homme.

Chaque spermatozoïde ne porte qu'un seul caractère.

Si c'est un spermatozoïde X, l'enfant, une fille, sera XX.

Si le spermatozoïde porte le caractère Y, l'enfant sera du sexe masculin.

Les cellules devant affirmer le caractère mâle se suicideront par apoptose, pour confirmer le caractère féminin.

A contrario, les cellules supportant le caractère féminin se suicideront, pour laisser le champ libre pour l'évolution de la masculinité.

Chez le microbe, qui se divise en deux cellules exactement semblables, il se crée un clone.

Cette scissiparité, avec un même chromosome, crée la même identité dans la descendance.

On peut concevoir qu'un microbe actuel est semblable au germe originel d'il y a trois milliards six cent millions d'années.

C'est aussi un clone, celui réalisé par expérimentation humaine sur un animal, quand on prélève un ovule d'une femelle.

L'ovule d'une femelle animale est énucléé. La brebis Belinda par exemple.

Il est récupéré, chez la brebis Dolly, une cellule de la glande mammaire qui est mise en culture.

Il est prélevé son ADN qui est implanté dans l'ovule vide de Belinda...

Ainsi reconstitué, l'œuf se développera dans l'utérus de la mère porteuse,

L'œuf contient donc le matériel génétique du donneur, pour enfanter un clone génétique du donneur. Dolly a été clonée.

Toute femme est porteuse de l'enfant fécondé, quelle qu'en soit l'origine.

C'est, d'évidence, l'homme avec qui elle a conçu directement.

Mais il existe médicalement d'autres possibilités.

Ainsi, une mère est dite porteuse quand elle intervient dans la Gestation Pour Autrui.

La Procréation Médicalement Assistée permet à un couple dont la femme est stérile (obturation des trompes) de lui prélever des ovules, de les mettre en culture en milieu nutritif, puis de les mettre en contact avec les spermatozoïdes du donneur.

Ce peut être un donneur connu, ou inconnu (don de sperme).

Deux jours plus tard, l'œuf conçu est implanté dans l'utérus de la future mère.

C'est le principe de Fécondation In Vitro Et Transfert d'Embryon ou FIVETE.

Si une femme est stérile car elle n'a pas d'ovulation, mais que son utérus est fonctionnel, on réalise la même intervention avec des ovocytes donnés par une autre femme, et l'embryon est réimplanté chez la femme stérile.

Quand l'homme est responsable car il n'a que peu de spermatozoïdes, ou à faible mobilité, après caryotype, on en sélectionne un, qui est introduit par une micro-injection, dans un ovule prélevé.

Réalisé sur plusieurs ovules cultivés, on choisit ceux qui paraissent les plus aptes à être réimplantés dans l'utérus.

Toutes ces techniques ont environ 20% de réussite, avec parfois des naissances multiples.

En conservant les embryons congelés, vitrifiés, on peut tenter d'autres réimplantations en cas d'échecs.

On voit bien, ici, que biologie et société interfèrent.

L'utilisation biologique des capacités reproductives des femmes peut expliquer le viol, l'esclavage et les multiples femmes d'un seul homme quand, dans les temps anciens, les combats tuaient les hommes valides, et qu'il fallait repeupler les territoires.

Après une terrible bataille et de nombreux morts, Napoléon a pu dire : « **une nuit d'amour et ils seront remplacés** ». Ce n'est pas la phrase exacte mais c'en est le sens. Les temps ont changé, mais pas encore les mœurs !

Une cellule peut se voir considérée comme mère porteuse, quand un virus incorpore son matériel génétique dans le matériel génétique de la cellule spécifique qu'il a infectée, pour lui faire enfanter des petits virions !

Expulsés de la cellule porteuse, qui meurt en éclatant, ils deviennent des virus, enveloppés d'une partie de la membrane de la cellule mère ; ils s'entourent d'un péplos, sésame pour rencontrer et infecter d'autres cellules du même type que la cellule porteuse.

L'inné dit l'hérédité, et chaque individu est inédit.

Toute mutation est comme une hypothèse.

L'expérimentation in vivo qui s'ensuit l'élimine ou la valorise et peut la transmettre.

Et que l'on incorpore dans l'évolution !

Chez un individu, **l'ADN, aujourd'hui séquencé, permet de révéler des possibilités prédictives de maladies**. L'information est portée par l'ADN.

Mais les maladies n'apparaîtront que si des conditions sont présentes pour déclencher l'activité des gènes incriminés.

Faut-il, a priori, dans le cas de certains cancers héréditaires, comme pour le sein, le pancréas par exemple, effectuer des tests qui pourront influencer le comportement psychologique des descendants, sans cependant affirmer que le mal va arriver ? Doit-on en parler ou laisser faire, sans rien faire ?

Décryptés, tous les chromosomes permettent une évaluation révélée des possibilités pathogènes existant pour l'individu qui les porte.

C'est parfois l'intérêt d'une médecine prédictive.

La mère de l'actrice Angelina Jolie est morte des suites d'un cancer du sein. Angelina porte l'anomalie génétique transmise génétiquement, en grande partie responsable de cette affection. En 2013 elle se fait faire une mastectomie bilatérale, pour réduire la probabilité d'« attraper » un tel cancer ! C'est à chacun de choisir, selon ses propres critères.

Un code universel pour tous les êtres vivants existe.

Pour former les protéines, les mots de l'information sont exprimés par des triplets de nucléotides ou codons, chacun correspondant à un acide aminé défini.

Uracile, Adénine, Cytosine = UAC, qui code pour la Tyrosine

AAA, qui code pour la Lysine

UAA est un stop pour la fin de liaisons aminées qui forment une protéine.

Guanine Uracile Guanine est le départ d'une protéine à former.

Un gène est un enchaînement de désoxyribonucléotides qui portent l'information nécessaire à la synthèse des protéines. Pour cela, il se transcrit en acide ribonucléique messager qui a pour fonction de traduire ce message en des protéines spécifiques.

On peut se modifier morphologiquement. Et tromper même ceux qui vous connaissent.

Rien n'est possible sur l'identité biologique.

Tout individu possède dans ses cellules ses origines infalsifiables de l'origine paternelle et maternelle ; c'est sa carte d'identité biométrique. Il est unique.

Moi avec ma beauté, vous avec votre intelligence, faisons un enfant !

Et si c'était le contraire, peut-on répondre ? C'est ça l'inné.

Cela forme les caractères.

L'ACQUIS

L'acquis est considéré comme l'apport qui permet de modifier les caractères apportés par l'inné.

Cet acquis peut provenir des changements apportés par le transfert de gènes comme les phénomènes de transformation. Ils font qu'un microbe dit avirulent, sans capsule, devient pathogène en formant une capsule qui le protège contre les organismes de défense ; c'est le cas du pneumocoque par exemple.

Dans le cas des Organismes Génétiquement Modifiés, l'apport par le transfert de gènes est un caractère inné, qui s'intègre et devient un caractère inné acquis.

Ce n'est qu'une transformation qui se pérennise.

On peut transférer des gènes dans des cellules qui fonctionnent mal, ou pas. Il faut un vecteur, des virus infectants sans pathogénicité, supports du gène bien portant, récupéré sur une cellule normale, pour suppléer le gène déficient. Cela a été réalisé dans le traitement des enfants bulles (sécurisés pour les protéger de toute infection) atteints d'immunodéficience sévère.

Des effets secondaires graves ont démontré que le concept était valable, mais que son application devait être différée.

De plus, il est évident que les modifications ne seront pas transmises par les spermatozoïdes, ou incluses dans l'ovocyte des femmes malades.

Pour tous, il existe perpétuellement des relations entre le milieu interne et le monde extérieur.

Ces relations réactives, *feed back* en anglais, entraînent la mise en œuvre d'enchaînements biologiques de défense de la part des cellules contre toute agression extérieure pour n'importe quelle cellule en difficulté.

De plus, toutes les cellules s'interconnectent en fonction des besoins de la communauté corporelle.

Et certaines mémorisent spécifiquement l'agent agresseur. C'est un acquis qui ne se transmet pas génétiquement.

Elle est surtout source des mises en route des moyens d'intégration des éléments nutritifs nécessaires puisés à l'extérieur, qui permettent de vivre.

La rétroaction sociologique est analogue aux réponses biologiques d'un individu envers tout événement qui le touche personnellement *et qui ne sera pas retransmis génétiquement* à ses descendants.

L'être vivant, quel qu'il soit, dans ses relations permanentes avec le milieu dans lequel il est plongé, augmente son autonomie au détriment de l'autre. Dans le milieu écologique ou vis-à-vis des individus.

La différence fondamentale sociale avec les individus, par rapport au biologique, appartient aux apports affectif et culturel qui modifient en permanence le comportement de l'humain.

L'acquis, pour la protection biologique de chaque individu, est basé sur la reconnaissance et l'endurance.

La reconnaissance est le pouvoir de reconnaître comme semblable ce qui porte le même langage.

Et donc de l'accepter.

Sinon, le refuser, et c'est alors l'éliminer.

L'éliminer c'est instituer une défense pour détruire l'intrus.

Détruire l'intrus c'est aussi intérioriser l'information qu'il porte afin de reconnaître ses semblables. Socialement, les vêtements et le faciès, pilosité comprise, et interprétée, portent aussi l'information !

L'endurance est la conservation de ce pouvoir dans le temps.

L'exemple le plus simple est la vaccination, naturelle après un contact avec l'agent pathogène, ou artificielle. On injecte l'information portée par un microbe, un virus…

Ce microbe peut être vivant, mais atténué dans sa pathogénicité.

Ce microbe peut être mort, donc sans virulence, mais porteur des facteurs antigéniques.

Ce peut être aussi l'information antigénique extraite du microbe ou créée synthétiquement

Les cellules responsables de la protection immunitaire, dès qu'elles reconnaissent l'information portée par l'intrus, vont se mobiliser pour éliminer celui-ci.

Ensuite, l'information recueillie sur les « morts » va servir de rappel et booster la défense, pour la suite dans le temps ; ce sera l'endurance. **Ce sera la résilience biologique.**

Si la chance n'a pas permis une réinfection, la revaccination de rappel avec les mêmes antigènes y suppléera.

Cet acquis n'est pas transmis génétiquement.

Si « *ce qui ne nous tue pas nous fortifie* » comme l'a dit Nietzsche, on obtient la résilience.

De même, socialement, le passé d'un individu mort, transmis oralement ou par écrit, permet une évolution de son entourage, et parfois bien plus, de la société. Pour le vivant, la résistance et l'endurance sont des nécessités qui disparaissent avec l'individu. Pour l'idéologie, elle s'en réfère même après la mort de l'individu.

Sur le plan social, l'acquis se fait par l'apprentissage et la culture du savoir.

Et par le mimétisme.

Les cerveaux reflètent les résultats de l'activité du cerveau des autres.

Et celui des autres en fait autant de notre activité personnelle.

Les neurones miroirs intègrent la culture environnementale, aux moments de chaque évolution biologique et sociale des individus.

L'enfant apprend à parler, et la culture familiale le façonne.

On comprend pourquoi le social influe sur certains comportements, à l'opposé total de l'acquis de l'enfance !

Et les envies mimétiques des réussites, des avoirs d'autrui nous conditionnent. Y compris la mode.

L'acquis correspond aux biens matériels.

Mais aussi à la culture…

Dans un espace laïque et républicain, ouvert à tous les savoirs, il est certain qu'il y a enrichissement des connaissances, donc une plus grande ouverture pour l'intelligence et donc à la réflexion et à la compréhension.

Quiconque a beaucoup lu, vu, peut aussi avoir beaucoup retenu.

C'est pourquoi certains interdisent la propagation du savoir.

Pour maintenir un pouvoir usurpé.

Usurpé car il interdit ce que le biologique a réparti dans l'égalité.

Pour les femmes et les hommes.

Même le sexe pour la transmission de l'hérédité, avec une spécificité incontournable. A chacun un pouvoir, nécessairement complémentaire !

Le mariage forcé et l'excision sont d'origine culturelle et machiste.

Sans aucun intérêt pour la femme, et très contraignants.

Ni le choix du partenaire affectif, ni la liberté du plaisir !

La circoncision possède un intérêt médical, pas de phimosis, et le Sida sexuel serait moins transmissible !

Et mâle ou femelle, l'intelligence est donnée à tous.

L'égalité sociale doit permettre à tous de se réaliser.

LES CELLULES

La cellule biologique est à l'individu ce que l'individu est à la société.
La cellule est l'unité du vivant.
L'individu est aussi l'unité de l'humanité.
Les cellules et les individus ont une identité.

Mot dérivé du latin *cellula*, qui siginifie petite chambre, la cellule est, pour l'homme, un endroit où il vit à l'étroit, avec peu de confort dans cet espace réduit. Dans une prison, dans un monastère... Puis, la cellule à été étendue à la réunion d'un petit nombre de gens ayant une vision commune (cellule de sympathisants d'un parti) ou qui nécessite la présence restreinte d'individus afin de résoudre un ou des problèmes posés à la, ou à une société (cellule de crise, *brain storming*...)

En biologie, la cellule où vivent les abeilles incite Robert Hooke (1665) à nommer aussi cellules les petites alvéoles du liège puis à étendre ce mot aux plantes.

Le premier microscope a permis à Van Leeuwenhoek (1715) d'examiner des animalcules (protozoaires, spermatozoïdes...) L'évolution d'appareillages de plus en plus sophistiqués permet maintenant des observations très fines de l'intérieur des cellules.

Il s'avère que les petites chambres sont remplies d'éléments actifs, nombreux et complexes.

Il s'avère que ces cellules peuvent être libres, tels les microbes, les levures, les amibes avec une existence autonome.

Les cellules peuvent s'associer de différentes façons pour former des tissus.

Regroupés, ces tissus créent des organes, bien délimités, pour une ou plusieurs fonctions spécifiées.

Il s'avère que, par extension, la sociologie s'empare de cette analogie, parlant du TISSU SOCIAL et d'immunité du corps diplomatique par exemple.

Chaque cellule, chaque individu, possède une individualité, limitée physiquement par son enveloppe.

Chaque cellule peut émettre et recevoir des messages, pour communiquer, en elle-même et avec l'extérieur.

Tout ce qui est enveloppé nécessite, pour survivre, de se nourrir.

Pour persister dans le temps, il lui faut se reproduire.

Chaque cellule est placée dans un environnement où elle s'associe, pour un exercice commun, avec les cellules d'organes différents d'un organisme. Comme le feront les humains.

D'où « *qui sauve un homme sauve l'humanité.* » (La Bible)

Et qui tue la cellule cancéreuse initiale sauve un organisme !

Tous les organes, indépendants séparément, sont interdépendants pour former un ensemble viable.

La liberté d'extension d'une cellule s'arrête où commence celle de l'autre cellule. Il y a inhibition de contact.

Si un groupe de mêmes cellules déroge à la fonction dévolue, soit par le nombre en plus (comme certaines leucémies) ou en moins (anémie), ou par une anomalie fonctionnelle comme le cancer qui perd la capacité d'inhibition, la répercussion dans le corps créera la maladie pour aboutir à la mort, si on ne peut y remédier.

L'évolution des cellules depuis la fusion spermatozoïde-ovule passe par des étapes très différenciées.

Les cellules souches

C'est, à l'origine, une cellule indifférenciée. Elle se multiplie, in vivo et in vitro, et se différencie en d'autres types de cellules.

On les retrouve dans les embryons, les fœtus, les tissus adultes.

Avec une potentialité différente selon l'âge.

Les cellules totipotentes, cellules de l'œuf fécondé, jusqu'au 4e jour, sont les seules à pouvoir créer tout l'individu. Est-ce à ce moment le début de l'être vivant social ?

Au début embryonnaire, les multipotentes génèrent toutes les cellules du corps, mais pas un individu.

Elles se retrouvent dans la moelle osseuse pour former les cellules sanguines.

On trouve aussi des cellules **pluripotentes**, qui donnent naissance à différents types de cellules, mais pas à tous.

Et des cellules **unipotentes**, pour un seul type de cellules tels la peau, le foie…

Au fur et à mesure du vieillissement on commence à vieillir dès la naissance, il y a des cellules souches résidentielles pluripotentes, stimulées par la présence des cellules mortes, et qui interviennent pour la génération des cellules à vie courte, comme celles de la peau et de l'épithélium intestinal (celles qui desquament avec les microbes…) et des cellules à vie longue, cellules neuronales, musculaires…

C'est ainsi qu'un état d'équilibre est normalement constitué, **l'homéostasie**, qui institue, grâce aux communications intercellulaires, des réactions appropriées au maintien de cet équilibre.

Prenons des tissus hépatiques d'un individu et séparons ces cellules du foie par de la trypsine.

Prenons des cellules de rein, du même individu, séparées de la même façon.

Mélangeons ces cellules entre elles, dans un milieu de survie.

Les cellules du foie vont migrer et se réunir entre elles en îlots.

Même langue communautaire.

Les cellules du rein feront de même. Comme du corporatisme.

Ces cellules, issues de tissus du même individu, se retrouveront entre elles car, si elles parlent globalement une même langue liée à l'ensemble dont elles font partie, elles utilisent, en plus, un même langage « corporatif ».

En médecine, en informatique…

Cela est socialement reproduit pour l'existence des individus (habitat) et dans la vie commerciale, la rue des motos, photos, vélos par exemple.

Chaque cellule possède des entités territoriales limitées, autonomes, avec des spécificités fonctionnelles bien définies.

Avec des échanges intercellulaires et extracellulaires vitaux.

La croissance cellulaire est régulée par le contact, par des messages moléculaires, jusqu'au moment où le tissu atteint le volume de l'organe.

Chaque îlot est comme un petit « ghetto » !

Par contre, si la sensibilité de contact est perdue par un dérèglement de l'information, comme pour le cancer, la multiplication se fait au détriment de l'environnement. Et plus loin avec des métastases.

Chaque individu transfère les signaux extérieurs vers l'intérieur et régule la croissance.

Chez l'être social vivant doué de pensée, si minime soit-elle, c'est l'éloignement des familles, des nationalités, des ethnies, qui forme les métastases.

Quand la nourriture n'est pas assez abondante pour les rats, ils s'exilent.

Socialement, quand la nourriture (chômage) ou la liberté vient à manquer, c'est l'exil, et une diaspora se crée.

Et il faut faire tout pour que cette extension soit conservée.

Dans un autre environnement, pour être une valeur ajoutée, c'est possible par l'intégration.

Cette association semblable est retrouvée dans la vie sociale associative.

Assimilation ou intégration

Du point de vue biologique, ces deux termes correspondent à deux situations de relations différentes, dans un organisme intéressé.

Biologiquement, tout ce que l'on mange est assimilé, c'est-à-dire transformé pour être incorporé dans ses propres éléments. Les aliments sont scindés en substances élémentaires, tels les protéines, les lipides, les glucides. Ainsi que d'autres substances, vitamines, sels minéraux... Puis, ensuite, assemblés selon les besoins, avec les capacités de chacun des composants.

A été avalé un produit inutilisable, un noyau de fruit, un objet provenant d'un jouet... *il sera expulsé* tel quel, ou l'on devra intervenir médicalement, ou chirurgicalement.

L'intégration devient une acceptation d'un élément extérieur, pour la nécessité d'une fonction de l'organisme receveur. Par exemple, un implant métallique remplacera un élément majeur pour l'exécution d'une action. Ainsi, un implant dentaire est ostéointégré et devient le support d'une prothèse postiche, pour rétablir la mastication naturelle et l'esthétique du sourire.

Il en est de même pour la réhabilitation articulaire d'une hanche, d'un genou...

Mais une valve cardiaque, biologique, provenant du porc, avec un anticoagulant à durée déterminée, de trois mois, ou mécanique, avec un anticoagulant à vie, est soumise à un choix, médical ou parfois cultuel.

Il y a intégration mais non assimilation. Avec une vie limitée de chaque matériau.

En sociologie, l'assimilation d'un individu est une identification totale à la société qui l'a accepté. Elle est choisie librement par des immigrants qui refoulent ostensiblement certains actes culturels ou cultuels. Pour ne pas se singulariser, et par respect des lois.

Elle peut être obligée par des autorités totalitaires d'un pays, *créant* les fuites, *des expulsions*, obligeant une immigration pour un ailleurs ! C'est la dispersion ou diaspora. Pour ceux qui restent, car ne pouvant faire autrement, ils imposent une assimilation en s'appuyant sur des méthodes de répression, allant de la privation de libertés à l'élimination physique des individus récalcitrants.

Alors, parfois, certaines coutumes sont conservées à titre personnel, mais cachées, tout en s'authentifiant dans la vie sociale du pays où ils vivent. Les marranes juifs, qui ont abjuré leur religion pour rester dans leur pays de naissance en Espagne (1492), au Portugal (1493), ou même les *dhimmis*, individus « protégés » en Islam, en sont un exemple.

Et d'autres exemples surgiront d'eux-mêmes, venus du passé, ou devenant d'actualité !

L'intégration est l'acceptation de l'individu, interdépendant dans la société qui le reçoit, avec un bénéfice pour chacun des deux. L'individu offrant ses capacités et profitant de tous les avantages du pays d'accueil, il apprend sa langue et se soumet à ses lois, bien qu'ayant conservé sa culture originelle. Les démocraties réelles en sont les dépositaires.

Laïcité ou « l'haïe cité » ?

Pour dire simple.

Qu'est-ce qu'être athée ? C'est ne pas croire en Dieu.

Qu'est-ce qu'être agnostique ? C'est ne pas croire en ce qui n'est pas démontrable expérimentalement.

Qu'est-ce qu'être laïque ? C'est accepter que des gens aient une religion, mais qu'elle n'impose pas sa croyance aux autres. C'est la tolérance dans l'interdépendance.

Qu'est-ce qu'être croyant, en religion ? C'est le fait de considérer comme vrai, comme réalité, un fait qui, bien que non prouvé dans l'état actuel de nos connaissances, comme la matérialité des tables de la loi, la virginité de Marie, la résurrection du Christ et l'envol de Mahomet à la rencontre de Dieu, est reconnu et accepté comme tel.

Le monde existe, la vie existe. D'où en vient l'origine ? Les scientifiques et les religieux s'opposent. Un vrai big bang entre eux ! L'implosion de l'Univers pour certains, due à Dieu pour d'autres. La Science recherche, la religion interprète. Traduction, trahison ? La croyance métaphysique se traduit alors par la foi. La foi confirme alors les convictions de la croyance. La foi est une aporie, une Vérité acceptée bien qu'irrationnelle. Qu'est-ce qu'un blasphème ? Une parole ou un acte qui outrage ce qui est sacré pour certains. Cela pourrait correspondre à ce qu'on appelle le non-respect de la dignité. La dignité, c'est le respect que mérite quelqu'un (Le Robert 2014).Le principe de la dignité de la personne humaine est qu'un être humain doit être traité comme une fin en soi. Pas comme un moyen. C'est la seule raisonnable et véritable valeur morale éthique, universelle, non empirique (Kant). C'est toujours en fonction de l'autre que la dignité est concevable. Par réciprocité, donc de l'autre pour vous-même. Toutes les acceptions du terme dignité sont un hommage rendu, une appréciation donnée, comme majesté, noblesse, grandeur, respect. La récompense, la fonction sociale offerte sont octroyées par autrui à ceux qui en sont jugés dignes. Dans le siècle où nous sommes, la moindre dignité change le cœur des hommes (Etienne de La Boétie). Une personne alzheimérienne, en fin de vie, avec tout ce qu'elle expose socialement, dans le pire des cas cliniques, est l'exemple de la dignité outragée par ce qu'elle représente, sans en être fautive. Ce qui n'est pas péjoratif pour le milieu médical qui l'expérimente couramment. C'est cependant difficile à supporter pour les proches qui l'entourent. Ce sont eux qui apprécient la mort, dans la dignité. Cet exemple est utilisé comme un cas extrême. Et la dignité pour mourir est toujours formulée par autrui. Ainsi, le suicide, l'euthanasie sont encore soumis aux lois religieuses ou civiles. Le blasphème, contre qui que ce soit, n'est ainsi reconnu que par ceux qui accordent leur foi à qui leur paraît être outragé. C'est analogue, dans leur comportement, à ceux qui parlent de dignité. Dieu lui-même est au-dessus du blasphème, et tous les textes retranscrits sont appréciés par ses croyants, justifiés par des écoles avec différentes approches. D'où les conflits.

Seules les personnes impliquées se permettent de juger. Mais leur jugement ne doit pas condamner, car d'évidence, par analogie, ce qui est considéré comme un blasphème par certains est aussi comme un jugement, par celui qui l'a commis. Qui se sent blessé peut susciter un droit de réponse, de même style. Œil pour œil… Dieu pour Dieu ? Il faut dire aussi que l'assassinat est une faiblesse et une tentative d'intimidation, pour assumer une croyance. A la force des mots et de l'exemple d'une société, la religion doit répondre par sa force des mots et par l'exemple ! Crier « mort à » et le faire est de l'assassinat. Certains hommes qui se prennent pour des dieux, tombés des cieux ! n'autorisent pas la contestation, dont les blasphèmes, et ceux qui croient en eux s'autorisent ainsi à punir. Y compris par des *fatwas*. Ils s'excommunient car ils prennent la place de Celui qui est seul juge. Ils s'approprient des pouvoirs, comme le calife qui prend la place du calife.

Les évènements majeurs, journaliers, avec leurs lots de morts, sont dans les médias, chacun séparément ayant une prédominance, choisie délibérément.

Un avion est abattu au-dessus de l'Ukraine et fait 298 morts : est-ce un génocide ?

Le nombre de morts en Syrie, estimé à des dizaines de milliers, ou plus, est-ce un génocide ?

Chiites et sunnites s'entretuent : est-ce un génocide ?

Avec d'autres exemples possibles… Et ce sont presque tous des morts civils !

Israël, pour sa défense, en guerre, tue des membres du Hamas, avec des dommages collatéraux sur des civils, prévenus pour partir, mais obligés par les autorités de Gaza de rester.

Un sur mille par rapport aux autres conflits, disproportion, est-ce un génocide ?

Et ne passent, en boucle, dans les médias, que les incidents israéliens. Sans donner la relation de cause et des effets.

Et ne défilent dans le monde que des pro-Palestiniens. Et contre l'assassinat des chrétiens ? Pas beaucoup vu !

Seuls les juifs mobilisent, contre eux. Mais, concernant les manifestations antisémites actuelles, il y a un avantage sur celles d'antan. On dit toujours « sales juifs, mort aux juifs », mais plus jamais **« retourne dans ton pays »**.

Car, maintenant, il y a un pays pour les recevoir : Israël.

Et puisque ce pays appartient, paraît-il, aux Palestiniens, on ne va pas envoyer des juifs en Palestine !

Alya jacta est, je sors, car rejeté, dit le juif.

Le communisme, le sionisme sont des idéologies en déshérence.

Un pays de 21 500 km^2, soit deux départements français, Dordogne et Gironde, 19 100 km^2, ou Nièvre, Allier, Puy-de-Dôme, 22 127 km^2, est-ce une caractéristique d'un Etat expan sioniste ?

Est-ce disproportionné par rapport aux Etats arabes environnants ?

Et que dire des transferts de populations, dans le Moyen-Orient et en Afrique ?

Les Palestiniens de Judée, Samarie, en partie partis en 1948 dans l'espoir de revenir vainqueurs, se sont trouvés maintenus dans la médiocrité par la volonté des pays arabes, seul lien pour des totalitarismes qui retiennent leurs « citoyens » en sujétion.

Et nourris et soutenus matériellement par nous tous, au bénéfice principal des dirigeants, avec villas, et parfois aussi des appartements avenue Foch !

Et soutenus par la géopolitique dans ces régions. Et aussi dans le Monde, par la mondialisation économique.

Mais pas en 1945, la compassion n'étant pas au menu du transfert de la Prusse allemande pour reconstruire la Pologne démembrée, la partie annexée par la Russie n'étant pas rétrocédée !

Deux populations qui se sont intégrées. Et par la suite, dans les Balkans, n'y a-t-il pas ségrégation ? et la Crimée ?

Les juifs expulsés des pays arabes se sont retrouvés et ont été acceptés par Israël.

Certains pays, hors du Moyen-Orient, tendent à devenir, petit à petit, « *judén free* ».

Mais quid des Palestiniens ? Gaza rejeté par l'Egypte, et la Judée-Samarie jordanienne sera amputée au profit d'une nouvelle création, les « palestiniens » ne désirant pas la domination du régime hachémite, qui le leur avait bien rendu en 1970, après le 12 Septembre noir !

Et l'intégration d'individus originaires de pays islamiques, important leur idéologie, n'est pas toujours une réussite pour la dernière génération admise dans les démocraties. Au vu des attentats en Argentine, au Venezuela, en France, en Angleterre, en Belgique, aux États-Unis...

Tous ceux qui étaient anciennement en France, juifs, musulmans ou autres, se sont intégrés, sans obligation de s'assimiler, gardant leurs croyances sans ostentation ni désir de soumettre.

Pourquoi ne les entendons-nous pas ? Pourquoi restent-ils cois quand défile une minorité qu'ils ne soutiennent pas ? Ont-ils peur, ou la soutiennent-ils par compassion, par souvenir, par assimilation à leur cause ?

La dernière génération de jeunes, moins socialisée, reste mobilisée par manque de repères sociaux.

Elle subit, car sans ambition motivée, par suite de certaines incapacités d'adaptation, réelles ou voulues ; elle refuse, culturellement ou par le culte, une intégration. Cette génération perdue se sent humiliée.

Elle se retrouve dans la mobilisation religieuse. La supériorité préformulée de la *charia* par le Coran donne aussi, par le nombre, la croyance d'un califat global possible sur l'Afrique. Et ailleurs. Par le fer s'il le faut.

Le refus d'accepter Israël en découle, en partie, du fait de l'antisémitisme mondial, même partiel selon les pays.

Et répercuté par les médias et les pseudo-politiciens qui font amalgamer leur « idéologie » propre, gauche et droite extrêmes, écologie, associées à de vieux fantasmes dépassés.

Même le Général De Gaulle, dont la valeur militaire et politique n'est pas mise en cause, dans un discours, le 27 novembre 1967, retrouve des accents maurassiens, du nationalisme chrétien, reliant antisionisme et antisémitisme, contre *« les juifs, jusqu'alors dispersés, et qui étaient restés ce qu'ils avaient été de tout temps, un peuple d'élite, sûr de lui-même et dominateur, n'en vienne à changer en ambition ardente et conquérante, les souhaits très émouvants qu'ils formaient depuis 19 siècles : « L'an prochain à Jérusalem. »... En dépit du flot, tantôt mon-*

tant, tantôt descendant, des malveillances qu'ils provoquaient, qu'ils suscitaient plus exactement, dans certains pays à certaines époques, un capital considérable d'intérêt et même de sympathie s'était formé en leur faveur, ...

Ce sont des mots accablants. Dont le monde antisémite, et arabe en particulier, se délecte. Si De Gaulle le dit...

Emis après la guerre des Six jours. « *Si les dirigeants israéliens et le Général Rabin veulent la guerre, qu'ils la fassent* » a dit le Général Nasser à ses officiers, après la mobilisation des troupes égyptiennes dans le Sinaï, la fermeture du Détroit de Tiran et le départ obligé des forces de l'ONU, d'où la violation des accords d'Oslo de 1956. Accords qui ont suivi la guerre anglo-française contre la nationalisation du canal de Suez par Nasser en 1956, où s'est ajoutée l'armée israélienne. Deux défaites mal acceptées par le Monde arabe, détenteur de sources énergétiques.

La géopolitique a-t-elle fait ressortir alors les vieux clichés mobilisateurs pour ceux qui portent une haine violente antijuive. Mots qui ont traumatisé les juifs de France entre autres et des philosémites dans le monde.

***Et pourtant, Israël est la seule démocratie dans tous les pays qui l'entourent.* Et qui ne peut faire la paix qu'avec ceux qui la désirent.**

Culture et biologie ont souvent les mêmes effets.

Les messages portés par les cellules ou par les hommes provoquent des réactions brutales. Selon la perception et le ressenti des cibles.

Les cellules sont comme des petites usines, avec une activité spécialisée pour chacune et une gestion de l'existence pour tous.

Les cellules, toujours en activité, mais plus ou moins selon leur spécificité, ne connaissent pas les 35 heures de la semaine.

Une cellule possède une architecture qui lui permet de condenser chacune des nécessités vitales dans des structures holistiques.

La membrane qui entoure la cellule correspond au mur cellulaire, avec portes et fenêtres pour la communication.

Elle sert à enfermer le cytoplasme, milieu intérieur qui est la chambre où s'effectuent toutes les activités normales à la vie cellulaire, et spécifiques selon l'aire précise qui l'a conditionnée, usine pour les activités du muscle, du rein, du foie...

C'est une petite ville, protégée, avec des obligations de nutrition, d'évacuation des déchets et d'énergie nécessaire à toutes ces activités.

Entouré par deux membranes superposées qui se rejoignent, laissant des pores pour les échanges, le noyau est le centre stratégique qui coordonne et régule l'ensemble des activités intracellulaires et des relations avec l'environnement.

La cellule microbienne

Elle possède une identité, une classification taxonomique qui l'inclut dans une famille ; elle est individualisable selon des critères morphologiques et des caractères existentiels environnementaux, nutritionnels et de multiplication.

A ce titre, elle peut être assimilée à un individu, qui a une existence sociale, comme l'Homme.

Les microbes

Le microbe (germe, bactérie…) est ce qu'on appelle un procaryote.

Individu unicellulaire, avec un nucléide haploïde, un seul ADN, qui n'est pas enfermé dans un noyau, mais baignant dans le cytoplasme. Les autres cellules, diploïdes, sont classées eucaryotes (ADN dans un noyau).

Le microbe est un des ancêtres vivants, trouvé dans les milieux les plus froids, glaciers (archéobactéries) ou très chauds (eaux thermales).

On le retrouve dans les cellules habituelles des eucaryotes, sous forme de mitochondrie ou de chloroplaste. Pour l'énergie !

Sa structure est simplifiée.

A l'extérieur, parfois, **une capsule** entoure certains germes.

En général, elle est composée de plusieurs sucres (polysaccharides) qui portent une information antigénique.

Son rôle est important car protecteur contre la phagocytose (être mangé par des cellules eucaryotes). C'est ainsi qu'a pu être découverte la transformation.

C'est le transfert d'un fragment d'ADN d'une bactérie donatrice, capsulée, à une bactérie réceptrice qui acquiert ainsi la possibilité de créer une capsule.

Les pneumocoques capsulés sont mortels, pour la souris, les pneumocoques non capsulés non.

Elle est un facteur de virulence… (Avery, Mac Leod, Mac Carthy 1944) car la capsule protège les bactéries des pseudopodes des neutrophiles du sang, des UV, de certains désinfectants…

Antigénique (antigène K des klebsielles), elle influe sur la formation d'anticorps spécifiques.

En dessous, chez tous les microbes : **la paroi**.

Elle est rigide, enveloppant tout l'intérieur ou cytoplasme.

Elle donne, par sa forme, une morphologie appelée coque, forme ronde, bacille, forme allongée, cocobacille, qui est une forme intermédiaire.

La nature crée des anomalies, et les mycoplasmes sont des microbes sans paroi cellulaire rigide.

Commensaux de l'homme et des animaux, ils sont responsables (*Myc. hominis*) de maladies pulmonaires et de MST, maladies sexuellement transmissibles.

La paroi des microbes a une constitution biochimique différente, visualisée par une coloration spécifique dite de Gram. Issue des teinturiers, on sait qu'il faut mordancer une teinture pour qu'elle se maintienne.

Les microbiologistes appliquent cette méthode pour des colorations :

- mettre le frottis avec des germes sur une lame et sécher ;
- mettre du violet de gentiane sur le frottis une minute ;
- mordancer avec une solution iodo-iodurée (lugol) une minute ;
- décolorer rapidement à l'alcool. Recolorer à la fuchsine, en rouge ;
- rincer, puis observer.

Certains germes, observés au microscope, sont restés colorés en violet ; ils sont dits Gram positifs : Gram+.

Certains, décolorés, sont alors transparents et sont alors révélés par la fuchsine ; ils sont dits Gram négatifs ou Gram -.

Une première identité spécifique est due à la composition de la paroi.

Les germes Gram + ont une paroi composée de peptidoglycane, plus épaisse et non protégée.

Le peptidoglycane, ce mucocomplexe, est formé d'une partie glucidique et d'une partie peptidique, liées par un sucre, liaison scindée par le lysozyme (retrouvé dans les larmes, le blanc d'œuf) qui assure une protection de l'œil et qui détruit la paroi des microbes.

Les acides aminés peptidiques comprennent de l'acide diaminopimélique, analogue à la lysine, et qui ne se retrouve jamais ailleurs.

La pénicilline agit comme un substitut inutile en s'intercalant dans le polymère, empêchant la synthèse du peptidoglycane et fragilisant la paroi.

Les germes Gram - ont une paroi formée de trois couches, qui laisse relarguer le violet cytoplasmique par l'alcool :

- une membrane externe en contact avec le milieu extérieur, phospholipide avec un feuillet hydrophile et un feuillet intérieur lipophile. Avec des protéines de transport (porines) et un lipopolysaccharide (LPS) pyrogène responsable de la fièvre qu'elle provoque quand la bactérie est lysée.

- la paroi, plus mince que le peptidoglycane des Gram+, avec des enzymes…

- et une membrane plasmique, semblable à la membrane externe, avec des complexes protéiques, et l'adénosine triphosphate une ATP synthase qui intervient dans la chaîne de transport d'électrons comme source d'énergie.

Chez les eucaryotes, qui sont des cellules avec noyau contenant l'ADN, la phosphorylation oxydative, synthèse d'AdénosineTriphosPhate, a lieu dans la mitochondrie qui est d'origine maternelle dans la cellule humaine, et qui serait un microbe annexé, conservé et transmis.

Biologiquement parlant, tous les hommes sont comme des microbes. La couleur de peau est, comme avec la coloration de Gram, un caractère pérenne révélé.

Au soleil, les leucodermes se colorent en noir, parfois en violet ! Et ils redeviennent blancs sans l'effet des rayons UV (Gram -).

Sans soleil, les mélanodermes restent noirs et Gram+.

Et il y a des germes pathogènes dans chacun des types « ethniques » !

Enveloppé par la paroi, le **cytoplasme intérieur** est un hydrogel composé de protéines, de sels minéraux, des matières de réserve ou nutriments, polysaccharides comme l'amidon ou le glycogène, des lipides.

On y trouve les **ribosomes** bactériens, **petits grains d'acide ribonucléique** (ARNr) qui présentent des bases de fixation pour les protéines car les ARNr sont le lieu de traduction du message génétique pour l'assemblage des protéines.

Le matériel génétique y est noyé comme une pelote, sans noyau pour l'enfermer. Etiré, il pourrait atteindre plus de deux mètres chez *Escherichia coli.*

Il s'agit de l'ADN bactérien, UN chromosome, et aussi de plasmides, séquences génétiques assez autonomes. Et qui peuvent se transférer.

Un plasmide, les gènes qu'il porte sont indépendants du chromosome. Extrêmement divers, les plasmides ont de nombreuses fonctions dans la formation de toxines, de résistance aux antibiotiques… (la pénicillinase contre la pénicilline).

Certains germes sont mobiles par un ou plusieurs flagelles, dont la base se trouve près de la face interne de la paroi des germes Gram-. Ils donnent de la mobilité aux microbes. Leur agent moteur, la flagelline, est antigénique. Les flagelles peuvent être tout autour du microbe, seul (monotriche) ou en touffe (lophotriche) à l'extrémité de la bactérie.

La flagelline possède la même activité que la myosine musculaire.

Les pilis sont des appendices situés sur la paroi externe des germes Gram en général. Plus courts et plus fin que les flagelles, situés tout autour ou à une extrémité, ils peuvent intervenir dans la locomotion.

La piline est une adhésine qui lui permet d'avoir des interactions avec un sucre situé à la surface membranaire des cellules eucaryotes, avec un rôle pathogène.

Les pilis sexuels (1 à 3) sont codés par le plasmide F (femelle).

La sexualité bactérienne est la conjugaison bactérienne, échange de matériel génétique, entre deux microbes, avec transmission de plasmides codant pour un caractère, comme le facteur R de résistance aux antibiotiques.

Ce qui favorise les souches résistantes, sélectionnées au fur et à mesure des passages d'un individu à un autre.

La nutrition microbienne

Dans le milieu où ils se trouvent, pour assurer leur croissance, les microbes vont effectuer des synthèses à partir des éléments trouvés dans le milieu extérieur, leur environnement.

Il faut une période de latence car le germe va « tâter » le milieu où il évolue.

Comme on fait son marché. Et il va ramener ce qui est tout prêt, et transformer ce qu'il trouve plus complexe, par des dégradations, pour en faire des éléments simples, qu'alors il fera pénétrer.

Le microbe fait, en raccourci, tout ce que fait l'être humain.

Il naît, grandit, mange, se déplace et se multiplie.

A sa façon !

Comment se reproduisent les microbes ?

Ils se multiplient en se divisant.

Dans un milieu favorable, le microbe va grandir, grossir, et le rapport taille et volume déclenche un processus de division, avec deux cellules filles, séparées par un septum de toute la paroi initiale.

Dans chaque cellule, la reproduction dupliquée de l'ADN parental et tous les éléments existant dans la cellule mère sont reproduits.

La séparation donne des clones de l'originel.

A chaque division, la colonie microbienne grandit, même si certains microbes sont immobiles. C'est leur proximité qui fait s'étaler la colonie, et gagner de l'espace.

Dans un milieu de culture continue, un germe se divise en moyenne toutes les 20 minutes (*E.coli*) Temps 0, un microbe

Temps 20 minutes 2 microbes

Temps 40 minutes 4 microbes

Temps 60 minutes 8 microbes et la progression continue…

64 divisions, comme la progression arithmétique des grains de blé sur les 64 cases du jeu d'échecs donnent : 264 - 14 = 18 446 744 073 709 551 615 microbes en 21 heures 20 (à partir d'un germe.) Compter ensuite que chaque microbe se multiplie de même.

Pourquoi 64 ? Par analogie avec le jeu d'échecs, 64 cases.

Un sage, Sissa, 3000 ans environ av. J.C, aurait inventé ce jeu pour le Roi Belkib et, pour récompense, aurait demandé de mettre 1 grain de blé sur la 1ère case et de doubler ce nombre à chaque case suivante.

Et évidemment de les ajouter tous, au fur et à mesure de la multiplication !

Ce nombre correspond à plus de 1000 fois la production mondiale de 2012 !

Le Professeur Arthur-Jean Verne voulait faire des galettes protéinées à partir de cultures microbiennes, il y a bien longtemps de cela, quelques années après la dernière guerre. « C'était pourtant du gâteau » ! Et cela pourrait nourrir une population ! Est-ce dû à l'origine des protéines ?

Car ce projet n'a pu aboutir.

Mais on mange bien aussi des insectes, maintenant !

A ce propos, dans les journaux du 6 août 2013, le Professeur Post de l'Université de Maastricht (Pays-Bas) a créé un hamburger de viande, à partir de cellules souches prélevées dans un muscle de vache. Y aura-t-il un avenir ? Car il faut nourrir les cellules souches dans les labos (usines).

Et ce hamburger coûtera plus cher que l'originel ! Quant au goût ?

Dans un organisme, compte tenu des difficultés rencontrées (réactions de défense, milieu nutritionnel), les microbes mettent autour de cinq heures pour se multiplier, et le bacille de Koch, tuberculeux, un à deux jours !

Dans une situation nutritionnelle environnementale défavorable, les microbes diminuent leur métabolisme pour survivre.

Comme un pays ferait pour son économie, avec des réductions qui peuvent être drastiques.

Mais en gardant intact ce qui fait sa force.

Ainsi, pour certains germes qui se transforment en spores, et chez les microbes Gram +, cela consiste en un organite facultatif dans le cytoplasme bactérien. Le dipicolinate de calcium ne se retrouve que dans des spores.

La paroi se densifie. Epaisse et imperméable, sa structure lui donne, dans le temps, la résistance à la dessiccation, à la chaleur, aux agents physiques rayonnants, à certains désinfectants et aux antibiotiques, car il n'y a pas d'activité métabolique.

Ces spores peuvent rester des siècles en attente. Elles étaient dans des momies. Retrouvées, elles ont germé dans les laboratoires.

Car, dans des conditions environnementales favorables, température et nutriments, les endospores germent et retrouvent la vie végétative antérieure.

De même, des philosophies anciennes, oubliées, reprennent vie, dans des idéologies nouvelles, s'incorporant comme une greffe dans une philosophie d'un moment. Et qui pourra s'endormir à son tour, attendant l'arrivée d'un « prince charmant ».

Les virus

On dit aussi que ce sont des parasites obligés des cellules.

Dans la Société, les parasites profitent des avantages du milieu où ils s'implantent. Communication, nutrition et prolifération, comme des virus…

Le politiquement correct m'impose des restrictions, mais je laisse à l'imagination du lecteur le choix des analogies. Les parasites peuvent ruiner une société !

Les virus, ce sont pour moi des entités « vivantes », car elles communiquent avec des cellules qui parlent le même langage et elles se reproduisent dans des cellules qui sont devenues des « mères porteuses ».

Le virus est comme un inséminateur, et les virions sont ses enfants qui, mis au monde, deviennent des virus à leur tour !

Le virus est enfermé dans une capside, boîte de protection, qui renferme le matériel génétique. Il s'enveloppe parfois d'une membrane, récupérée sur la cellule infectée quand il en sort, le péplos, et qui lui sert de mot de passe pour s'accoler à une membrane sur une cellule du même type.

Ainsi, les virus n'entrent pas dans la cellule qui les accueille par effraction, car ils possèdent un code qui leur ouvre la porte !

Enveloppé dans le péplos, le virus porte l'habit qui ne fait pas le moine, mais qui lui permet d'entrer dans un monastère, et dans les cellules, qui sont des bonnes sœurs, et les mettre enceintes !

Ils ont deux des trois spécificités du vivant : la communication et la multiplication.

Et la nutrition leur est inutile.

Les virus sont comme des violeurs, dont l'ADN ou l'ARN est formé afin que, introduits dans une cellule, ils se reproduisent en s'intégrant au génome cellulaire. Alors, la cellule meurt et les virions s'échappent pour aller infecter d'autres cellules.

Accroché fusionnellement avec la cellule spécifiquement choisie, la capside virale pénètre dans le cytoplasme de la cellule pour être rapidement dégradée par des enzymes, libérant l'acide nucléique du virus.

Pour se répliquer, son ADN s'intègre à l'ADN cellulaire qui va fabriquer de l'ADN viral et, évidemment, aussi des protéines virales qui vont spontanément s'assembler pour former de nouvelles capsides, qui intégreront l'acide nucléique viral, et une centaine de virions sortiront de la cellule éclatée. Comme les virus de l'herpès.

Quant aux virus à ARN, ils influencent directement les ribosomes cellulaires pour leur faire produire les protéines nécessaires, et l'assemblage se fait comme prévu, comme pour le virus de la grippe ou ce sont des rétrovirus, et l'ARN sera retranscrit en ADN par une reverse transcriptase qui va reformer les ARN du virus introduit comme chez le virus du SIDA.

L'ADN s'intègre comme vu au départ ; ce provirus sera alors transcrit normalement en ARN messager, pour redonner des rétrovirus.

Il existe des virus contre les microbes, les bactériophages, qui se fixent sur une bactérie spécifique, comme les virus sur des cellules spécifiques, et vont lyser la bactérie infectée.

Mais les microbes ont aussi des moyens de se défendre, par des enzymes de restriction qui ont la même action sur tout ADN étranger.

Pouvoir et contre-pouvoir dans la bactérie. L'enzyme de restriction coupe une séquence de nucléotides du virus dans un site bien défini. Mais le propre site de l'ADN bactérien, protégé, n'est pas touché. Pouvoir contre l'étranger, grâce à un contre-pouvoir sur le sien propre.

Les virus ont des sensibilités particulières pour des cellules bien spécifiées.

La peau et le système nerveux, par exemple, sont infectés par les lignées Herpès, Varicelle, Zona. Ce qui explique les atteintes de la peau, mais aussi de l'œil ou de l'oreille (voies nerveuses). Mais d'une région d'un seul côté, étant donné les trajets nerveux.

Les voies nerveuses attirent, de plus, les virus des oreillons, de la rougeole, de la rage, entre autres.

Le foie est atteint par les virus des hépatites A, B, C.

Le papillomavirus, dangereux car pouvant dégénérer en cancer, touche la peau et les organes génitaux.

Le virus du Sida (VIH) se fixe sur une lignée sanguine lymphocytaire (T4, dit CD4).

Les interférons

Découverts par « *Alick Isaacs et Jean Lindenmann, Virus interférences. The interferon Proc. Roy. Soc. Vol 147 Sept 1957.* »

Ce sont des glycoprotéines d'information cellulaire (cytokines). Les messages sont provoqués par une infection virale ; ils traversent la membrane cellulaire de la cellule infectée et vont conférer aux cellules, infectées ou non, un état de résistance.

Comme le rôle des médias dans les phénomènes de résistances sociales. Messages incitatifs pour augmenter la résistance. Comme les appels de Londres dès 1940.

Les interférons produits par les cellules d'une espèce donnée ne protègent que celles de la même espèce (l'homme). Apartheid ?

Donc, nous ne pouvons faire des productions d'interférons chez l'animal pour nous protéger.

Pas comme pour les sérums anti.

Il existe actuellement, selon la cellule productrice, 3 types d'interférons reconnus :

INF α d'origine leucocytaire

INF β d'origine fibroblastique.

Les gènes codants sont situés sur le bras court du chromosome 9.

Ces deux types sont induits par des microbes et des virus intracellulaires.

Les protéines formées sont des ARN messagers, actifs sur le mécanisme de traduction pour fabriquer les virus dans la cellule cible.

INF γ a pour origine les antigènes. Les gènes sont localisés sur le bras long du chromosome 12.

Ils agissent en transmettant un message de résistance aux cellules non infectées.

Ils augmentent l'activité cytotoxique des cellules tueuses que sont les lymphocytes T, les *natural killer* NK et les macrophages.

Ils ont un effet antitumoral quand ils sont associés aux cytokines comme le facteur de nécrose tumorale, TNF, ou le facteur de stimulation des lymphocytes T (soit le TSF).

Les interférons interfèrent dans le traitement du cancer du rein, le Kaposi (sida)…

Le rôle des chromosomes est obligatoire, et primordial dans la défense immune.

Les virus informatiques peuvent être interprétés comme créant les mêmes inconvénients que des virus biologiques.

LES CELLULES EUCARYOTES

Avec de l'ADN dans un noyau.

Selon les fonctions qui leur sont dévolues, les cellules ont une anatomie de forme et de taille adaptés à leurs obligations.

Approximativement, dix mille milliards de cellules chez l'être humain, nombre variable selon la taille des individus.

Libres dans l'interdépendance, leur structure est semblable et leur fonctionnement identique.

La membrane externe, *cell wall*, enclôt la propriété physique de la cellule.

Un peu comme la paroi des germes Gram- ; c'est une double couche de phospholipides.

Avec des pores qui laissent passer des molécules, dans les deux sens, intérieur, extérieur.

Transferts vitaux nutritionnels et informatiques.

Et des canaux ioniques, importants pour favoriser les communications moléculaires.

Le 29 juin 1981, Simon Berenholc, Henri Lamendin et René Moutier soutenaient une thèse de recherche pour l'obtention du grade de Docteur d'Etat ès Sciences.

« Le rat OP Orl (ostéopétrotique de l'animalerie d'Orléans) modèle expérimental pour une théorie cellulaire appliquée à l'ostéopétrose ».

L'ostéopétrose du rat est similaire à la maladie des os de marbre, dite maladie d'Albers-Schönberg humaine (1904). C'est une ostéosclérose généralisée.

Cela se traduit cliniquement par une ostéocondensation congénitale des os longs et des os de la voûte crânienne.

Elle induit alors des problèmes de rétentions dentaires et d'anomalies oculaires entre autres.

L'étiologie était démontrée comme une maladie autosomale récessive (non sexuelle).

« Rétention héréditaire chez le rat »

Article pour prendre date. *René Moutier, Henri Lamendin, Simon Berenholc, Information Dentaire du 15 mars 1971.*

Nos recherches d'époque constataient, dans les conclusions, que « **les ostéoclastes ostéopétrotiques sont moins absents que fonctionnellement déficitaires** ».

Le traitement institué a consisté en la transplantation de moelle osseuse saine isogénique. Réalisée par notre équipe.

A propos du premier cas de résorption osseuse chez un nourrisson ostéopétrotique par transplantation médullaire. Congrès National de l'ADF Section Recherche 24 Nov. 1977. Simon Berenholc, Henri Lamendin, Jean-Jacques Ballet.

Les recherches actuelles en génétique, grâce aux techniques nouvelles, apportent une réponse qui prouve que l'anomalie génétique responsable est clairement établie.

Il s'agit d'une mutation du gène codant pour le canal chlore CLCN7.

Ce gène se trouve normalement sur le bras court du chromosome 16, en position 13.

« Marie-Christine de Vernejoul, Ansgar Schultz, Uve Korak : CLCN7 Related Osteopetrosis in gene tests : Medical Genetic Information Resource. Copyright University of Washington, Seattle. 1993-2007 »

Le rôle de ce gène est intimement lié à la physiologie des canaux ions chlorures, qui assurent la régulation du pH, essentielle pour le développement et la fonction normale des ostéoclastes.

Rappelons que les ostéoclastes sont impliqués dans le processus de destruction de l'os et de son remodelage qui suit. Ce qui permet son accroissement.

Ces canaux CLCN7 sont fondamentaux pour permettre l'activité normale des ostéoclastes.

Par contre, si ce gène est muté, défectif, tout le processus de l'ossification est arrêté. D'où le traitement par greffe de moelle osseuse.

Revenons à la membrane externe qui est recouverte de glucides (glycocalyx) spécifiques pour chaque type de cellule, ce qui leur permet de se reconnaître et de se lier (cf. les ghettos déjà exprimés).

Le tartre dentaire en est une réalisation, de nombreux microbes de toutes sortes s'associant dans cette formation.

Le cytoplasme, inclus et limité par la membrane, est l'usine qui crée les éléments finis.

Le noyau est l'ingénieur en chef qui donne et ordonne la succession des actes pour y arriver.

Le mouvement intracytoplasmique révèle une activité dont l'énergie est fournie par les mitochondries.

La mitochondrie serait un microbe inséré dans les cellules des tissus, avec tous les éléments qui lui confèrent une autonomie.

Intégration tellement réussie qu'elle est indispensable.

Héritage transmis génétiquement par la mère, les mitochondries sont très nombreuses dans les cellules.

Et bien plus encore dans les cellules les plus actives.

Il existe des points de jonction qui ceinturent les cellules pour les relier entre elles et un système formé de desmosomes pour répondre aux pressions ou aux étirements.

L'ensemble de cellules homogènes, de même implication pour un objectif précis, **forme un tissu**.

Les viscères sont des organes situés dans une cavité corporelle (crâne, abdomen, thorax).

C'est viscéral, dit-on : c'est ce qu'on ressent d'instinct, de plus profond en soi, **au cours de relations sociales.**

L'ensemble digestif est un 2e cerveau. C'est pourquoi cela vous prend aux tripes, dit-on.

L'ensemble des individus ayant les mêmes localisations, le **tissu urbain**, avec des appartenances, des affiliations, forme le **tissu social**.

L'ensemble des tissus qui concourent à la réalisation d'une fonction physiologique **forme un organe**.

La **correspondance sociale** est celle ou l'organe d'un parti, l'organe de presse, celui d'une collectivité, régit une communauté.

Les cellules de défense immune

Ce sont des cellules spécialisées dans la protection du corps, pour maintenir son immunité.

L'immunité, terme générique qui veut dire dispensé de charge, se traduit, en langage courant, par privilégié.

Dans la vie sociale, il existe une immunité parlementaire, diplomatique… avec inviolabilité des ambassades.

Dans le temps, les églises protégeaient quiconque s'y introduisait, et aussi l'université.

La Croix-Rouge, en temps de guerre, doit en bénéficier !

La propriété tente de maintenir une inviolabilité, par la peau, les muqueuses, pour protéger le corps des agressions de l'extérieur.

Il existe donc plusieurs moyens de protection.

L'immunité naturelle, innée, non spécifique, et l'immunité acquise, adaptée spécifiquement, et douée de mémoire pour la protection à l'intérieur.

SCHÉMA SIMPLIFIÉ EXPRESSIF D'UN ANTICORPS IgG

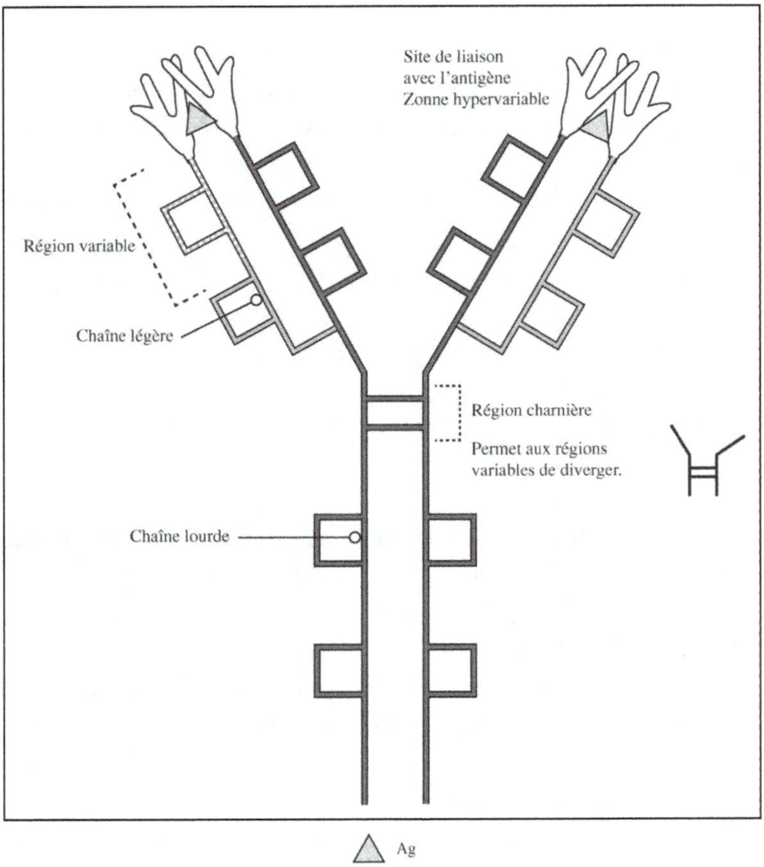

Chaque antigène suscite un anticorps qui lui est spécifique.

ANTICORPS IgM

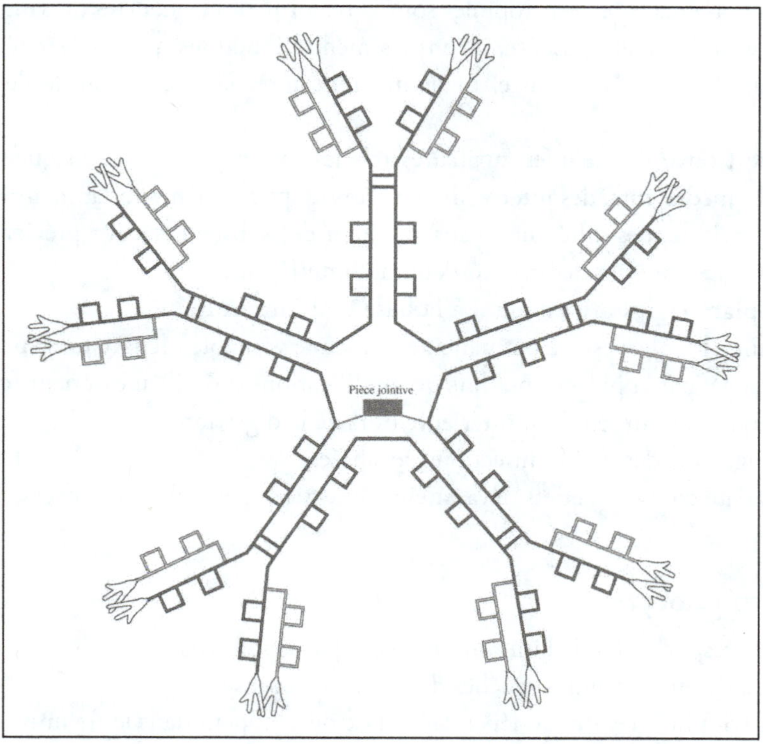

Les leucocytes, ou globules blancs, sont à l'origine des différents types qui composent le système immunitaire.

Les phagocytes

Les phagocytes mononucléaires, à vie longue, sont issus des cellules **souches** de la moelle osseuse.

Ils captent toutes les particules, dont les microbes, avec des pseudopodes qui les entourent, les ingèrent dans des vacuoles digestives et les détruisent.

On comprend la nécessité des greffes de moelle isogénique, dans certaines maladies qui touchent les aplasies médullaires, les leucémies…

Pour reconstituer le potentiel de la défense innée.

Dans le sang, les monocytes migrent vers les tissus, deviennent des macrophages. Les cellules qui interviennent dans la présentation des antigènes captent, apprêtent et présentent les peptides antigéniques aux lymphocytes T.

Les polynucléaires neutrophiles sont la majorité des leucocytes du sang.

Issus de la moelle osseuse, ils ont les mêmes fonctions que les précités, mais avec une durée de vie courte. Et ils meurent après la destruction de l'élément ingéré.

Il se trouve des cellules auxiliaires tels les mastocytes ou les plaquettes qui sont des médiateurs, des intermédiaires dans les phénomènes inflammatoires.

Des cellules des différents tissus émettent des substances qui « préviennent » de leur agression, par des cytokines ou des interférons.

Le plan Vigipirate est aussi à la base de l'immunité.

Jaune, il est la posture permanente si aucune véritable menace ne se précise.

Orange, par la prévention, lors de modifications du milieu extérieur (comme les allergies saisonnières) ou intérieure (lors de la digestion).

Rouge, lors des petites infections, localisées.

Ecarlate contre les effets dévastateurs, infections généralisées, cancers...

Les lymphocytes

Sont responsables de l'immunité spécifique adaptative.

Ils dérivent de cellules souches de la moelle osseuse.

Les lymphocytes thymodépendants T se développent dans le thymus.

Ce sont les tueurs qui défendent le corps.

Les lymphocytes bursodépendants B (à l'origine, reconnus dans la bourse de Fabricius des oiseaux) arrivent à maturité dans la moelle osseuse. Ils fabriquent les anticorps.

Les lymphocytes T sont de type différent pour des fonctions diverses.

Le Th, helpers, interagit avec les phagocytes mononucléaires et participe à la destruction des pathogènes ingérés.

Le Th2 interagit avec les cellules B, les aide à se diviser, à se différencier et à produire des anticorps.

Le Tc, cytotoxique, est responsable de la destruction des cellules responsables des infections microbiennes, virales...

Les lymphocytes ont des groupes de distribution, avec chacun une activité définie ; la cluster distribution, CD, les individualise.

CD fait référence aux antigènes de leur surface.

T4 ou CD4 sont des plasmocytes, lymphocytes B fabriquant des anticorps, pour l'immunité humorale.

T8 ou CD8 sont des lymphocytes tueurs.

Une immunothérapie appliquée au traitement du cancer est favorisée par le fait de l'immunosurveillance.

Injecter du BCG permet une augmentation des capacités de défense par l'augmentation des cellules tueuses, par exemple.

« Tu meurs », disent les cellules tumorales, mais elles meurent aussi ; chimiothérapie aidant, elles transmettent ainsi leur identité pour information et « boostent » spécifiquement les réactions de défense.

Anticorps et cellules réunis.

Socialement parlant, dans les périodes récentes, Hitler, Staline, les talibans, Daesh pourraient être assimilés au groupe CD 8, des tueurs vis-à-vis de ceux qu'ils considèrent comme leurs opposants.

Comme exprimé déjà, les idéologies sont différentes a priori, mais les comportements et les résultats sont semblables in fine.

Tous ont perdu, ou perdront. Avec le temps.

Hitler aura son apoptose, en se suicidant.

Les cellules NK, *natural killer*, tueuses, reconnaissent les modifications de surface membranaire des cellules tumorales et de celles qui ont perdu leur Complexe Majeur d'Histocompatibilité, identité spécifique de chaque individu.

Les macrophages, comme les NK, reconnaissent et détruisent les cellules cibles recouvertes d'anticorps spécifiques.

Toutes les cellules tueuses utilisent des récepteurs d'activation différents pour l'identification des cibles. Il existe des signaux activateurs et d'autres inhibiteurs qui sont coordonnés pour maintenir l'équilibre.

Toutes ces cellules parlent entre elles, de manière spécifique et ciblée, grâce à des cytokines, des interleukines.

Par exemple, l'interleukine IL2, facteur de croissance cellulaire (TCGF) a pour origine les monocytes, les macrophages, les cellules NK, B, les fibroblastes, avec pour cible les cellules T, B, le foie, les os.

Son activité est d'activer les lymphocytes, les macrophages, d'augmenter les adhésions…

Les plaquettes, localisées dans la rate, jouent un rôle fondamental dans l'hémostase.

Impliquées dans l'inflammation, elles s'agrègent à l'endothélium lésé, libérant des substances, le fibrinogène et la sérotonine, ce qui augmente la perméabilité capillaire, active le complément, ce qui attire les leucocytes.

Elles ont des récepteurs pour l'anticorps immunoglobuline G, dite gammaglobuline IgG, et expriment des molécules du Complexe Majeur d'Histocompatibilité.

L'immunité sociale dépend de la police, de l'armée, des moyens de communication, et de la reconnaissance des ennemis, extérieur et intérieur.

Comme le font les cellules, avec les interleukines et les anticorps.

L'infection est l'envahissement et la multiplication des agresseurs (microbes, virus…) au sein d'un organe.

Il se crée une guerre biologique, où le gagnant prend le pouvoir. De même pour les guerres de sociétés !

Les antigènes, les anticorps, le complément et l'immunité humorale

Un **antigène** (Ag), c'est toute substance moléculaire, naturelle ou synthétique, capable de susciter chez un être vivant une réponse sous forme d'anticorps (Ac) et de se lier spécifiquement avec l'Ac auquel il a donné naissance.

Il est porté par des supports matériels (microbes, parasites…) ou émis et libéré dans le milieu où il se trouve.

En réalité, ce sont les molécules, d'au moins trois acides aminés, qui sont l'équivalent biochimique de l'Ag.

Portées ou non, comme, par exemple, une toxine seule, donc sans le germe porteur.

LIAISON ANTIGÈNES - ANTICORPS

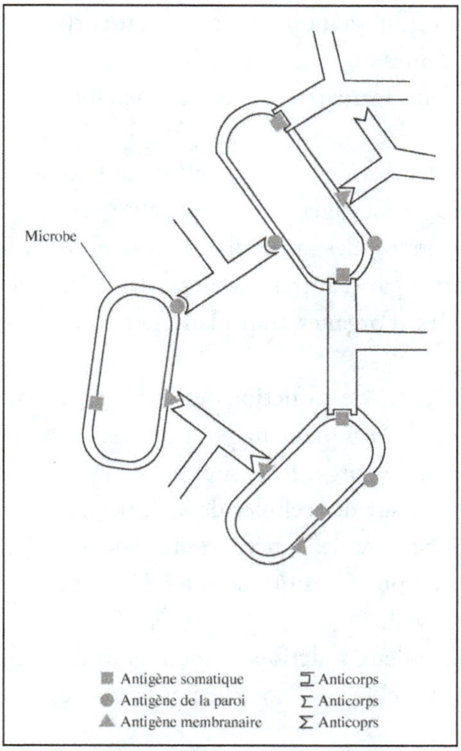

Les antigènes sont des marqueurs, reconnus par les Ac, mais aussi par les cellules immunocompétentes, soit directement, soit par les cellules présentant l'Ag (Cpag). Ils ont des déterminants antigéniques, les épitopes, identités spécifiques et caractéristiques des Ag, libres ou sur un support, et sont reconnus par les Ac correspondants ou par des lymphocytes.

Les cellules présentant l'antigène, immunostimulantes, ont un rôle primordial dans l'activation des lymphocytes T et sont un lien entre l'immunité naturelle et l'immunité acquise. Elles communiquent aussi avec d'autres « globules blancs ». Elles sont formées dans la peau (cellules de Langerhans), les ganglions, la rate, le thymus, l'intestin (plaques de Peyer).

Les épitopes qui correspondent à des séquences d'acides aminés déterminés sont présentés par des cellules présentant l'anticorps (Cpag) aux lymphocytes T. Les épitopes ont la structure d'une protéine et se lient aux lymphocytes B, qui vont former des anticorps.

Les anticorps circulent dans tous les liquides biologiques d'un organisme.

Les anticorps

Encore appelés immunoglobulines, Ig, les anticorps, Ac, sont des glycoprotéines, polypeptides doués de fonctions de liaison spécifiques, avec les antigènes Ag qui ont suscité leur formation. C'est un assemblage de nombreux acides aminés.

En gros, à un antigène donné correspond un anticorps spécifique.

L'anticorps se lie avec l'antigène et le neutralise.

Si ce sont des toxines ou des molécules, les Ac inhibent leur pouvoir.

Si les Ag sont portés par d'autres cellules, tels les microbes, virus, cellules organiques comme celles d'organes transplantés..., les Ac vont activer leur destruction.

Les anticorps ont aussi des fonctions effectrices, secondaires à la liaison effectuée. Ils fixent alors le complément pour activer la cascade d'enzymes qui va aboutir à la destruction de l'organisme support de l'antigène.

De plus, en se fixant sur des cellules de la lignée blanche, ils activent ces cellules qui mettront en activité des fonctions effectrices.

La grande famille de protéines que sont les Ac est sont divisée en cinq classes. Pour la division du travail.

Chaque Ac possède deux fonctions : une région de la molécule se lie à l'Ag, une autre partie effectrice vers le Complément et à des cellules du système immunitaires (phagocytes).

La classe des IgG, complexe, intervient dans l'élimination des pathogènes et participe à l'inflammation.

La classe des IgM est très active contre les Ag complexes supportés par des organismes présents dans le sang.

La classe des IgA, dans le sérum, peut traverser l'épithélium muqueux. Se retrouve beaucoup dans la salive, les larmes, le mucus nasal et le lait.

La classe des IgD, sur la membrane des lymphocytes B, active les basophiles et les mastocytes.

La classe des IgE se lie de préférence avec les basophiles et les mastocytes. Elle sensibilise ces cellules et est responsable des allergies, de l'asthme, du rhume des foins...

La mère transfère aussi ses anticorps au fœtus. D'où la nécessité de prévenir l'activité des Ac anti-Rhésus + quand la mère Rh- a pu initier la fabrication de ces Ac au premier enfant Rh+.

Une immunité passive, par le transfert d'anticorps préformés, chez un autre individu, permet une première intervention.

Si les Ac ont été fabriqués par le cheval, le sérum antimicrobien spécifique (sérum antitétanique contre la toxine par exemple), la première injection sera bénéfique. Mais une intervention seconde, plus tard, du fait du temps de latence, sera néfaste, le caractère de l'Ac cheval ayant suscité des Ac humains anti-anticorps cheval, ce qui créera un phénomène d'élimination de l'Ac cheval réintroduit.

Socialement parlant, chaque individu porte en lui des antigènes par ses propriétés biologiques, physiques, culturelles et comportementales.

Ces propriétés suscitent des réponses diverses chez tous les autres individus qui veulent se protéger. Ce sont des anticorps qui se développeront au fur et à mesure des acquis dans le temps. Ce qui permet des relations affectives qui pourront évoluer, surtout dans l'évaluation et l'accomplissement du genre !

Dans la vie sociale des individus, la vie civile et les civilités, la vie dans un pays, avec les relations internationales, les caractéristiques comportementales de la défense en biologie s'y retrouvent.

Plus les antigènes seront communs, plus les individus se reconnaîtront et mieux ils vivront ensemble.

Plus les différences s'imposeront, plus les réactions « biologiquement analogues » verront les tendances au combat s'accentuer.

La violence en sera la conséquence.

Seule la réflexion peut et doit intervenir pour s'interposer.

La pensée, créatrice de paix !

Si elle pouvait toujours modérer les interventions, pour un monde apaisé. Par la tolérance, comme exprimé en biologie !

Pour le bien de chacun, dans l'intérêt de tous.

Socialement, pour diluer les antagonismes, il y a une solution : l'absolution !

Le complément

Le système du complément est un complexe de protéines qui, par des déformations topologiques, stimulent d'autres protéines en cascade, pour des conséquences physiologiquement actives. Dans l'ordre : C1q, C1r, C1s, C4, C2, C3, C5, C6, C7, C8, et C9 pour assumer la lyse du germe avec ses Ag, opsonisé et recouvert d'anticorps.

Les différents composants, libérés lors des activations par leur propre action enzymatique, ont pour conséquence d'attirer les cellules phagocytaires (chimiotactisme positif), de recouvrir les bactéries, ce qui facilite leur adhésion aux cellules phagocytaires (opsonisation), qui vont les lyser, et les « manger ».

Son système permet aussi de lyser, par un système commun de destruction avec celui des lymphocytes, les perforines. La défense possède ainsi deux moyens, un cellulaire, l'autre humoral pour éliminer l'agresseur.

Le complément est à l'immunité ce que sont, dans le social, les marqueurs qui signalent, les opsonines, et le Groupement d'intervention de la gendarmerie nationale, les globules blancs qui tuent.

Le Docteur Mircea Dumitresco, immuno-généticien, explicitait d'une manière simple et réaliste les modifications topologiques dues aux activations enzymatiques.

Au repos, le pénis est flasque. Il se redresse à la pensée, à la vue ou au contact de l'élément qui va l'activer, prêt pour accomplir ce pour quoi il est programmé.

Et il redevient, ensuite, comme il était à l'état de repos.

Le globule rouge

Cellule sanguine qui sert pour le transport de l'oxygène O2, sang artériel rouge dans tout le corps, et la récupération du CO2, sang veineux. Hématie (érythrocyte) dépourvue de noyau, de mitochondries et de ribosomes, c'est le fer (hème) associé à une globine (quatre chaînes polypeptidiques), l'hémoglobine, qui permet ses activités.

Entre 4,5 et 6 millions de GR par mm^3 de sang. A multiplier pour les litres de sang par individu.

Durée de vie, environ 4 mois.

Environ 1% renouvelé chaque jour.

La source d'énergie est le glucose.

Les hématies proviennent de la moelle osseuse qui les synthétise. Le fer est récupéré dans le foie. Le Globule Rouge est le support d'antigènes, H pour tous les humains, et selon chacun A, B, AB, 0 ou zéro.

Pour sa protection, le A est anti-B, le B est anti-A, mais ils acceptent le 0 qui n'est pas antigénique donc donneur universel.

Le AB n'a pas d'anticorps dirigé contre lui ; il est donc receveur universel, recevant A, B et 0.

Les anticorps anti (agglutinines) agglutinent les globules rouges correspondants et permettent d'exprimer les antigènes correspondants. L'anticorps anti-A lyse le GR A, l'anti-B lyse le GR B.

Mais le 0 possède les agglutinines anti-A et anti-B et ne peut recevoir que du 0.

Il faut se rappeler que chacun des géniteurs donne la moitié de son génome.

Le côté paternel supporte un des caractères et la maman l'autre.

Ainsi l'exclusion de paternité pouvait se prouver, mais pas la preuve de la paternité.

Le facteur Rhésus, du macaque, existe ou non chez certains individus. Evolution, quand tu nous tiens !

Rh + existe sur des GR, et Rh- possède l'agglutinogène anti-Rh+.

Une femme enceinte Rh-, dont le conjoint est Rh+, va développer une action anti-GR+, quand, au moment de l'accouchement, quelques gouttes de sang du fœtus vont pénétrer dans le sang maternel.

Celle-ci va alors développer des anticorps anti-D (anti-Rh+) qui, lors d'une deuxième grossesse avec un fœtus Rh+, créeront la maladie hémolytique du nouveau-né.

Heureusement, un traitement préventif existe grâce au sérum anti-D.

Des gammaglobulines anti-D sont injectées trois jours après l'accouchement chez la mère ayant accouché d'un enfant Rh+, et ces anticorps vont détruire les GR du bébé qui sont entrés chez la mère, empêchant celle-ci de fabriquer les anticorps anti-Rh+.

Père ♀	Mère ♂	Enfants possibles			Groupe
AA	AA	→	AA	→	A
BB	BB	→	BB	→	B
AO	AA	→	AA ou OA	→	A
BO	BB	→	BB ou OB	→	B
AB	AA	→	AA	→	A
		→	BA	→	AB
AB	AB	→	AA	→	A
		→	AB ou BA	→	AB
		→	BB	→	B
AO	AO	→	AA	→	A
		→	AO	→	A
		→	OO	→	O
AB	AO	→	AA	→	A
		→	BA	→	AB
		→	AO	→	A
		→	BO	→	B
AB	BO	→	AB	→	AB
		→	BB	→	B
		→	AO	→	A
		→	OB	→	B
AO	BO	→	AB	→	AB
		→	AO	→	A
		→	OB	→	B
		→	OO	→	O
BO	BO	→	BB	→	B
		→	BO	→	B
		→	OB	→	B
		→	OO	→	O

Une lettre de ♂ + une lettre de ♀forment le groupe de l'enfant. Exemple d'exclusion de paternité. Enfant AO ou BO si le père et la mère ont OO

La thérapie génique

C'est une stratégie thérapeutique qui consiste à remplacer un manque génétique défectif dans le patrimoine d'un individu ou à produire une activité supplémentaire dans un intérêt thérapeutique.

Le gène nécessaire est sélectionné ainsi que le vecteur qui pourra le faire entrer dans la cellule impliquée chez l'individu qui en a besoin. Le vecteur et la cellule receveuse sont donc des Organismes Génétiquement Modifiés.

Les vecteurs viraux sont choisis en fonction de la cellule cible privilégiée.

C'est une information qui est donnée, un plus, qui permet d'intégrer une action déficitaire à la cellule qui est en « manque ».

Pour sécuriser un virus, on élimine les séquences génétiques qui codent pour les substances pathogènes qu'il émet, tout en conservant sa capacité d'intégrer une cellule cible.

Le gène à insérer est alors introduit dans le génome du virus et sera incorporé au génome de la cellule cible.

C'est, en gros, la base de la thérapie génique.

La recherche fondamentale, les nouvelles techniques qui en découlent, les nanotechnologies sont des applications qui modifient déjà les possibilités thérapeutiques au niveau des maladies d'origine génétique ou des interventions médicamenteuses !

Identité spécifique biologique d'un individu

Chaque individu est semblable à un autre et, dans la société, une activité spécifique lui est attribuée, comme une cellule dans la vie sociale biologique. C'est une identité sociale.

Il naît avec des capacités héritées de ses géniteurs, ce qui lui permet d'exercer des activités selon ses possibilités !

Après de nombreuses recherches de laboratoire, Jean Dausset découvre, en 1958, le système spécifique de chaque individu, qui lui permet la reconnaissance et l'élimination cellulaire de ce qu'il considère comme non accepté pour son existence. Jean Dausset sera nobélisé en 1980.

L'Antigène Leucocytaire Humain, HLA, correspond au Complexe Majeur d'Histocompatibilité, CMH. Il est l'identité biologique d'un unique individu. Il est localisé, chez l'Homme, sur le bras court du chromosome 6.

Le CMH a deux classes, CMH de classe I, site de fixation antigénique pour CD8, et les molécules du CMH de classe II, qui interagissent avec CD4.

Les lymphocytes T8, ou CD8, tueurs, et les T4, CD4, plasmocytes qui vont fabriquer les anticorps, possèdent, sur la membrane qui les enveloppe, des récepteurs de cellules TCR, récepteurs des cellules T, qui reconnaissent les complexes peptidiques liés aux CMH des deux classes. Ils reconnaissent ainsi les cellules de leur propre identité sans les détruire. Si elles sont modifiées comme pour le cancer, leur destruction est tentée.

Pour la reconnaissance, les cellules présentant l'antigène ont apprêté des fragments d'acides aminés informationnels de l'intrus, qui seront liés aux molécules de classe I. Les molécules de classe II lient les peptides provenant des dégradations des protéines endocytées par la cellule.

Et les cellules se parlent entre elles, par les interleukines ou cytokines. Ce sont des messages secrétés par les cellules, et les TCR des cellules les transmettent, pour activer d'autres cellules.

Les cytokines agissent en réseaux sur des cellules cibles.

L'activation des cellules fait que les lymphocytes actifs retrouvent leur situation originelle de souche et redeviennent des blastes, lymphoblastes et plasmoblastes, qui vont se dédoubler en deux lymphocytes qui, actifs, vont de nouveau revenir à l'état originel, et ainsi de suite, jusqu'au rejet du corps « étranger ». Ce qui explique la période de latence, temps nécessaire pour que les cellules tueuses aient le temps de se multiplier et d'agir.

La société use des mêmes stratagèmes, y compris les temps de latence pour la recherche ! Les forces publiques arrêtent. Par analogie au délit de faciès, les cellules ont leur surface membranaire extérieure modifiée, cellules vieilles ou blessées, cellules cancéreuse par exemple !

Et par les portraits robots portés par les anticorps. Les juges d'instruction sont l'équivalent des cellules présentant l'antigène.

Certains envoient au laboratoire CD4 pour la diffusion des « empreintes génétiques », d'autres vont directement à la salle d'attente de la mort programmée, CD8 ! Seules la raison, la morale et l'éthique modifient les comportements des Hommes.

LA PROPRIÉTÉ

Le terme de propriété vient du latin juridique *proprietas*.

C'est, tout d'abord, une qualité qui est propre à quelque chose.

On parle, ainsi, des propriétés d'une substance.

En chimie par exemple…

La propriété est donc, tout d'abord, une propriété.

Par extension, c'est le droit d'user, de jouir et de disposer de quelque chose de façon exclusive et absolue, avec pour seules restrictions celles imposées par la loi.

Cette propriété touche les biens immobiliers, mobiliers, l'argent, les transactions commerciales, et les impôts en dépendent.

Mais aussi les gens.

Tout ce qui touche à la personnalité d'un individu est sa propriété.

Avoir une identité biologique et sociale est la première reconnaissance de son existence. Avec sa liberté.

En discriminant les gens sur tout ce qui est dit précédemment, sur ce qui est la vie, on élimine tout ce qui leur appartient.

En leur ôtant le droit de communiquer, d'aller, de se nourrir, et même de procréer.

Et aussi en les privant de ce qui est leur propriété corporelle, la liberté, de leurs droits citoyens.

En pouvant donner la mort.

Ainsi, une autre loi, concernant un même sujet, dans tous les sens du mot, peut intervenir d'une manière discriminatoire, dans un autre pays.

Ou dans le même pays, changer selon l'orientation politique !

Le régime politique, par le pouvoir octroyé, s'arroge parfois le droit de tuer, par la peine de mort, individuelle ou massive.

Ainsi, la propriété matérielle peut être modifiée en fonction des moments et des lieux. Les templiers, défenseurs des chrétiens, les juifs et les lombards, par le don de joyeux avènement pour Philippe le Bel (1285), ont été expropriés, avec de lourds impôts.

Les lois, uniques objets de nos ressentiments, quand elles ne respectent pas les libertés !

Toutes les lois ont pour objet la propriété.

Le Droit correspond, dans une société donnée, à des nécessités, des exigences d'une plus ou moins grande partie des individus qui la composent.

Ainsi, les lois diffèrent selon les régimes politiques.

Dans un pays totalitaire, tout ce qui n'est pas strictement autorisé est strictement interdit, sauf exception, nécessité oblige.

Le nazisme par exemple, où même les conversations, parfois familiales, pouvaient être dangereuses.

Le fait de parler vous enlève la propriété du secret.

Cela ressemble au comportement biologique !

Interdiction d'avoir un autre langage que le sien, le soi.

L'élimination en est la punition.

Une théocratie peut aussi imposer un mode de vie, selon l'application plus ou moins rigoureuse de principes à implications variables.

Et tous les moyens utilisés sont coercitifs, avec des châtiments variés, pouvant aller jusqu'à la mort.

La différence fondamentale d'avec la mort créée en biologie et l'être humain, c'est que seul l'humain est capable de sadisme.

L'animal tue pour manger, immédiatement, et parfois pour cacher les restes. Il le fait connaissant les sites idoines pour une mort rapide. Les venins paralysent d'abord, et parfois liquéfient l'intérieur du corps, comme le festin de l'araignée, avec la mouche. La mouche que le chat ne mange pas, ni la pelote de laine, ni le bouchon qui bouge, pas plus que la souris qui ne devient qu'un jeu qui permet au chat d'affûter ses réflexes, même si la souris est mangée après ou offerte en cadeau, en hommage à son maître.

La vivisection sur l'animal a débuté avec l'analyse des entrailles, suite aux sacrifices aux dieux.

La vivisection humaine a commencé dans l'Antiquité, même avant Hérophile. Sur des prisonniers « de droit commun ! ou de guerre ». Pour connaître le corps, ou obtenir des renseignements. Et s'est retrouvée avec le Docteur Mengelé œuvrant pour des recherches dans les camps de concentration (*Nazisme, Science et Médecine,* éd. Glyphe 2006) et avec les Japonais, dès 1933, avec leur fameuse Unité 731 qui expérimenta les gaz, les infections virales ou pesteuses, sur des prisonniers, avec « *vivisection à fin de démonstration anatomo-physiologique* » (p. 266 et suivantes… Guy Richard, *L'Histoire inhumaine,* Armand Colin 1992).

Utiliser les adversaires pour s'offrir à bon compte des avantages « matériels » de recherche, et même observer leurs douleurs avec insensibilité, seul l'homme peut le faire.

Sous anesthésie, cela devient de la chirurgie.

Sur les morts, c'est de la dissection. Comme le tableau de Rembrandt, La leçon d'Anatomie du docteur Tulp de 1632.

Le corps est la propriété de chaque individu, mais certains droits lui sont refusés, selon l'éthique de différents Etats.

Le suicide, refusé pour différents motifs. Mais a-t-on le droit de s'ôter la vie ? Sinon, pourquoi ?

L'euthanasie est-elle une autre forme de perte de propriété ? Est-ce un assassinat ? Et l'avortement ?

Est-ce pour le bien du souffrant ou est-ce pour celui de l'entourage ou pour d'autres motifs ?

Mourir sans souffrance dans la dignité ! De qui ? De l'individu inconscient ou de ceux qui l'assistent ?

Et les mères porteuses ? A qui sera l'enfant ? …

La bioéthique veut légaliser la propriété corporelle, dont la liberté est toujours limitée.

Mais le pouvoir veut parfois aller plus loin, pour son maintien.

S'il ne peut ôter la liberté de penser, sauf par des traitements médicaux, il élimine les possibilités d'agir et de parler.

Il veut s'approprier la vie de l'adversaire, avec ses qualités, en monnayant de différentes manières son effacement, ou son intégration.

S'il ne peut vaincre sa pugnacité, il intervient par des privations liberticides, avec des sanctions plus ou moins exemplaires. Prison, assassinats, et suicides provoqués.

Serai-je puni, un jour, pour ma liberté d'expression ?

Pour ce que je pense. Et pour ce que j'exprime.

La nature, propriété de tous, se veut protégée par l'écologie.

Des lois bioéthiques peuvent également y être impliquées.

Mais, entrée **dans la politique, l'écologie** s'empare du principe de précaution.

Les partis écologiques, profitant des médias pour surfer sur nos fantasmes et favoriser leur promotion, optimisent le moindre problème supposé.

Si je ne nage pas dans ces eaux-là, je peux les accuser d'un pouvoir anxiogène pour les populations.

Ils sont plus dangereux que les dangers qu'ils prophétisent.

L'écologie est comme une religion ; tout le monde y croit mais chacun la pratique selon ses arrangements.

On a tous du vert en soi. Du vert à soi.

S'intégrant dans la politique politicienne, donc pour des problèmes qui sont hors de leur compétence purement écolo, ils choisissent leur camp : vermillon pour la gauche, vert-gris pour une certaine droite.

S'ils se présentent aux élections sur la seule référence réellement écologique, ils seront vermoulus.

Ils sont donc obligés de s'agripper à un tuteur non écologique pour grimper, atteints du vertige du pouvoir.

La propriété matérielle de chacun est perçue selon des conventions sociales impulsées, selon des normes imposées et acceptées diversement.

La notion de richesse, car immédiatement « palpable », est devenue un concept, idée idéalisée en fonction d'idéaux philosophiques et sociologiques.

Où commence la richesse, et selon quels critères ?

Pourquoi serait-elle autant haïssable ?

D'où à quel niveau ?

Les lois fixent, pour chaque Etat, le taux et les modes d'imposition.

L'évolution des taxes permet de saisir aussi l'Histoire d'un pays.

Et surtout sa philosophie.

L'idéologie permet de spolier à bon compte ! (Philippe le Bel et les templiers, les nazis et les juifs…).

L'histoire nous montre que, depuis les temps préhistoriques, la propriété est le moteur du développement social.

Et technique.

Les premiers hommes vivaient protégés dans des grottes.

Puis dans les huttes.

Il est d'évidence que les déloger était source de conflits violents.

L'espace vital n'est pas né au XXe siècle !

Les terrains de chasse étaient encore plus source de conflits.

En augmenter la surface est un souci naturel. Chez tout ce qui vit.

Le progrès venait chaque fois par l'amélioration des armes.

Omnivores, les humains mêlaient fruits et viandes.

La chasse a enrichi les possibilités de tuer au moment de l'âge de la pierre taillée, avec des silex coupants.

L'arme tue l'animal, et aussi l'ennemi humain, et offre parfois de la nourriture.

Anthropophagie et phagocytose, même combat à cette période.

L'âge de bronze a décuplé les moyens mortels.

Le feu a favorisé les développements techniques.

Depuis la nutrition jusqu'à l'industrie.

Se défendre et attaquer pour s'agrandir : la force était le droit.

Le vainqueur s'octroyant la terre, les ennemis devenant des esclaves ou s'incorporant pour augmenter le groupe.

Les femmes vaincues procréant pour le bien de la communauté, qui s'agrandit ainsi, en s'intégrant finalement.

Bien plus, **les propriétés physiques ou psychiques** (forces morales) des perdants étaient **assimilées** par l'anthropophagie, croyait-on !

Une transmission, pour augmenter, agrandir les qualités du vainqueur. Pour en faire une propriété supplémentaire.

Les Etats se battent pour la propriété. Et l'espace vital.

La richesse d'un pays est sa prospérité.

Les habitants du pays s'approprient la puissance du pays et le patriotisme en devient une démonstration.

Dans tout ce qui concerne les évènements extérieurs, entre « belligérants », en sport par exemple, la victoire devient une preuve de supériorité.

Il faut se souvenir des Jeux olympiques de Berlin de 1936 !

Rappelons, à ce propos, la notion de « *race aryenne* », qui s'est voulue le support de la suprématie nazie, homophobe, raciste, xénophobe et antisémite.

Elle voulait se propulser au sommet, *avançant aux pas de lois* liberticides.

Actuellement, le communautarisme est presque au milieu de l'échelle des confrontations.

On connaît les groupes des villages qui privilégient leurs habitants contre les voisins, interdisant parfois même la promiscuité, ce qui se limite encore aux quartiers, et parfois aux « barres » d'immeubles.

Et la guerre joue toujours le même rôle.

Et les terres, ou les zones d'influence, changent de propriétaires, selon les victoires des uns, donc les défaites de l'adversaire.

Nous ne reviendrons pas sur tous les traités qui jalonnent l'Histoire.

L'Afrique actuelle en subit les conséquences, par des tracés frontaliers, à la règle et à l'équerre, dérivées des Etats colonisateurs, sans commune mesure avec les ethnies ancestrales et les ressources nouvelles qui s'y trouvent, inconnues à l'époque.

Exemple européen :

En 1871, l'Allemagne acquiert l'Alsace et la Lorraine.

En 1918, l'Alsace et la Lorraine sont restituées à la France.

Après la défaite de 1940, le IIIe Reich annexe de nouveaux ces deux régions.

Il incorpore alors les hommes dans l'armée allemande.

En 1944, l'Alsace et la Lorraine reviennent de nouveau à la France.

Et aussi les malgré-eux, mal vus, malgré tout.

Reconstruit en 516 av. J.-C. le deuxième temple est détruit par Titus en 70 après J.-C. Depuis : *Si je t'oublie Jérusalem, que ma main droite m'oublie, que ma langue s'attache à mon palais si je ne me souviens pas de toi, si je ne place pas Jérusalem au sommet de ma joie.*

« L'an prochain à Jérusalem », ajoutait-on jusqu'en 1967.

Jérusalem est l'Alsace-Lorraine des juifs du monde entier.

Un autre exemple, exemplaire.

Un traité de non-agression germano-soviétique est signé le 23 août 1939.

Chacun de son côté envahit la Pologne, dès le 1er septembre 1939, qui est alors séparée, coupée en deux, au profit des deux interventionnistes.

Le traité est déchiré et la guerre qui s'ensuit entre l'Allemagne et la Russie, s'achève avec la victoire des Alliés, Etats-Unis, Angleterre, France, Russie…

La Pologne est reconstituée, sans la partie russe, mais récupère une partie de la Prusse allemande.

Les Prussiens deviennent polonais, ou s'enfuient.

Et personne n'y trouve rien à redire, ni pour les Etats modifiés en faveur des vainqueurs, ni pour les populations conquises et récupérées, ou évacuées. Avec la balkanisation actuelle, aussi bien en Europe du Sud qu'en Russie !

Les populations évacuées sont rapidement intégrées dans les pays accueillants.

Les Indes de l'Empire colonial anglais ont été scindées en deux États antagonistes.

L'Inde et un grand Pakistan, musulman reconnu, le 14 août 1947.

Quatre guerres indo-pakistanaises jusqu'à ce jour.

Le problème du Cachemire n'est toujours pas réglé.

Des attentats font des milliers de morts.

Et quid pour le très petit Etat d'Israël créé le 14 mai 1948, à la même époque ?

Alors que la Crimée, en mars 2014, est redevenue russe et qu'une partie de l'Ukraine russophone pourrait le redevenir.

Ce sont les mystères de la géopolitique.

Mais si Israël devenait fournisseur de gaz ou s'il construisait un oléoduc d'Eilat à Ashdod ?

Et constater aussi que le traitement médiatique est également disproportionné.

Il y a ici de quoi s'indigner !

Dû aussi au « politiquement correct » et aux prétendues réponses disproportionnées. Mais il faut se défendre.

Dans le monde actuel, la multiplication d'informations rapidement diffusées influence les réactions populaires.

Avec des rebondissements plus ou moins violents dans le monde.

Surtout si elles sont faussées, ou inventées, avec des montages diffamatoires. Réalité et vérité s'opposent parfois (cf. affaire Mohamed Al Durah du 30 septembre 2000 sur France 2).

Des invasions imposent des règles en colonisant.

La langue espagnole qui perdure en Amérique centrale et du Sud, le portugais au Brésil sont comme des colonisations réussies. Une assimilation ?

De même, des idéologies se sont emparées d'une certaine forme de pensée, qu'elles veulent étendre et qu'elles défendent contre toute intrusion contradictoire, sous forme de rejet. Ce furent les croisades, l'émancipation arabe qui suivit, plus tard le nazisme, le communisme, et aussi, dans l'actualité de ce moment, l'islamisme orthodoxe, charriant une législation obsolète...

Des révolutions éliminent un ordre ancien, avec une lutte sanglante pour le nouveau pouvoir.

Ou bien l'ordre ancien tente de se maintenir, par une répression dans le sang disproportionnée selon les forces, armes et armées possédées.

Et l'évaluation de la disproportion est proportionnelle à l'intégration politique ou culturelle des gens non intégrés dans les régions impliquées.

Loin des yeux devient près du cœur. C'est la géopolitique de l'émotion.

De la compassion.

La propriété biologique

Les microbes se tuent, entre différentes familles, et agrandissent leur territoire. Les lois biologiques restent universelles ; on en découvre de nouvelles par la recherche, mais elles ne modifient en rien ce qui existe, puisque la découverte révèle ce qui existait déjà.

Les transformations biologiques que nous pouvons apporter se limitent à l'individu choisi.

Mais doivent s'accommoder des lois existantes de la nature.

En biologie, on ne peut aller contre.

Elles seront un ajout accepté, mais par transgression, au détriment d'une donnée légale. Et disparaîtront avec l'individu.

La frontière du corps humain est la peau.

Elle est le mur qui maintient tout ce qui est à l'intérieur comme le mur de Berlin, et empêche aussi les agressions de l'extérieur, comme les frontières.

C'est l'équivalent de la paroi pour les microbes (voir les cellules).

Et pour les virus (capside).

C'est une barrière, une enveloppe qui maintient l'unité du corps humain.

Le nez apporte l'oxygène de l'extérieur, source de vie, aux poumons.

La bouche et le tube digestif jusqu'à l'anus renferment le monde extérieur.

La bouche est communication, la bouche est nutrition, et aussi prélude, dans la vie sexuelle, par le baiser, pour aboutir à la multiplication de l'espèce.

La peau, protectrice, est aussi communication par sa couleur, et le teint bronzé, ses odeurs, la sueur, les phéromones, les parfums, les cheveux, coupe et couleur, et crâne rasé aussi… participent aux attirances entre les humains… ! Et la mode.

Pour les animaux, les couleurs excitantes des mâles et aussi des femelles, mais surtout les odeurs, annonciatrices des périodes offertes de copulation procréative.

Nous espérons, dans le développement de notre démonstration, montrer que la propriété de chaque cellule et, donc, de tout le corps, est préservée au maximum, par son architecture et ses réactions de défense.

Et par la violence sous-jacente qu'elle peut utiliser, mais cependant active par son omniprésence.

Chaque individu est unique, non seulement par son langage cellulaire, mais aussi par tout son corps. Son corps, propriété immuable.

La chirurgie pourra vous transformer, mais seulement morphologiquement.

Mêmes les transsexuels garderont leur MOI, indéfectible.

Même avec les hormones nécessaires, l'enfantement leur est interdit.

Votre corps est aussi devenu votre laissez-passer. On pose la main sur un détecteur, et on entre, ou non, si on n'est pas inscrit, donc pas reconnu.

La biométrie est ainsi devenue support de signes de reconnaissance, sur une carte d'identité ou un passeport. Même maintenant sur les téléphones portables.

Les empreintes digitales, le visage, les yeux et l'iris…

Chaque individu possède un système cellulaire personnel de reconnaissance, l'antigène lymphocytaire humain (HLA) et le complexe majeur d'histocompatibilité (CMH), ce qui lui permet de refuser ou d'accepter occasionnellement une greffe.

La propriété organise et dirige la vie, biologique et sociale.
En biologie, le don d'organe est un transfert de propriété.
La mère porteuse loue son ventre pour neuf mois.
Et si elle veut garder l'enfant qu'elle porte ?
L'amour platonique est un amour intellectuel.
Pour dire simple, sans disserter sur ce thème.
Parler de l'amour total, sexuellement inclus est différent, pour dire simple aussi.
L'amour entre individus peut inclure, pour certains, une propriété consentie.
Et la jalousie, quand il y a séparation affective, peut amener la destruction de qui vous a quitté, et aussi de qui vous l'a pris. Comme un voleur.
Si vous avez été volé, et si le voleur est retrouvé, l'envie de tuer ne vous est-elle pas venue à l'idée ?
Surtout si vous êtes sur le lieu, et que vous avez prévenu la police.
Même la maladie devient parfois propriété de l'autre.
Ma fille, mon fils nous a fait une grippe.
Ma femme m'a fait une salpingite, dit l'homme.
Mon mari m'a fait une prostate, dit la femme.
La confusion crée mauvais genre !
La vie est entièrement dirigée par la propriété.

L'ENVIRONNEMENT

L'environnement est tout ce qui est. Vous compris. Pour les autres.
L'environnement est dans la création de la vie.
L'environnement et la vie sont indissociables.
L'environnement est ce qui est au-dessus de la terre.
C'est la Terre, et c'est ce qui est en dessous.
C'est donc l'air, la terre, l'eau mais aussi le feu.

Au-dessus, c'est l'air, avec ses composants vitaux, l'oxygène, le gaz carbonique, des gaz rares... et l'azote, un composant principal de l'atmosphère terrestre.

C'est l'énergie solaire, qui apporte la chaleur, des rayons ultra-violets qui permettent de synthétiser la vitamine D par notre organisme, à partir du cholestérol.

C'est aussi la photosynthèse chlorophyllienne qui, au sein de la plante, en présence d'eau, de CO2 et de soleil, aboutit à la formation du glucose nécessaire à l'énergie, grâce aux chloroplastes.

Dans la stratosphère, les rayons du soleil transforment l'oxygène O2 en ozone O3.

L'ozone absorbe ainsi la plus grande partie des UV qui seraient nocifs pour la vie.

Trop c'est trop !

C'est pourquoi des trous dans cette couche, au niveau de la troposphère, seraient nocifs.

Se trouvent aussi des nuages qui se confondent avec l'eau du ciel.

L'air est intériorisé par la respiration, les poumons.

Est distribué dans le corps par les globules rouges.

Le manque d'air crée une asphyxie mortelle.

Une prison à ciel ouvert n'est une prison que par les garde-chiourmes qui s'y trouvent.

Le vent inerte est de l'air immobile.

Le vent se lève et c'est de l'inerte animé. Tout bouge, et même les plantes qui ne se déplacent pas, mais réagissent et se protègent.

Le ventilateur crée un vent « ressenti frais » !

Socialement, universellement, un air pur est devenu enjeu, comme il l'est pour les cellules.

Car c'est l'air qui nous fait vivre.

La Terre, c'est la **terre**, cette couche superficielle nourricière, qu'il est inutile de décrire, car elle est objectivée par tout ce qui vit.

Et c'est la terre qui nous fait vivre.

Elle est notre support, et la base de toute nourriture, terrestre évidemment.

La terre qui accorde la nationalité à celui qui est né sur un territoire incriminé, par le droit du sol.

La terre des souvenirs pour l'endroit où l'enfant a grandi.

La terre dans la mémoire.

La terre qui souffre de disparaître sous le béton. La terre pour l'écologie.

La terre qui est disputée pour de multiples raisons.

La terre, enjeu des guerres.

Actuellement, c'est ici, sur notre Terre que se trouve retrouvée la seule existence de toute Vie.

Mais peut-être y en a-t-il sur les exoplanètes, qui auraient exporté la vie sur terre, hypothèse non confirmée actuellement.

C'est aussi tout ce qui est inerte mais, dans certaines circonstances, peut bouger.

Par exemple, c'est la pierre qui est déplacée et qui modifie tout ce qui l'entoure, l'eau qui ruisselle différemment, la vie qui s'est installée dessous.

C'est l'avalanche qui, pour des raisons diverses, transforme un espace immobile en un déferlement ravageur.

Ce sont les créations de l'homme qui modifient l'architecture terrestre originelle, par des maisons, des ouvrages qui transforment totalement un système écologique existant, avec des conséquences souvent imprévues.

Par exemple, les modifications sociales de l'environnement (les cultures et les alluvions du Nil…)

Ainsi en est-il des barrages, tels ceux d'Assouan en Egypte, des Trois-Gorges en Chine…

Telles les zones enneigées « humanisées » pour des motifs mercantiles…

La Terre est une planète du système solaire.

Vieille de plus de 4,5 milliards d'années, elle subit l'influence du soleil, mais aussi celle de la lune qui provoque les marées et fait alterner les jours et les nuits !

La terre devient aussi enjeu écologique et pour l'homme, et par les nutriments qu'elle produit, bons ou mauvais pour les cellules.

La croûte terrestre est constituée de segments rigides qui sont des roches, qui s'emboîtent, et ces plaques tectoniques presque inertes, lorsqu'elles se rencontrent ou se superposent, créent des tremblements de terre, suivis de tsunamis plus ou moins violents.

L'eau fait partie intégrante de l'existence.

Cela coule de source.

70% environ de la Terre sont immergés.

Sans elle, la vie ne serait pas possible.

Il faut boire 1 litre et plus d'eau par jour !

Dès la préhistoire, l'Homme a installé sa résidence près de l'eau.

Quand la culture s'est propagée, l'eau est restée indispensable.

Y compris pour les communications par les bateaux.

Composée de 2 molécules d'hydrogène, et d'une molécule d'oxygène, H2O est aussi un composant à l'origine de la Vie.

Elle se trouve dans l'atmosphère, vapeurs, nuages,

Sur terre, océan, mers lacs, fleuves, rivières glaciers…

Sous la terre, rivières souterraines, nappes phréatiques…

Les fleuves s'alimentent de nombreux affluents sous-jacents, à géométrie fractale, reproduisant à petite échelle ceux des fleuves (MIT Cambridge, États-Unis)

L'eau est présente obligatoirement dans tous les organismes vivants.

Car elle est la vie.

Socialement et géopolitiquement, la lutte pour l'eau est un point fondamental existentiel.

Sans eau, point d'agriculture.

Sans eau, point d'industrie.

L'eau est un « solvant universel ».

Sans eau, rien ne peut exister.

L'Homme est composé, dans sa matière, de près de 3/4 d'eau à l'âge adulte.

On peut survivre sans manger quelques mois.

On ne peut vivre sans boire que peu de semaines.

Et l'eau éteint le feu !

Le feu.

Si le feu est inclus dans cette notion d'environnement, c'est qu'il est devenu une nécessité vitale dans le développement biologique et social de l'humanité.

Il est tombé du ciel, comme la foudre.

Le feu apportait la protection et la chaleur… dès sa première utilisation !

L'alimentation en a été modifiée dès sa maîtrise.

Les viandes cuites sont plus digestibles par exemple !

Le travail des métaux s'est créé et l'industrie nous apporte tout ce qui fait le bien-être dans une vie moderne.

Il intervient dans la stérilisation, la pasteurisation par exemple, qui permet de manger, d'utiliser des instruments sans vecteur de vie (microbes…) dangereux pour la vie humaine.

Et bien d'autres applications…

Le feu nous aide à bien vivre.

Il existe des plantes qui en tirent un bénéfice pour leur germination.

Quand tout a brûlé !

(*Dossier pour la Science*, n° 77 p. 83 ouvrage cité.)

Ainsi, les quatre éléments interviennent et bouleversent la Vie, dès qu'un seul est modifié.

Toute modification crée une nouvelle adaptation des organismes.

Toute découverte et son implication dans l'invention apportent une obligation de réagir, pour interpréter ses avantages, et les craintes réelles ou fantasmées qu'elles incluent.

Tout ce qui vient d'être dit participe de notre principe de base.

C'est en 1926 que le savant russe Vernadsky, reprenant une conception de Lamark, crée le terme de **biosphère**.

C'est « la région de la planète qui renferme l'ensemble des êtres vivants et dans laquelle la vie est possible en permanence »

Ainsi, on y trouve un **biotope**, qui est un lieu bien défini par un ensemble physico-chimique.

A l'intérieur de ce milieu survit un ensemble d'êtres vivants : microbes, plantes, faune, dont les humains… qui forment la **biocénose**.

Ces deux ensembles réunis se nomment **écosystème**.

L'ensemble d'écosystèmes caractéristiques dans un type de climat et de sol se nomme **biome**.

Y compris dans le tube digestif. Avec des germes acclimatés qui nous sont propres.

Enfin, la masse totale d'organismes vivants, ou **biomasse**, varie selon les régions de la biosphère.

Et l'évolution de chacun des écosystèmes se fait en fonction des sociétés humaines qui y contribuent.

Dans certaines régions, avec la déforestation, une faune, chassée par la nature et par l'homme, diminue ou disparaît à tout jamais.

Le « dodo » gros pigeon de l'île Maurice, un mètre, dix kilos, s'est endormi à tout jamais, éliminé par l'homme.

L'extension des villes au détriment des terres cultivables modifie les techniques de cultures, et aussi le choix des semences.

Se pose le problème des OGM et du sentimentalisme qui obère le principe de précaution.

Sept milliards, au moins, d'habitants à nourrir depuis 2012 !

Non compris nourrir les animaux qui nous nourrissent, les oiseaux, les poissons, les sauterelles…

La biomasse mondiale est en continuelle évolution.

L'environnement conditionne la vie biologique.

Sa présence permet aux cellules de réagir.

Son absence aboutirait à la mort. C'est bien l'interdépendance, vitale !

L'environnement social, c'est la vie

Dès que l'homme est apparu sur terre, avec l'environnement primaire qu'il a rencontré, l'homme a été confronté à la nature, aux animaux… aux accidents, aux maladies, et aux autres humains.

Il s'est créé une hiérarchie où le « chef de meute » s'imposait par sa puissance physique, ce qui implique la violence, ou peut-être, déjà, le plus intelligent se manifestait par l'habileté à la chasse, ses rapports avec les individus côtoyés…

De toute façon, la femme devait procréer et certainement rester au foyer, pour le feu découvert et à conserver. L'homme devait aussi s'entourer pour préserver son refuge, son terrain de chasse et l'espace vital nécessaire en proliférant. L'homme était déjà polygame, par nécessité ! Pour de nombreux enfants qui doivent compenser la mortalité.

Et la guerre devait aussi s'installer entre les différents clans, ainsi que des alliances ou des soumissions.

Dans nos sociétés actuelles, il en est presque de même. Y compris l'immigration, suite à une natalité décevante en nombre.

Avec l'évolution socio-économique, seule la culture a permis d'instaurer des lois morales, puis éthiques ! qui ont modifié les adaptations.

L'environnement social peut se décliner avec les mêmes termes qu'en biologie.

La niche écologique peut se confondre ici avec le biotope qui est un lieu de vie.

Pour les humains.

Pour les accompagner, en ville, la faune, les plantes ou biocénose sont évidemment différentes, les chiens, les chats et d'autres animaux prolifèrent par le besoin de compagnie, pour chasser la solitude.

A la campagne, vaches, chèvres, moutons, poules, lapins et chevaux se multiplient dans les champs, et aussi, pour certains, en batteries, enfermés.

Parallèlement, les animaux sauvages diminuent progressivement.

Leur environnement naturel diminue, et l'Homme, comme pour le dodo, nous montrera, dans les zoos, l'animal sauvage jusqu'à son extinction.

Cet écosystème crée donc un contexte social différent selon les lieux d'exercice.

Les citadins vivent autrement que les gens de la campagne.

Cette différence tend à l'harmonisation, compte tenu des moyens de communication, qu'ils soient de locomotion ou de transmission culturelle par Internet, télévision, téléphonie portable… et les livres.

Ainsi, le citadin désire retrouver la campagne qui lui manque avec une résidence secondaire, et la campagne aspire à vivre comme en ville, la « culture » n'étant pas la même.

De plus, pour chaque individu, selon notre principe de base, tout l'entourage familial et sociétal lui donne un caractère propre, et les conceptions vitales varient en raison de l'évolution de l'environnement qui change durant les différents épisodes de la vie.

Ici interviennent les neurones miroirs, qui façonnent les premiers moments d'une existence.

C'est pourquoi il faut considérer comme incitatives les pressions environnementales qui vont, par l'influence de l'entourage, les voisins, le village, la ville, le pays et la culture médiatique, modifier jusqu'à son contraire parfois le comportement d'un individu (choix politique, religieux, secte… y compris les convertis).

De plus, le mode de direction, mondial, et surtout des pays, que ce soit la démocratie, le totalitarisme, personnel et dictatorial, ou théocratique… peut instrumentaliser les individus et induire leurs réactions dans le contexte environnemental proposé.

Car aussi, le cerveau est social grâce aux « neurones miroirs » !

Ces neurones qui vous font imiter, qui vous initient en voyant l'autre.

Dont la mode !

N'avez-vous jamais lancé votre pied en voyant, à la télévision, un footballeur « shootant » ?

Il permet le développement intellectuel dès l'enfance et intervient dans toutes les relations entre les individus.

Il interfère en fonction des qualités intellectuelles, de la culture, des sentiments ressentis au cours de l'existence, qui font évoluer chacun de nous.

Il nous fait réagir alors différemment, d'une manière inattendue, en présence d'une situation donnée.

C'est la raison pour laquelle nous désirons expliciter **la Biososiologie** pour montrer comment l'inné a marqué, d'une manière indélébile, chaque être humain.

Seule la culture doit et peut, en très grande partie, se substituer pour inhiber l'inné.

Mais elle reste parfois soumise, par les pulsions !

L'environnement social est un bouillon de culture, avec tous les nutriments intellectuels qui devraient interférer chez un individu. Et qui, à tout moment, et selon ses dispositions, devraient lui permettre la réflexion et la préférence de l'action.

Sauf s'il existe un filtre, souvent médiatique, qui obnubile ou oblitère certaines données.

Et la liberté de choix est alors entravée.

L'environnement des cellules libres ou associées est le même pour tout, l'inerte et ce qui vit avec. Donc pour tous. Il appartient aux microbes, virus, levures, amibes et autres monocellulaires, aux pluricellulaires et aux cellules associées socialement, qui se retrouvent dans les plantes, insectes, et les animaux, dont l'homme.

Toutes ces cellules, autonomes ou non, ont des sites privilégiés, niches qui leur procurent tout ce qui est nécessaire à leur existence.

Les micro-organismes, par exemple, ont une spécificité qui leur impose un choix dans leur écosystème.

Dans la nature, ils sont partout.

Ce sont les auxiliaires indispensables de la vie.

Ils ont été, depuis des milliards d'années, les concepteurs et artisans du pétrole et des gaz qui assurent notre énergie industrielle et domestique.

Ils permettent la croissance des plantes au niveau des racines…

Les plantes qui paraissent inertes, mais qui se déplacent, souffrent et réagissent !

Les microbes sont aussi sources de protéines chez les ruminants, germes celullolytiques qui digèrent l'herbe et forment la grande masse des protéines de la chair…

Dans le monde terrestre, ils digèrent les déchets.

Chez l'homme, dans le tube digestif, ils sont d'une importance « vitale ».

Dans l'organisation des différents types de sociétés, des catégories sociales sont organisées analogiquement et interviennent à tous les niveaux d'un bon fonctionnement.

Ce qui différencie l'organisation cellulaire dans sa totalité, ce sont les concepteurs qui dirigent, selon un schéma préétabli par la génétique.

La prévention et la défense ne sont que des adaptations ou des mutations, donc des pseudo-expérimentations, conservées quand elles sont bénéfiques, mais disparaissant si inutiles.

Tandis que la société innove grâce à la pensée, les concepteurs créent, améliorent, expérimentent, et même si cela ne marche pas, une partie des connaissances acquises est conservée.

Tout ce qui vit réagit dans son environnement.

Ainsi, même la température intervient lors de l'incubation des œufs de tortue. Autour de 25°, le sexe mâle apparaîtra, autour de 30°, le sexe femelle prévaudra.

La vie biologique est un système ouvert

Il y a échange permanent grâce aux transferts permanents de matières à l'intérieur des frontières que possèdent les corps ou depuis ces frontières vers l'extérieur.

L'**adaptation** est une forme de résistance à la pression de l'environnement.

Les nutriments, les énergies ou les informations en sont des vecteurs.

L'existence commensale des microbes et des êtres vivants permet un enrichissement pour chacun.

Les ruminants ne survivent que par la présence de germes cellulolytiques qui permettent de digérer l'herbe ingérée dans la panse.

De même, le tube digestif comporte des dizaines de millions de microbes qui y vivent et qui interviennent aussi dans la fabrication de la vitamine K par exemple…

Les germes pathogènes qui induisent des maladies peuvent être annihilés par des substances antibiotiques, mais toujours digérés, avant l'antibiose ou ensuite, par les cellules de défense de notre organisme.

Les analogies avec tous les faits sociaux sont évidentes.

Il y a des « microbes » jugés bons et d'autres néfastes.

La vie sociale a tout d'un système ouvert.
Des individus jugés bons ou mauvais.
La société s'adapte.

Par contre, l'autarcie peut être assimilée à un système fermé.

Très schématiquement résumé : dans un territoire déterminé, il n'y a pas d'échanges.

S'il est possible, toutes conditions nutritionnelles réunies, de se suffire à soi-même économiquement, les possibilités d'évolution sont limitées, et surtout, génétiquement, in fine, la consanguinité inexorable aboutit à une extinction.

LA COMMUNICATION ET LE LANGAGE

La communication, c'est la vie.

Communiquer c'est échanger, établir des relations et transmettre.

Elle est le *primum movens* de l'existence qui a commencé avec les relations physico-chimiques.

En physique, si on considère qu'un atome est une lettre et qu'une molécule est un mot, on peut donc considérer qu'il y a communication pour la formation des mots de la vie biologique.

L'atome est l'élément de base de la matière.

C'est la plus petite partie d'un corps simple.

En ce qui concerne l'atome, il y a analogie avec l'astronomie où le soleil voit graviter autour de lui des planètes (dont la Terre).

Autour du noyau de l'atome, gravitent des couches concentriques d'électrons chargés négativement.

Tous les électrons de tous les atomes sont les mêmes.

Pour chaque atome, c'est leur nombre total qui a permis la classification dans le tableau de Mendeleïev. Actuellement, il y a 118 éléments connus.

Le noyau est, lui, composé de neutrons, neutres, et de protons, chargés positivement. Comme il y a autant d'électrons satellites que de protons, **l'atome est électriquement neutre**.

La matière vivante est ce qui constitue l'ensemble de tout ce qui vit.

Lorsque des atomes sont proches d'autres atomes, dans leur espace, leur liaison se fait par la **communication des électrons qui se trouvent sur la couche extérieure des atomes et qui s'échangent pour former une molécule**.

Les molécules constituent la matière.

La molécule d'eau, par exemple, est formée de deux atomes d'hydrogène liés à un atome d'oxygène, ce qui donne pour **formule chimique** H2O.

Il existe donc aussi un langage pour la physique, la chimie et la biochimie.

Curieusement, deux pôles de même sens (positifs, négatifs) se repoussent, et deux pôles différents (+ et -) s'attirent.

En est-il de même chez les humains qu'en électromagnétisme ?

Si les hormones sont des messages intercellulaires, certaines sont des liaisons entre des individus de même espèce.

Les phéromones existent et agissent ainsi. Substances chimiques volatiles et perçues par l'odorat, elles sont un message « d'amour », à interpréter dans tous ses rapports, entre l'émetteur et le récepteur.

Les émotions créent une sudation émettrice et les odeurs émises, les parfums portés permettent une reconnaissance intuitive, à un moment donné, d'une « excitation simultanée ».

Les odeurs marquantes restent en mémoire.

Souvenirs olfactifs associés à un événement.

(Se rappeler les livres *Le Parfum de la dame en noir* de Gaston Leroux et *Le Parfum* de Süskind).

Le langage biochimique est le langage de la vie biologique.

Le langage biologique est universel pour tout ce qui vit.

Il existe « une invariance reproductive... égale à la quantité d'information qui est transmise d'une génération à la suivante ».

Ce qui permet de considérer que :

« La téléonomie est la conception selon laquelle s'exerce, tout au long de l'évolution, une finalité de nature purement mécanique, tenant à la mise en œuvre par les êtres vivants du projet dont ils sont dotés »

Jacques Monod. *Le hasard et la nécessité.* Le seuil 1970.

L'ADN est le support de l'invariance.

Il en assure la transmission.

Il en est la communication, pour tout ce qui vit.

Il se trouve à la base de l'évolution, dans un environnement donné.

C'est le langage qui régit les relations intracellulaires, extracellulaires des cellules entre elles, et relationnelles entre tous les organes.

Dans le corps humain, les relations s'interconnectent par le biais de **substances ayant chacune** une identité dotée d'**un langage qui lui est spécifique** (hormones, lymphokines...)

Ce langage, interactif, provoque une action déterminée.

Et les mots d'usage mal interprétés créent des maux croisés.

A interpréter.

Pour insérer dans la grille de la vie de l'individu.

Chaque cellule a la possibilité d'agir ou de refréner.

Pouvoir et contre-pouvoir s'équilibrent, selon les nécessités imposées par l'homéostasie, et par la défense innée biologique.

L'ADN, qui en est le « cerveau », possède le langage pour **toujours répondre à une injonction environnementale.**

Et c'est en vertu du principe princeps que l'ADN trouvera la meilleure façon d'intervenir, au mieux de l'intérêt de la cellule qui le supporte, en incitant ses constituants à agir.

L'ADN est une molécule, support de l'hérédité, qui se retrouve dans toutes les cellules vivantes ; il **porte l'information** génétique sur une double hélice dextrogyre, deux brins complémentaires (bicaténaire) supports d'un enchaînement de nucléotides : le chromosome.

L'ADN est pérenne.

Noyé dans le cytoplasme bactérien procaryote, il se trouve dans un noyau dans les autres cellules vivantes dites eucaryotes.

L'ADN est de l'acide désoxyribonucléique. Il est composé de deux chaînes de polynucléotides.

Les nucléotides ont trois composants : le sucre, un groupement phosphate qui en fait le squelette, et des bases (ATGC).

Les sucres, désoxyriboses, se succèdent sur chaque brin. Chacun supporte une base purique (adénine ou thymine) ou pyrimidique (guanine ou cytosine).

Si, sur un brin, il y a l'adénine, il s'apparie sur l'autre brin avec la thymine : A et T.

Si sur un brin se trouve la guanine, il s'associe à la cytosine avec l'autre brin G et C.

Ainsi, l'ADN se retrouve formé de deux brins complémentaires.

L'un ne va pas sans l'autre. Comme souvent dans la nature !

Le chromosome est le support d'unités d'informations héréditaires, les **gènes**, qui supportent tout le plan d'organisation biologique des individus.

Les différentes fonctions des gènes sont dévoilées au cours des recherches, et la carte génétique de chaque chromosome en fixe l'emplacement. Les gènes sont répertoriés sur chaque chromosome, avec une activité déterminée, déterminante pour le bon fonctionnement intégré de l'existence sociale des organismes vivants.

Des analogies fonctionnelles équivalentes observées dans la vie sociale des êtres vivants.

C'est sur le bras court du chromosome 6, localisation 6p 21.3 que sont localisés les gènes du système HLA (ou CMH), qui est l'identité de l'individu.

C'est ainsi que tous les gènes, pour les humains, proviennent par moitié de chacun des géniteurs, mâle et femelle.

Il y a 44 chromosomes humains, 22 + 22, les **autosomes**, qui participent à la vie biologique de l'existence.

La **paire restante sexuelle** donne le sexe XX, pour la femme, et XY pour l'homme.

Comme les inconnues algébriques, x ou y. L'inconnue se révèle lors de la fécondation. Ils interviennent dans la transmission aléatoire du caractère sexuel, mâle ou femelle.

Il y a en tout 46 chromosomes au total, chez les humains.

Chez le singe, 48, la mouche 8, la souris 40, et le maïs 10 !

Chaque paire comporte les mêmes gènes paternels pour l'un maternels pour l'autre.

La redondance permet ainsi l'activité attribuée aux gènes.

En effet, si l'un des gènes, supporté par un bras d'un des parents est défectueux, celui de l'autre parent doit y suppléer.

Chaque gène précisé est toujours au même endroit, au même emplacement sur le chromosome.

Le génome est l'ensemble des gènes portés par le chromosome.

Le **chromosome** est constitué d'ADN et de protéines. Il supporte l'information.

Au cours de la division cellulaire, **il se condense et prend la forme morphologique d'un X.**

Cette forme est celle de tous les chromosomes. Y compris celui du x sexuel pour la femme.

Le croisement central de ce X est appelé centromère.

Les 4 extrémités sont des télomères. Deux bras d'un côté du centromère sont dits bras courts.

A l'opposé, les deux autres sont dits longs.

Le caryotype permet de classer les chromosomes selon leur morphologie, leur taille et leur forme.

Comme le chromosome 6 précité.

Le génotype est la somme des gènes possédés, 30 000 à 35 000 chez l'être humain !

Le phénotype est l'ensemble des caractères identifiables pour un individu. La couleur de la peau, des yeux…

Les fonctions des gènes peuvent s'assimiler aux fonctions sociales.

C'est le pourquoi de la biosociologie.

A la base du langage biologique universel se trouve l'Acide Désoxyribo Nucléique (ADN).

Mais, pour aboutir à cette réalisation, il faut d'abord connaître les besoins, puis transmettre les ordres aux éléments compétents, pour devoir et pouvoir les réaliser.

Et cela dépend du moment, de la qualité et de la quantité nécessaires.

La transcription intervient pour moduler les interventions.

C'est ainsi que pouvoir et contre-pouvoir régulent les opérations.

L'ADN, pour transmettre un message, se dédouble.

Et l'ARN est formé, moins stable que l'ADN, et plus sujet aux mutations.

L'ARN, ou acide ribonucléique, très proche de l'ADN, en est une copie synthétisée dans la cellule.

Il ne comprend qu'un seul brin.

Dans l'ARN, l'uracile remplace la thymine.

L'ARN a les mêmes nucléotides que l'ADN ; seule une des bases, la thymine est remplacée par l'uracile.

Le gêne porte les codes ou exons, séparés par de l'ADN non codant, les introns.

Lors du dédoublement, pour que le message entier puisse se former, les exons se suivent et se lient par épissage, les introns étant éliminés.

Trois lettres des quatre bases, A, U, G, C forment un codon. **Le codon correspond à un acide aminé à former.**

Les ARN sont les artisans qui reçoivent l'ordre de fabriquer dans les ribosomes les différentes protéines dont la cellule se construit.

U…A…U…U…A…G… (voir code génétique) donne UAUUAG

Amber et ochre sont des arrêts.

UUG et AUG sont le point de départ.

Les ribosomes sont des complexes composés de protéines et d'ARN.

Comme des usines, ils se trouvent dans toutes les cellules vivantes.

Y compris dans les mitochondries et les chloroplastes des plantes.

Dans le ribosome, l'ARNm (messager) porte les instructions pour former une seule protéine, assemblage d'acides aminés dans un ordre déterminé. Et sa durée de vie est limitée à sa nécessité. Ensuite, il sera dégradé et recyclé.

Les ARNt de transfert lient, au fur et à mesure de leur formation, les acides aminés créés pour former une protéine.

Ils décodent l'information de l'ARNm et synthétisent alors les protéines nécessaires.

Pour cela, les ARNt (dits de transfert) reçoivent, d'un côté, le message de l'ARNm, et de l'autre côté, ils accrochent l'acide aminé dans l'ordre imposé par le message.

Cela correspond au taylorisme (Ford) ou au système Ranpam (Toyota) qui permet l'assemblage ordonné des différents éléments, jusqu'au produit fini, et livré.

LE CODE GÉNÉTIQUE

Seconde lettre

Première lettre	U		C		A		G		Troisième lettre
U	UUU	Phe	UCU	Ser	UAU	Tyr	UGU	Cys	U
	UUC		UCC		UAC		UGC		C
	UUA	Leu	UCA		UAA	Orchre	UGA	?	A
	UUG		UCG		UAG	Amber	UGG	Tryp	G
C	CUU	Leu	CCU	Pro	CAU	His	CGU	Arg	U
	CUC		CCC		CAC		CGC		C
	CUA		CCA		CAA	GluN	CGA		A
	CUG		CCG		CAG		CGG		G
A	AUU		ACU	Thr	AAU	AspN	AGU	Ser	U
	AUC		ACC		AAC		AGC		C
	AUA		ACA		AAA	Lys	AGA	Arg	A
	AUG	Met	ACG		AAG		AGG		G
G	GUU	Val	GCU	Ala	GAU	Asp	GGU	Gly	
	GUC		GCC		GAC		CGC		
	GUA		GCA		GAA	Glu	GGA		
	GUG		GCG		GAG		GCG		

Les acides aminés, au nombre de 20, sont reliés entre eux dans n'importe quel ordre, ce qui donne des possibilités infinies de protéines. Mais chaque protéine donnée possède évidemment des acides aminés dont la séquence est bien définie.

Pour définir 20 acides aminés, il faut au moins 3 nucléotides (avec 2 nucléotides $4^2 = 16$ aminés seulement !)

L'information est donc formée de triplets (codons) ne se chevauchant pas. Cela correspond à 64 codons possibles (4 bases^4 = 64).

Si plusieurs acides aminés sont codés par plus d'un codon, le code est dit « dégénéré ». Mais le code est universel.

61 triplets définissent 20 acides aminés ; UAA, UAG, UGA terminent les chaînes ; AUG méthionine commence la lecture.

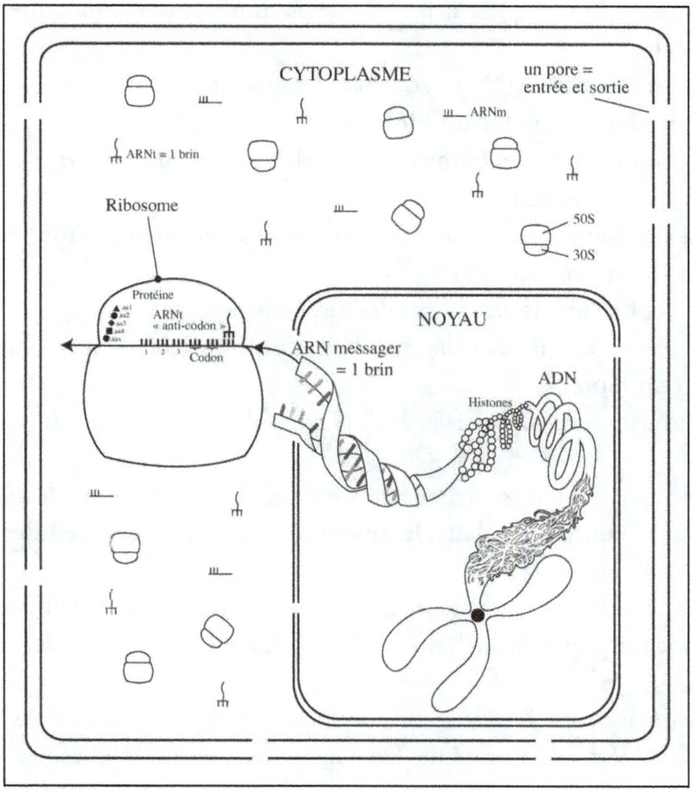

Dans le noyau, les chromosomes et l'ADN.

Les histones sont des protéines basiques, formées d'acides aminés (aa), entourées par l'ADN qui est ainsi compacté. Le codon est le triplet de nucléotides de l'ARNm, messager ; l'anticodon est le triplet de nucléotides de l'ARNt, de transfert.

Dans le cytoplasme, les ribosomes, formés de deux sous-unités, synthétisent les protéines. Le ribosome lit l'ARN messager, qui se lie à l'ARN de transfert pour former les protéines programmées (voir code génétique).

Le langage biologique

L'ADN est la tour de Babel réalisée. Avec un langage unique.

La tour de Babel, située bibliquement à Babylone, détruite par Dieu, équivaut au terme discuté hébreu (*babel*) qui signifie dispersion, diversion. Pour l'Homme.

Et la dispersion assure la diversité, avec une **évolution sociale**. Croissez et multipliez.

Mais l'ADN, avec un code génétique, qui permet la fabrication des protéines universellement biologiques, a favorisé la nature pour se construire. Grâce et avec une unité.

Les mutations par l'ADN ne sont pas des erreurs.

Elles ont permis **l'évolution biologique**.

Ce sont des expérimentations qui, si elles marchent, et c'est le hasard, se perpétuent par la nécessité.

Ce qui a façonné tout ce qui vit, du microbe à l'éléphant, l'Homme compris.

Comme la *serendipity*.

Elles ne conviennent pas, alors elles disparaissent.

C'est comme un néologisme qui donne un nouveau « sens », une nouvelle direction à un mot.

Comme dans une vie sociale, l'ADN possède un code, qui dirige son existence.

Le code génétique **« est un ensemble de règles permettant de traduire les informations contenues dans le matériel génétique des cellules vivantes pour produire les protéines »**

Crick FMC, Barnett L ; Brenner S. Watts Tobin R.J. "General nature of the genetic code for proteins" in *Nature 1227-1232*, 1961.

Les protéines sont à la base de l'architecture et des constituants du corps, seules ou associées (glycoprotéines avec des sucres, et lipidoprotéines associées à des éléments gras)

Dont les antigènes (Ag) et les anticorps correspondants (Ac) entre autres, le complément...

L'ADN vient alors s'impliquer dans des problèmes sociaux.

L'ADN des esclaves pourrait-il démontrer les origines africaines des Noirs des Amériques ?

Y a-t-il un ADN purement basque, juif ?...

Une aberration étant donné l'origine humaine, et les diasporas en plus !

Non, mais certaines maladies se retrouvent plus couramment dans certaines populations, slaves et d'Afrique du Nord du fait des mariages entre elles et de la transmission de gènes communs.

Le livre du Professeur Jean Bernard (*Le sang*) veut montrer que la langue basque et celle du Caucase septentrional pourraient avoir la même origine par des similitudes importantes dans le sang des populations examinées et par la particularité du groupe 0 et de Rh-, autour de 35%, qui se retrouve dans ces deux populations.

La cohésion cellulaire est essentielle au bon fonctionnement et à la survie d'un organisme pluricellulaire.

Elle s'effectue à travers les échanges et communications entre les cellules d'un même organe, mais aussi entre les cellules d'organes différents.

Il est connu que les cellules communiquent entre elles à travers des interactions entre des molécules inductrices et des molécules cibles (ligands).

Tels les antigènes, les hormones, les facteurs de croissance, le peptide-anticorps, les récepteurs membranaires ou intracellulaires.

Ce qui déclenche des processus d'activation génique.

Ce type d'interactions communicatives entre les cellules peut être considéré comme un langage qui est à la base des manifestations d'effets physiologiques.

Il en est ainsi dans la régulation de nombreux équilibres fonctionnels, dans les réactions immunitaires de rejet et de protection.

Par exemple, en 2011, Jules A. Hoffman et Bruce A. Beutler ont obtenu les Prix Nobel et de Physiologie pour leurs découvertes concernant l'activation de l'immunité innée, qui fait intervenir la structure de reconnaissance appelée *toll-like receptor* (TLR) pour surveiller la présence des germes pathogènes. Les molécules impliquées sont appelées *pathogen-associated molecular patterns*.

Il existe donc le langage intercellulaire, mais, pour chaque individu dans son ensemble, il existe une reconnaissance linguistique qui lui est propre, le SOI.

Chaque individu est unique, donc Non Soi pour les autres ; aucun ne lui est totalement semblable, mais certains ont des proximités.

Le terme de langage ou glotte pourrait donc être utilisé pour désigner des individus au langage proche, ce qui permet et facilite les greffes.

Le rejet étant dû au Soi qui n'accepte pas le Non-Soi.

De cette constatation, il peut découler des déclinaisons comme homo-glotte ou isoglotte, égal, pour le Soi, et hétéroglotte, alloglotte, contraire, opposé, autre, mais aussi xénoglotte, étranger, ou Non-Soi, dans les cas de reconnaissance.

Les **homoglottes** parlent un langage semblable, ou très proche, et l'intégration est plus aisée.

Les autres ne sont acceptés que par tolérance imposée.

Nous pensons donc que ce terme est bien adapté.

Le langage biologique dans la réalisation de la vie

Il est bien connu que tout organisme vivant, qu'il soit mono ou pluricellulaire, est défini par un plan d'organisation morphobiochimique particulier.

Celui-ci est intégralement spécifié, de manière codée, par le message génétique inscrit dans son ADN. **Qui dit message dit langage.**

Ce plan d'organisation est d'une grande complexité. Il concerne un déterminisme très précis du déroulement d'un très grand nombre de réactions biocatalytiques, qui se succèdent par petites séquences.

Ce sont de vraies voies métaboliques plus ou moins cyclisées.

Celles-ci, interconnectées dans le cadre d'un grand schéma métabolique, ont, pour qu'il soit correct, un fonctionnement assuré par une multitude de circuits biochimiques de régulation, du type cybernétique de connexions inverses ou *feed back.*

Pouvoir et contre-pouvoir interfèrent pour une réalisation parfaite du plan.

Il faut une grande quantité d'information structurale pour coder le très haut degré de spécificité physicochimique propre à chacune de ces réactions bio-catalytiques.

Le biocatalyseur accélère spécifiquement la réaction chimique d'une molécule (substrat) en d'autres molécules que sont les produits de la catalyse, mais sans se retrouver dans le produit fini.

C'est pourquoi les effecteurs moléculaires concrets de leur déterminisme sont tous des macromolécules informationnelles (les sémantides) dont la structure complexe de copolymères est la seule adéquate pour pouvoir emmagasiner, de manière économique, l'énorme nombre de bits (unités élémentaires binaires de quantité d'information) nécessaires pour réaliser cette spécification très fine.

Sémantide est un terme anglais qui garde sa définition en français : porteur de sens, capable de lancer un message.

Ceci est une simple incursion dans le langage de la théorie de l'Information.

Le concept d'Information Biologique est une émanation du concept d'Information Biocatalytique.

Sans aucune exception, les effecteurs moléculaires de la biocatalyse proprement dite que sont les enzymes sont, du point de vue chimique, des protides, macromolécules informationnelles ou sémantides du IIIe degré, et, en cette qualité, peuvent être classées en fonction de la nature de leurs composants, en deux catégories générales :

- **Les enzymes holoprotéiniques**, composées seulement d'une ou plusieurs chaînes polypeptidiques, qui **assurent, à elles seules,** le déterminisme des trois types de spécificités enzymatiques, c'est-à-dire **la spécificité catalytique proprement dite, la spécificité du substrat et la spécificité de régulation.**

- Les **enzymes hétéroprotéiniques** contiennent des chaînes polypeptidiques qui **représentent l'apoenzyme, porteuse du site de fixation du substrat et du site de régulation,** et aussi un groupement prosthétique, représentant le coenzyme, porteur de l'essentiel du centre catalytique.

Ces enzymes ont des capacités spécifiques, équivalentes aux équipes de travailleurs spécialisés.

D'autre part, il existe des effecteurs concrets de la compartimentation intra et intercellulaires qui, par l'apport extrinsèque d'en dehors, complètent la spécificité de chaque réaction enzymatique. Ce sont des protides, holo et hétéroprotéines de structure, glycoprotéines ou lipoprotéines, sémantides du IIIe degré, et des glycolipides, dont la nature copolymérique, les oblige à se comporter en qualité de sémantides du IVe degré, mais dont la spécificité de biosynthèse est due à l'activité des sémantides du IIIe degré.

Les molécules responsables de la spécificité de biosynthèse des sémantides de IIIe degré sont l'acide ribonucléique (sémantide du IIe degré) et les sémantides du Ier degré qui est l'ADN, toutes ayant la même nature copolymérique.

La totalité de la spécificité d'organisation de toute entité vivante, donc son IDENTITE BIOLOGIQUE, réside dans l'ordre de succession, donc d'interconnexion linéaire des monomères, à l'intérieur des quatre sémantides copolymères :

- l'ordre des désoxyribonucléides dans les macromolécules d'ADN soit le Ier degré, qui est le cerveau biologique

- l'ordre des ribonucléotides dans les molécules d'ARN qui correspond au IIe degré, et qui sont les ingénieurs

- l'ordre des aminoacides dans les polypeptides qui constituent les macromolécules protidiques du IIIe degré.

Comme les ouvriers taylorisés.

- l'ordre des sous-unités monosaccharidiques et lipidiques du IVe degré, qui s'associent au IIIe degré pour former différents complexes. Ce sont des spécialistes, formés pour subvenir à des besoins appropriés.

Il apparaît ainsi la spécificité du langage biologique, nécessaire pour créer et couvrir les nécessités vitales, et la survie.

Avec sa hiérarchie. Comme dans les sociétés humaines. Du commandement à l'exécution.

Les hormones et la vie biologique

Pour assumer toutes les fonctions nécessaires pour l'existence du corps, il existe un système de liaisons qui interfèrent entre elles et qui assurent une messagerie chimique.

Les liaisons « postales » partent des **glandes endocrines**, créatrices du courrier que sont les hormones, avec des adresses de réception, qui sont les cellules cibles.

Courrier recommandé pour des injonctions.

Hormone, en grec veut dire impulser, stimuler.

Les voies empruntées sont le système sanguin et la voie lymphatique.

Toutes les parties du corps sont atteintes.

Et la communication permet d'associer tous les paradigmes de la nutrition, y compris la mobilité, qui permet d'aller vers l'autre.

Ainsi que la défense et la reproduction.

La diffusion des hormones est lente, diffuse et continue.

Pour réguler par homéostasie le comportement et les interactions des organes pour chacun et entre eux, il existe un rétro-contrôle (toujours le principe initial) qui permet d'augmenter ou de diminuer le niveau de sécrétion.

Le cerveau est étroitement impliqué dans toutes les obligations du système endocrinien, de la naissance à la mort, avec la lactation, la croissance, l'homéostasie, le stress, l'activité sexuelle…

Les **glandes exocrines**, glandes ouvertes à sécrétion externe, déversent des substances qui ont une action surtout nutritive, ou de prévention.

La salive, pour la formation du bol alimentaire.

Les glandes sébacées de la peau, avec le sébum protecteur, pH acide.

Les glandes sudoripares pour la sueur.

Les glandes digestives : estomac, pancréas, intestin…

Toutes les fonctions présentes dans le corps humain sont représentées dans le corps social.

De plus, les phéromones exacerbent les relations sociales.

Les **phéromones** stimulent une réponse physiologique ou comportementale chez d'autres membres de la même espèce.

Les informations qu'elles portent jouent un rôle important dans les relations des groupes homogènes, et dans l'attraction sexuelle.

Dans les courses de chevaux, ne pas mettre des femelles « en chaleur » avec des mâles ! Ils seront toujours derrière !

Produits dans les glandes exocrines, les messagers chimiques sont diffusés par l'urine et permettent de marquer des territoires, chez les mammifères entre autres. Pour la chasse, et pour la reproduction.

C'est l'organe voméro-nasal qui est le principal récepteur.

Le chien retrousse ses babines pour mieux le découvrir.

Chez l'Homme, il n'est qu'un vestige ! Reste quand même l'olfaction.

Car des molécules se retrouvent dans les sécrétions qui touchent au sexe. Au niveau des aisselles et du périnée.

La synchronisation menstruelle des femmes vivant en communautés (mère et filles par exemple) est significative.

La sueur des mamelons est indispensable au nouveau-né pour son allaitement, et pour la relation mère-enfant.

Dans le *Livre des Ruses* de René R.Khavan (éd. Phébus, p. 53 à 55), il est dit que « *Moïse se trouvait dans le giron du Pharaon et il refusait le sein de toute nourrice... (la vraie mère arrive)... Prends cet enfant, et présente-lui tes deux seins. Quand approcha sa mère, l'enfant retrouva l'haleine, prit dans sa bouche le bout d'un sein, puis le bout de l'autre, et aspira le lait.* » Qoran XX41.

Curieux aussi p. 51, avant de mettre l'enfant sur les flots du fleuve.

« *puis la mère... enduisit de* **collyre** *les yeux de l'enfant, l'emmaillota, l'allaita et le mit dans sa caisse* ».

A cette époque, on connaissait intuitivement déjà la prévention !

Comme la circoncision prescrite, et le porc proscrit.

Le porc, compte tenu des connaissances médicales acquises, est cependant une des premières viandes consommées au monde.

La vache, elle, est toujours interdite dans la religion hindoue.

Mais autorisée ailleurs.

Chez l'homme, les aisselles, l'androsème de la région périnéale et la spermine provoquent des effets physiologiques et émotionnels.

Le rôle des parfums est connu, qui permet aussi une personnalisation, une identification.

Les insectes sont sensibles par des récepteurs de contact au niveau des antennes, ou des récepteurs gustatifs.

Il existe des phytohormones végétales dont la fonction est d'assurer la croissance.

Elles agissent sur la morphogenèse, les organes des plantes, les racines...

Leurs sécrétions dépendent de zones privilégiées, et leur action est coordonnées par plusieurs hormones qui agissent de concert. Le parfum des fleurs évolue entre séduction et répulsion. (Dossier pour la Science, déjà cité).

Les codes sociaux

Le premier est le langage.

Celui qui parle encode ce qu'il veut exprimer, et la cible interlocutrice décode le sens de ce qui a été dit.

Encore faut-il que le sens soit interprété et traduit correctement.

Et que le locuteur utilise le mot approprié à ce qu'il veut exprimer !

Comme il apparaît que la société est un organisme vivant, son plan d'organisation est géré de manière codée, par des messages qui impliquent ordres et contre-ordres, s'imposant dans la vie sociale, individuelle et collective.

Ils conditionnent les rapports personnels, communautaires et intercommunautaires. Et se mondialisent.

Tous les messages sont porteurs d'injonctions. Tous sont incitatifs.

Par rétroaction, **toutes les réponses**, même par leur absence, **impliquent une décision.**

Elles peuvent être verbales ou confirmées par des actes.

Les mots vivent et, à un moment donné, la spécificité peut en être modifiée.

Surtout en politique !

Des mots nouveaux vont naître. Inspirés par les techniques nouvelles ou par de nouvelles conventions idiomatiques.

La vie en société se règle pour se maintenir et durer.

Elle est inscrite dans l'inné en biologie.

Et personne n'y trouve rien à redire.

Socialement, l'équivalent des sémantides, à partir du 1er degré, est le programme des ordres d'insertion qui soutiennent des actions gouvernementales de plus en plus sophistiquées.

Avec ou sans complaisance pour différentes idéologies qui peuvent cohabiter, ou s'exclure.

Avec la création de Sociétés aux finalités diverses.

Pour se maintenir en cohésion, il est donc nécessaire de promouvoir des règles, des codes.

Au tout début, la loi du plus fort était de mise, mais les plus âgés détenaient une sagesse.

Un consensus de respect mutuel s'établissait.

Pour en arriver aux temps où l'on a pu concevoir la vie sociale historique, par les arts, les écrits, les vestiges, et tenter d'en déduire comment s'instauraient les autorités et s'épanouissaient les vies civiles, et civilisées.

Rappelons le code d'Hammourabi (vers 1750 av J.C) qui s'applique aux droits sociaux et de la famille, de la propriété, y impliquant l'organisation de la pratique judiciaire pour l'équité.

Qui s'est traduite plus tard par « *œil pour œil, dent pour dent* ».

Réponse appropriée à l'époque, mais modulée de nos jours, avec la notion d'intention.

Pour la première fois, la légitime défense est instituée.

Mais peut-on parler d'intention dans une réponse sous l'emprise de la colère ?

Et le mouvement des foules, et de la répression ?

Pour quoi et pour qui ? Et où se trouve la légitimité ? Et la réponse mesurée ?

Le code de Gortyne, en Crète, (480-460 av. J.-C.) détermine les lois de la vie civile des citoyens, et de la famille.

Et le Décalogue, tables de la Loi, les dix commandements, (époque de Ramsès II autour de 1200 av. J.-C.) dicté par Dieu à Moïse (Exode) ou écrit par des érudits talmudiques, bases morales de la vie en société, inspirées par Dieu, références pour les croyants des religions monothéistes, avec le Coran plus récent ! Et bien d'autres religions ont créé des codes, en Inde, en Chine, au Mexique…

Les lois sociales reflètent, dans un espace donné, les conceptions philosophiques ou des principes du moment.

Elles évoluent dans le temps. Bonnes ou détestables.

Durant la Seconde Guerre mondiale, il y a eu la Shoah ; c'était faire monter au ciel six millions de gens par la fumée, pour des cendres.

Cette situation a initié, en 1947, dès Nuremberg, des lois éthiques universelles.

Qui visent à la mondialisation pour la protection de l'individu.

Le langage dans les sociétés humaines

Le langage, c'est une manière de communiquer.

L'homme est le seul être vivant à parler aussi du virtuel.

Ce qui est inné, ce sont des gènes qui interviennent dans la formation des poumons, pour l'air, des cordes vocales, pour leurs vibrations, de la langue, des os du naso-pharynx entre autres, ce qui permet d'articuler.

C'est un mode de communication qui lui est propre, singulier.

Ce qui permet de pouvoir créer des mots ayant une signification. Et d'assembler les mots pour faire des phrases.

Le langage des animaux est surtout celui de la posture et la mimique en est une interprétation non équivoque, soit le début, soit une prolongation du message pour celui à qui il est destiné.

Pour l'animal, les sons sont injonctifs et précèdent une action interprétée par ce qui l'entoure.

Sur la communication entre groupes semblables, les capacités gutturales sont limitées et servent d'alerte.

Soit pour des actes de protection, de la peur, avec la réponse par la fuite en laissant le plus faible assurer la chaîne alimentaire du prédateur, ou, si l'on se sent fort, par les rugissements, il effraie aussi les autres espèces qui vont le craindre. Cela permet une vie sociale, assurant le « leadership », position dominante, pour la défense d'un territoire.

Les cris servent à alerter une femelle (leur sexe appel). Pour pérenniser.

Toujours la communication, la nutrition et la multiplication.

Le langage humain est une compétence cérébrale.

Et le cerveau crée du virtuel, même pour les impôts.

Le même impôt peut revêtir des termes différents, à différents moments.

Avec les mêmes intentions.

L'unicité tient au seul fait que les hommes peuvent s'exprimer, mais la diversité des idiomes les sépare.

De même, un mot n'a de valeur que par son environnement.

Dans la phrase où il s'introduit.

Seul, son sens devient indéterminé.

La pomme est un fruit.

Cherchez le mot fruit dans un dictionnaire ! C'est le signifiant.

Mais un fruit n'est pas que la pomme.

Fruit. Le mot tout seul, à résumer, a diverses interprétations possibles.

Le signifié devient un concept.

C'est un produit, de la terre, de rapport sexuel, du travail, des efforts…

L'Homme semble être le seul à détenir le pouvoir déclamatif, qui exprime l'abstraction (liberté, pensée, morale, éthique…).

Il permet la vie sociale matérialisant le réel, avec toujours les incitations injonctives, pour une réponse quelle qu'elle soit.

En biologie, les cellules libres ou reliées se « parlent ».

Dans les rapports cellulaires, les relations s'établissent par des substances biochimiques qui se lient à des sites récepteurs spécifiques.

Et il paraît logique de concevoir le langage comme une réponse adéquate à une situation donnée.

Tout est ici aussi injonctif.

Il induit la réaction.

Et le langage biologique n'est que communication.

Le langage biologique n'est pas issu du pouvoir de « penser ».

La communication correspond à une transmission, un message, ce qui permet aussi de faire participer, s'il y a échange.

Pour qu'il y ait échange, il est nécessaire que le milieu environnant comporte un interlocuteur.

Il est nécessaire d'amener l'échange au contact du récipiendaire choisi, pour que l'opération projetée qui en dépend puisse réussir.

Les vecteurs

Le vecteur est l'élément porteur, qui permet un transfert.

Sous l'influence directe de l'environnement nutritionnel, un microbe grossit et se dédouble par scissiparité.

Sensibilisé et stimulé par un Ag étranger, vecteur direct, par exemple un greffon, un lymphocyte T subit une transformation lymphoblastique, comme un retour à la cellule originelle. Il grossit et se dédouble en deux cellules filles identiques. Avec le temps et chacun se dédoublant, ils arrivent à éliminer, à rejeter la greffe par le nombre. C'est pourquoi il faut tenter de diminuer les réactions de défense, pour induire une tolérance.

Pour la reproduction sexuée, l'alliance mâle et femelle nécessite un lien entre ces deux intervenants.

Pour pérenniser et intervenir dans l'insémination, il est nécessaire de trouver un vecteur pour réunir les deux éléments complémentaires. Le pénis est le canal qui sert à transférer le spermatozoïde jusqu'au vagin, où se trouve l'ovocyte de la femelle.

Ce sont les insectes qui butinent et pollinisent les plantes.

Ce sont les éléphants qui mangent des plantes et transfèrent à distance, dans leurs déjections, les graines conservées intactes malgré la digestion.

Ce sont les oiseaux qui transportent le virus de la grippe aviaire, les rats le bacille de la peste, les chauves-souris la rage…

Les moustiques femelles, pour leurs besoins, se gorgent de sang et vous inoculent le paludisme, la fièvre jaune, le Chikungunya, de quoi vous rendre « dengue » aussi !

Les vecteurs sont aussi tous les moyens de communications pour le savoir, les idées...

Ce sont les livres, porteurs éternels du savoir, si l'on pourra les conserver.

Avec les monuments et les inscriptions qu'ils supportent, hiéroglyphes et codes !

Ce sont tous les médias, avec des mots qui s'envolent, mais qui restent « écrits », grâce aux moyens enregistreurs, films, disques...

Ainsi, tout vecteur transporte avec lui des éléments qui peuvent être bons ou néfastes pour les sociétés biologiques et sociales.

Il y a TOUJOURS une réponse car TOUT baigne dans un contexte intercellulaire pour un organisme dit vivant, ou une entité parasite du vivant (virus par exemple).

Il y a TOUJOURS une réponse, car TOUT individu baigne dans un milieu extérieur social et de la nature.

Il existe même une réponse à la mort individuelle.

Biologique et sociale.

Pour ce qui va mourir, et surtout pour ce qui l'entoure.

Quand on est mort, les vers ne sont pas poésies, les vers sont prosaïques, terre à terre !

Les vers doivent être protégés. Ils protègent notre terre.

Les insectes aussi nous assistent.

Ces relations intercommunicantes (interactions) appellent des rétroactions (*feed back*).

Chaque événement appelle une réponse.

C'est le milieu qui conditionne l'avenir des individus dans toute société, qu'elle soit animale (l'homme inclus) ou cellulaire, pour des cellules libres ou insérées dans des tissus.

C'est à partir de ces constatations universelles que nous avons construit un raisonnement motivé des analogies comportementales entre l'être cellulaire et l'individu humain.

Chez l'homme, toute la culture est impliquée dans la communication.

C'est pourquoi, en plus du langage parlé, il y a un langage conventionnel qui permet de se rapprocher d'une partie d'une société par un comportement incluant des indices codés.

Les règles du savoir-vivre, la musique et les paroles qui peuvent s'y fondre, les vêtements et la mode, etc. sont des transmissions intentionnelles pour informer sur sa personne et la vie sociale.

Et s'implique alors le politiquement accepté, **avec des règles autoritaires de savoir-vivre, où il devient alors difficile de vivre en bloquant un savoir.**

Etre blanc ou noir est une référence sans s'accompagner de phobie

Sauf quand on veut créer des anathèmes.

Et en musique, deux noires pour une blanche, aux échecs, ce sont toujours les blancs qui ont le trait, le premier coup ! Puis les noirs ensuite. Sauf si on tire au sort !

Au jeu de dames, les pions noirs et les pions blancs s'affrontent, et quand **un des pions** arrive à la dernière ligne adverse, il **va à dame, le devient,** et les deux pions de même couleur se chevauchent pour cela, sans faire penser à l'homosexualité.

Le langage est dans le jeu.

On ne peut jouer au bridge sans savoir parler à son partenaire de manière codée, code connu des adversaires, par correction.

Quand la guerre devient un jeu dans la communication, les codes sont déterminés, sans que l'adversaire puisse les décrypter, si possible, et ce n'est pas incorrect ! C'est la guerre.

Les messages de Londres à partir de 1940, « les Français parlent aux Français », s'adressaient, par code, à la Résistance.

Le langage est dans l'Art.

Mais aussi, tout ce qui est art est Histoire.

Tout ce qui est art cristallise un moment spécifique d'une période.

Des peintures rupestres aux hiéroglyphes et à l'écriture...

De la peinture depuis qu'elle est conservée, la photographie... les monuments aussi...

Avec le cinéma, qui suit aussi souvent l'évolution des mœurs.

Et le langage écrit, complexe, suppose que le lecteur possède la capacité mentale d'interpréter les codes que véhiculent les mots, dont le sens peut aussi être ambigu.

Ne serait-ce, par exemple, que le terme d'impérialisme selon le lieu, l'époque et surtout la philosophie qui s'en empare.

Contrairement au langage biologique, le langage humain est équivoque.

Il consiste à faire passer une information, mais aussi une émotion.

Et le langage peut être aussi alors trahison (comme la traduction).

Cela correspond aussi à la désinformation.

Parler des enjeux de la communication en découle.

La compréhension en est facilitée. Ou non.

L'omission peut devenir mensonge, comme parler d'un fait attentatoire, sans mentionner le pourquoi de cette réaction.

Et comment juger, et par qui, de la disproportion d'un acte, dont on n'est concerné que par l'idéologie qui nous imprègne ?

Ou prendre une portion d'un texte, sans en donner le contexte, qui justifierait certainement le propos révélé.

Et qui peut modifier la face du monde.

Rappelons la dépêche d'Ems, alibi qui a permis de déclencher la guerre de 1870.

Ainsi que d'autres réactions violentes dues aux textes, et aux médias, allant jusqu'à la rumeur, en première page, réfutée plus tard, quelques lignes noyées en pages internes.

Les télévisions mondiales incluses. Qui se réfèrent à saint Thomas.

Avec des images réelles, motivées ou non, dans le « référé » sous la photo !

Ou parfois, cela arrive, des montages apocryphes, en faveur d'une thèse !

La réaction qui s'ensuit dépend du décryptage du message. Et par ceux qui le reçoivent, l'interprètent, et réagissent, jusqu'à la violence.

Et les tronquer ou les sublimer par des gens responsables.

« *Mal nommer les choses, c'est ajouter aux malheurs du monde* » (Albert Camus)

Bien plus, l'ordre social peut aussi limiter la liberté d'expression de chacun.

La censure dépend alors du détenteur du pouvoir, et des théories dominantes.

Des lois interdisent formellement certaines diffusions d'articles ou d'informations réelles, mais préjudiciables au pouvoir. Par contre, des agences de presse peuvent diffuser des nouvelles parfois fausses, qui deviennent réelles, ou des nouvelles réelles, mais tronquées, d'où un mensonge par omission. Pour les « bien-pensants » d'un pays.

Et cela peut aboutir à des actes mortels de représailles, créés par ceux qui les acceptent comme vrais.

Des termes ou des qualifications jugés injurieux ou incitatifs à la haine sont normalement proscrits.

Cependant, dans des défilés revendicatifs hurlants, avec parfois des notables sourds, on entend des mots comme mort à… mort aux… qui sont le début d'assassinats, et ne sont pas punis.

Ils doivent aller dans le sens des pensées dominantes, l'opposition ayant tort.

Et insidieusement, sans la loi, mais par intimidation, le politiquement correct, en vertu (si l'on peut dire) d'une rectitude politique, vous incite, vous presse à une autocensure.

Un Noir ou un mélanoderme a la peau noire, biologiquement, et ce n'est pas péjoratif.

Aux échecs, les leuco-pièces contre les pièces mélanos combattent, et tout cela pour rendre l'autre mat (de peau ?)

Le mater.

On n'est pas regardant !

Un Blanc, un Noir ? Chacun gagne, grâce à sa supériorité intellectuelle ou sportive selon le cas.

Un jaune n'est péjoratif que pour les grévistes !

Et un chat est un chat.

« *Un mot n'est pas un jugement* » a dit Aragon. Et pourtant.

Un mot colporte avec lui tout un *underground*, un vécu, une sensibilité qui s'y rattachent, avec une orientation culturelle socio-psychologique porteuse de jugement ! Etre anti quelque chose, ou quelqu'un, c'est quoi alors ? N'est-ce pas un jugement ?

Aussi, le « politiquement correct » est une sorte de totalitarisme dogmatique qui marginalise ce qu'il voulait protéger. Il exerce une pression sélective et crée une opinion publique manipulée.

Le politiquement correct crée l'esclavage de la pensée.

La prétendue tolérance devient intolérance.

Elle peut bouleverser une vie sociale.

Quand le délit d'opinion devient justiciable, le totalitarisme n'est pas loin !

Surtout que la parole est d'argent, quand la majorité silencieuse dort.

De même quand une religion, par optimisation de ses principes, punit de mort ceux qu'elle juge coupable de blasphème envers leur religion, elle intervient dans le politiquement correct pour inciter les médias, plus par crainte que par correction, à éviter ce qu'elle juge attentatoire à l'idée quelle se fait d'elle-même. Elle censure. En créant un droit qui se veut universel et qui apparaît souvent comme contraire au message spirituel de respect de la vie.

Mais quand un droit devient universel, il doit être éthique.

La croyance en une religion n'est pas universelle, et a des contempteurs aussi légaux qu'elle.

Une *fatwa* par exemple peut être émise par n'importe quelle autorité religieuse.

Collégiale ou personnelle, ce n'est qu'une anomalie, car personne n'a le droit de condamner à mort, sinon l'inverse doit être accepté, et le droit de tuer celui qui émet un tel ordre peut-il mériter un tel châtiment ? Par rétroaction elle crée chez ses supporters des réactions violentes contre ceux qu'elle a jugés selon ses principes. La condamnation à mort qui s'ensuit est sous la responsabilité de celui qui l'a suscitée.

Par contre, se créer des obligations nutritionnelles est un problème personnel, mais sans contraindre autrui à s'y conformer.

Celui qui veut obliger, dans un Etat, un comportement vestimentaire ou alimentaire doit, par réciprocité, se comporter de même, dans le pays qui le reçoit, à plus forte raison, s'il y vit.

Dans le comportement vital corporel, chaque élément anatomique possède une fonction qui lui est dévolue. L'ensemble de toutes ces fonctions, interconnectées par des messages transportés par des vaisseaux ou des fibres nerveuses, harmonisera une existence satisfaite par un équilibre des besoins nécessaires. L'équilibre rompu crée des maladies, des lésions à réparer au mieux, sinon l'aboutissement est la mort.

L'analogie se manifeste dans les sociétés où l'équilibre mal entretenu créera les conditions pour la mort d'un système social.

La vie biologique dépend du langage cellulaire, celui de l'individu qui comporte ce qui fait son unicité : le langage compréhensible par lui-même, pour lui-même. C'est pourquoi tout ce qui vient de l'extérieur et qui lui est compréhensible sera accepté.

Deux types de langage coexistent.

L'un, propre à l'individu, son Complexe Majeur d'Histocompatibilité.

Et l'autre, universel, tels les acides nucléiques, les hormones… qui ont tous le même sens universel.

Ils sont tous interchangeables, car l'émetteur et le récepteur disposent d'un code commun.

C'est pourquoi il est possible de créer des organismes génétiquement modifiés, par exemple pour fabriquer des médicaments biologiques (telle l'insuline créée par des levures).

Le langage et les médias

Depuis toujours, certainement, la parole a permis de dominer les foules. Cela s'accorde avec le charisme.

La voix est ainsi représentative d'un pouvoir, qui a précédé la venue d'un individu qui en est issu, mais surtout, depuis les révolutions, qui a au contraire facilité la venue d'un pouvoir dépendant de l'orateur doté d'un charisme.

Il existe une figure de style qui modifie le comportement des individus, en raison du contenu du message et du charisme de celui qui l'adresse ; le **ressenti** en est une réponse « physique et psychique ».

Les voix nous troublent parfois, des chanteurs d'abord, et quelquefois leurs textes. Qui « nous donnent la chair de poule ».

Mais les adeptes d'une idéologie, suite au message reçu, perçoivent, de plus, sa phraséologie comme une incitation à l'action.

Les voix sont répercutées dans la presse écrite, mais les écrits restent, alors que les paroles s'envolent. **Ils mettent souvent en opposition certains des auteurs, avec des certitudes d'avant, pour des réalités d'après. Les idéologies peuvent fausser ce qui est, comme des artéfacts sous le microscope. On peut utiliser l'artéfact pour justifier la nécessité de continuer.**

On croit discerner le début de la fin d'une crise aux États-Unis ; cela devient une reprise de croissance en France.

Comme le froissement d'une aile de papillon là-bas, qui créerait un tsunami ici !

De même pour les images.

Les fastes et les manifestations grandioses symbolisent la puissance des idéologies dominantes, en certains lieux.

C'est aussi créer des associations déséquilibrées, un mort par rétorsion chez l'un contre un attentat avec morts et blessés chez l'autre.

Ce qui se passe au Moyen-Orient et en Afrique est révélateur de cette acception par certains Etats.

Il faut parler du mot Shoah, la catastrophe en hébreu, avec des millions de morts, assassinés, ou le seul fait d'être nés juifs.

Pour le mettre en parallèle avec d'autres, avec le terme al-Naqba, la catastrophe en arabe, la création de l'Etat d'Israël, le 15 mai 1948.

L'**exil** provoqué et surtout volontaire durant la guerre dite d'indépendance « partez, disaient les pays arabes, et vous reviendrez vite, avec nous », est une corrélation provocatrice, par assimilation égalitaire, pour deux faits différents par leur essence.

Comparaison est ici loin d'être raison.

A chaque évènement, le relier à un autre comme s'ils étaient équivalents.

Résistance et terrorisme. Les victimes ne sont pas les mêmes !

Assassinats sous couvert de dogmes, de principes.

Attentat de Maalot, prise d'otages d'enfants en Israël et leur assassinat, en mai 1974, et Nairobi, au Kenya, le 20 septembre 2013.

Amnesty international est un organisme qui ne peut intervenir que dans les pays qui l'acceptent ! Amnesty semble juger les actes, par empathie, par idéologie aussi, plus que les causes qui les ont créés.

Par compassion plus que par raison !

Les démocraties sont donc jugées, mais seulement elles !

On peut alors envoyer une flottille vers Gaza, dite prison à ciel ouvert, où les garde-chiourmes sont les agents du Hamas. Et vogue la galère pour les rameurs en mal de tourisme ! Et qui sont renvoyés chez eux.

A quand des armadas civiles vers d'autres lieux (Corée du Nord par exemple) où elles seront coulées ou arraisonnées dans les eaux territoriales ou mises en prison ?

Information et désinformation

C'est la source de nombreux problèmes, dont l'origine provient de ceux qui désirent imprimer un message pour inspirer un comportement dans une société. Les journalistes disent marteler. On dit aussi *bashing*, pour matraquage. Le message subliminal est celui où, dans les films par exemple, il y a de beaux acteurs qui fument, avec, ostensiblement, un paquet de cigarettes à côté, dont la marque peut être apparente, même si fumer tue. Pour la bouteille d'alcool et boire avec modération, il en est de même. Et pour les voitures, il y a toujours une jolie fille, ou un beau gars, ou quelqu'un de sympathique, pour optimiser le véhicule. C'est aussi de la manipulation.

L'implication du politiquement correct actuel montrerait qu'un bon nombre de livres d'écrivains célèbres, par leurs phrases ou mots actuellement jugés malvenus pour le moins, depuis leur parution, devraient aller au pilon. Pour cela, on peut relire de grands auteurs et retrouver des corrélations fautives pour caractériser des individus, ainsi que leurs comportements.

Comme l'a dit Molière dans *Les femmes savantes*,

...le moindre solécisme en parlant vous irrite, mais vous en faites, vous, d'étranges en conduite...

Toute faute de langage, et pas que de syntaxe seulement, est vertueusement réprimée, mais les actes commis sont souvent bien plus graves avec des insinuations injurieuses mais légales !

La race est une conception idéologique, socio-économique, pour dissocier des groupes d'individus, les soustraire, les asservir, ou même les supprimer. Pour affirmer une suprématie, une dominance coercitive ! !

Le racisme s'appuie toujours sur des différences d'abord visuelles, la couleur de peau, les poils… mais toujours loin des canons de la beauté prédominante de la société raciste.

Il faut se rappeler comment étaient représentés les « nègres », et aussi les juifs, aux nez crochus, et lippus. Et se remémorer les vipères lubriques et hyènes puantes des communistes contre leurs renégats.

Socialement parlant, la laideur, l'obscénité, les odeurs nauséabondes, la saleté sont les caractéristiques des individus pour tous ceux qui sont contre.

Pour les antis, ces mythes s'y retrouvent ! Pour les Noirs, les juifs… et les Blancs !

Mais il faut surtout rappeler que le génome humain est pratiquement semblable pour tous.

Il est celui de l'*Homo sapiens*, avec certains caractères qui sont encore des gènes en relation avec une hérédité liée à l'environnement. Comme la couleur de peau…

C'est pourquoi un retour succinct sur la création de la démocratie qu'est Israël, nécessitée par le racisme antisémite, est nécessaire pour démasquer les relations de cet Etat avec certaines communautés culturelles et cultuelles.

Pour ne revenir qu'à des temps contemporains, il y a eu l'affaire Dreyfus, innocent condamné pour espionnage en 1894.

Et la révolte de Théodore Herzl, avocat et journaliste qui assiste à la dégradation militaire de Dreyfus. Il fonde alors le mouvement sioniste à Bâle en 1897. Son but est de réunir des fonds pour l'implantation par l'achat de terres, avec l'idée d'un Etat protecteur.

La déclaration Balfour, le 2 novembre 1917, se déclare favorable à l'établissement des juifs en Palestine.

Le dictionnaire Larousse de 1939 montre, en couleur, les pavillons des Etats, dont la Palestine avec une étoile de David au centre !

Le 10 avril 1938, création du Grand Reich et les lois raciales de juillet 1938.

Il faut rappeler l'arrivée des Allemands, dans la Ruhr, et les premières stérilisations chirurgicales des Noirs et des Africains.

La conférence d'Evian, en juillet 1938, montre qu'aucun Etat n'accepte de remettre en question sa politique d'accueil. Les nazis considèrent cela comme un accord tacite de faire ce qu'ils désirent.

Les 9 et 10 novembre 1938, des pogroms en Allemagne et en Autriche brisent des vitrines des magasins juifs, brûlent des centres communautaires, des synagogues, saccagent des appartements, et des juifs sont tués. La Nuit de cristal effraie nombre de gens qui veulent émigrer. Des sommités intellectuelles sont déjà parties, Einstein, Freud, Zweig…

Curieux, le 17 juin 1939, 937 passagers juifs allemands s'embarquent à Hambourg, avec l'accord de l'Allemagne nazie, sur le bateau Saint Louis, certains munis de visas pour Cuba. 30 débarqueront à La Havane.

Les autres espèrent être acceptés, ailleurs ! 907 personnes restantes souhaitent encore atteindre l'Amérique du Sud ou du Nord. D'autres bateaux, le Flandres, 104 personnes, et l'Orduna, 154, ont la même destination et des passagers semblables. Ils seront refoulés. L'Angleterre (282), la France (200), la Belgique et les Pays-Bas (250) en récupèrent.

Le retour s'effectuera, pour ceux qui restent, dans le port du départ.

Puis vint la Shoah, qui fit mourir de nombreux rescapés des bateaux, acceptés dans les pays qui furent occupés ensuite !

La création de l'Etat d'Israël est justifiée pour le plus-jamais-ça, avec la loi du retour, pour permettre la fuite en cas de nouvelle agression possible.

La BDS, le boycott, le désinvestissement des produits israéliens et le soutien aux Palestiniens sont l'équivalent du Saint Louis. C'est refuser, pour les mêmes raisons, l'acceptation de se comporter pour Israël comme les autres pays du monde.

Et soutenir ceux qui dénient son existence. Avec les mêmes défauts, ni plus, ni moins !

Le langage et l'image en biologie

Le microscope, les scanners, l'imagerie à résonance magnétique... tous les appareils qui finissent en **gramme** et qui font le poids dans les diagnostics (électro, électrocardio, encéphalo...) vous **parlent** et traduisent des anomalies ou des symptômes, pour le bien de celui qui s'y prête, et pour ceux qui savent les lire. Et les interpréter.

Langage ésotérique, d'où la nécessité d'une éducation spécifique pour initiés.

La connaissance d'une langue, dans un domaine, avec des mots au sens précis, ou dans un pays, avec tous les individus en mesure de comprendre et de répondre, devient une nécessité. Pour le bien de tous !

Mais se méfier des artéfacts. Ce sont des leurres, artificiellement introduits sans intention, au cours des préparations.

L'ADN, les lymphokines, les hormones, les phéromones... ont tous un langage particulier.

Les virus du Sida s'implantent dans le lymphocyte CD4 car ils communiquent avec un code identique, comme une « cinquième colonne » du temps de la guerre 1939-1945 !

Comme des infiltrés.

Dans la vie sociale, il y a des leurres également, frauduleusement introduits, ou la ponctuation, ou l'intonation en langage parlé, changent le sens des maudits mots dits.

« Je vous ai traité d'imbécile, c'est vrai, excusez-moi, j'ai tort ! » Auteur ?

Ainsi. Etre élu, faire une loi, pour se faire enfin un nom !

C'est d'un ego, négocié au prix d'une faiblesse avérée !

Une idéologie en a toujours et profite de sa suprématie transitoire pour imposer une idée erronée qui confine au totalitarisme.

Comparaison n'est pas raison
Com, pas raison, raison cachée
Par un racisme exacerbé
Circoncision et excision
N'ont, par eux-mêmes, aucune liaison
Ce ne sont que terminaisons !
Comparer vient là d'esprits féconds
L'esprit qui fait, sans réflexion !

Les deux termes sont des interdictions.
L'un de maladies, l'autre du plaisir féminin

Ici, la réalité devient concept, et ces mots donnent libre cours aux idéologies.

Et les enfants ont bon dos.

Pour les vacciner sans leur demander ?

Et pour les soigner aussi, sans leur permission !

LES MARQUEURS BIOLOGIQUES

Nous désignons par marqueur, en biologie, une caractéristique mesurable qui révèle, spécifiquement, la qualité ou la quantité d'éléments qui existent dans un organisme.

Caractéristique mesurable, par rapport à l'étalon qui est, pour chaque donnée, un rapport à ce qui est courant, dans la moyenne de tous les individus.

L'image d'un os est globalement la même pour tous les individus, et une fracture, une fêlure montrent une morphologie anormale par rapport à l'« os courant, normal ».

Cette définition tend à rassembler tout ce qui est figuré, par l'image, et biologique, par les substances révélées par les laboratoires.

C'est un document lu et approuvé biologiquement.

Toutes ces données sont inscrites et comparées aux données cliniques observées, afin d'affirmer un diagnostic.

Ce qui est figuré est authentifiable par les microscopes de plus en plus performants pour les plus petits éléments que l'on peut visualiser, jusqu'à l'imagerie, macrographiques, radiographies, scanners, résonance magnétique, imagerie moléculaire, pour les régions dures et molles de l'organisme. Tout le corps peut être dévoilé.

Nous rentrons ici des techniques qui permettent une analyse morphologique que l'on peut comparer à ce qui est conforme à l'objet vivant courant, « modoformé ».

Modifications de forme, et de taille. Comme une fracture par exemple.

Toute modification aussi de nombre, en plus ou en moins.

De même pour l'analyse des substances biologiques, courantes, ou émises lors des troubles de certaines affections, et spécifiques pour affiner un traitement, lors d'une maladie, et suivre son évolution.

Tout ce qui est normal doit donc aussi être considéré comme marqueur.

Et permet de dénoncer ce qui est différent, pour vérifier ensuite si c'est anormal.

L'étude de l'ADN permet de tracer votre trajet héréditaire.

Les données de vos parents, celles de vos enfants.

Votre avenir possible, données prédictives des gènes responsables de troubles héréditaires.

A suivre, ou non. Selon votre caractère !

Pour les études de votre organisme à un moment donné, par des examens dits *checkings*.

Le nombre d'examens que l'on peut effectuer, surtout si l'on est hypochondriaque, peut, pour un seul individu, agrandir le trou de la Sécurité sociale, jusqu'à trouver du gaz de schiste !

D'autant plus que les technologies évoluent rapidement.

Les nanotechnologies permettent le support d'anticorps, chargés de médicaments, d'aboutir à la cellule cible pour une action avec moins de dommage collatéral qu'une chimiothérapie.

Et les résultats seront suivis régulièrement, comme ci-dessus, par des examens hypersensibles.

Des puces, fixées, pourront à tout moment dévoiler l'état du glucose dans le sang, pour remédier immédiatement au manque d'insuline, par une réserve, également placée à l'intérieur de votre organisme.

Ces quelques exemples ne sont pas exhaustifs ; l'avenir apporte régulièrement de nouvelles applications de plus en plus fiables.

Une microcaméra, « pilule » ingérée, suit tout le parcours digestif jusqu'à une expulsion anale, apportant toutes les indications sur l'état du circuit.

LES MARQUEURS SOCIAUX

Comme en biologie, avec une définition semblable.

L'idéologie devient l'étalon du moment, dans le choix des marqueurs importants.

Les élections sont des marqueurs privilégiés, d'un instant de l'histoire d'un pays.

Elles révèlent l'état d'esprit des votants, et des abstentionnistes.

Et le mécontentement passe en premier.

Quand c'est limité localement.

Mais ce n'est pas forcément un reflet du niveau politique national.

Car l'idéologie dirigeante, contredite, est obligée d'obtenir un consensus national. Ce qu'on appelle un sursaut.

Et ce, dans tout le pays, malgré la résurgence des problèmes sociaux, culturels et cultuels.

Il devient nécessaire d'en tenir compte, que ce soit pour ceux qui dirigent ou pour les opposants.

Et ne pas croire que le vote acquis, par défaut, est une reconnaissance tacite, ou implicite, de l'idéologie des vainqueurs.

Les marqueurs reflètent la vitalité d'un pays.

D'où l'espionnage industriel !

On vole dans les industries qui sont en avance.

La quantité est aussi un moyen de jauger les capacités d'un pays.

Quantité économique par le nombre et la qualité des entreprises.

Mais aussi la quantité révélée démographiquement.

L'INSEE indique le nombre d'habitants, globalement, dans un Etat, dans les villes, les villages.

Le nombre des familles, des célibataires…

Les pyramides des âges…

Ils marquent la qualité, selon le sexe biologique, hommes, femmes, enfants, avec leur intégration.

C'est aussi la vitalité d'un pays.

Par les professions exercées... Industriel, ouvrier, paysan, étudiant...

Comme en biologie, des données permettent une surveillance accrue par les papiers d'identité, les photos et un peu de biologie dans la carte.

Vous êtes unique, et remarqué !

Existe la vidéosurveillance, pour le flux des gens dans un espace donné, avec leur morphologie remarquée, individuellement, permettant de reconnaître ce qui se passe, en un lieu et à un moment donnés.

Mais est-ce en contradiction avec l'esprit de liberté ou est-ce un principe de précaution, comme en biologie ?

Comme souffler dans un ballon pour vérifier le taux d'alcoolémie.

La géolocalisation par les appels émis et reçus, y compris les contenus qui peuvent être analysés.

Et par le bracelet électronique pour des peines de prison commuées.

La recherche, par les médias, avec les photos ou les portraits robots.

Y compris par Interpol.

Les marqueurs personnels sont révélés, par et pour chacun, avec Facebook.

Les goûts sont également démontrés par les algorithmes des recherches sur Internet.

L'espionnage des Etats par de « grandes oreilles » est devenu nécessité préventive, par la connaissance révélée.

Pour se prémunir.

Données non exhaustives et que chacun peut augmenter selon ses propres besoins.

Mais, surtout, comme une prédiction, les paroles et les écrits révèlent le caractère et l'idéologie de ceux qui les prononcent et les publient.
Ils marquent le personnage !

La lecture des ouvrages politiques, entre autres, ouvre des perspectives sur l'avenir des auteurs.

Surtout en politique !

Et permet de concevoir un comportement exprimé, marqué et prévisible.

De très nombreux exemples cultuels et culturels vous sont connus. Comme avec *Mein Kampf* !

Il faut rester vigilant, car même le politiquement dit correct est malveillant et lâche, obligeant les gens à cacher leur vrai visage, comme la burqa celui des femmes. On veut effacer des marqueurs.

Le refoulement créé permet aux extrêmes de se manifester aux élections, car c'est le seul moyen qui reste d'exprimer un désaccord.

Sans le politiquement correct, il se trouverait certainement des mouvances équilibrées, mais réfrénées.

Le produit des extrêmes affirmés est égal aux produits des moyens utilisés pour empêcher les idées non conformes au politiquement correct de s'exprimer.

Ceux qui prônent leur politiquement correct marquent un territoire totalitaire.

En biologie, les virus mutent et modifient les signes de reconnaissance.

Chaque année, il faut tenter de prévoir le nouveau visage de la grippe à venir, pour un vaccin adapté.

Mais il reste cependant des marqueurs fondamentaux qui sont dans le fichier de l'organisme.

Associer les termes de gauche, ou de droite, à des caractéristiques caricaturales permet une classification politique facile et inexacte, souvent loin d'une adéquation avec ce dont ils sont affublés.

Le problème est que des mots sont véhiculés depuis des années, parfois des siècles, comme la caractérisation des juifs, avares et riches, et qui s'est incrustée dans la mémoire publique, aboutissant à des crimes de nos jours, sur la base de ces clichés.

Et les faits contredisent cette classification.

La malhonnêteté provient du non-dit.

Par des associations image et langage, qu'il faut combattre.

Mais qui sont utiles pour certains ; ce sont des véhicules qui transportent des supports fédérateurs.

Des réalités visuelles sont détachées du contexte, avec un langage inapproprié, mais elles passent en boucle.

Un montage anti (contre une idée, un pays) présenté par une télévision et reproduit ensuite ailleurs devient créateur d'assassinats et de violence matérielle. Comme le montage de l'affaire Al Dura sur France 2.

Pseudo-assassinat ! Les réactions mondiales brutales ont été rapides.

En Argentine par exemple.

Il existe même un timbre commémoratif pour ce fait qui n'a pas existé, en tant que tel, en Tunisie !

Et un procès trop tardif, qui confirme l'affabulation de l'assassinat.

Parlant de rétroaction, il est à craindre que de tels mensonges apportent un jour, chez ceux qui les ont manipulés, des phénomènes semblables à ceux qui ont été créés.

Le langage admet et incorpore parfois des mots étrangers.

Des immigrés consentis. A savourer dans les bistrots.

Les néologismes sont aussi des naissances, d'un père et d'une mère, donnant un métis tenant de l'un et de l'autre. Mais tissé avec les mêmes fibres d'entente. Comme le mot biosociologie.

Les organismes génétiquement modifiés en sont une preuve.

En conclusion, le langage biologique vous dit tout.

Il suffit de demander, avec les outils nécessaires et spécifiques.

Du laboratoire avec les marqueurs, à l'imagerie.

De plus en plus, se révèleront des mots cachés, hiéroglyphes imagés, comme avec la double explication de la pierre de Rosette, en grec ancien.

L'image et les mots concordent.

Ce qui est caché existe, mais il n'a pas encore été trouvé en biologie, faute de technique appropriée.

Par contre, la réalité politique et sociale existe…

Mais n'est pas toujours révélée.

Les documents ne sont visibles qu'après cinquante années.

Tout existe, mais l'interprétation est multiple. Avant de savoir, et après, c'est de l'Histoire.

Il faut chercher.

Le même fait est interprété, évalué, et source de réponses différentes selon les conceptions.

Pour tous, Hitler est un criminel de guerre, et pour d'autres il n'a pas fini son travail !

Cela devient le ciment pour certains, pour maintenir une cohésion qui se diluerait dans l'environnement ambiant.

Et des traditions permettent ainsi la pérennité d'Etats autoritaires.

En ce XXIe siècle, qui devrait être évolué, il apparaît que des opinions extrémistes persistent.

Même parmi des obédiences semblables, mais fratricides. Idéologiques ou religieuses.

Qui serait par exemple le plus « marxiste » : Lénine, Trotski, Staline, Fidel Castro… ?

Il y avait la guerre entre catholiques et protestants.

Il y a confrontation explosive entre chiites et sunnites !

Pas de grandes guerres, mais l'ensemble des petits conflits existant dans toutes les parties du globe fait l'équivalence d'une guerre !

Et dans chaque partie du globe on trouve des sympathisants pour les protagonistes.

Des pays développés, par nécessité ou par crainte, par atavisme ou par idéologie, géopolitique de l'émotion, protègent, au nom du sentimentalisme, des insurrections immorales.

Un printemps monotone, qui fera un hiver torride.

On a déjà le sang. Et la honte viendra. Et la douleur avec.

Car la géopolitique, basée sur l'économie et le profit, autorise les exactions. Chez les autres.

Et le dommage collatéral n'est jamais loin !

Il peut être chez vous, chez nous.

Aux États-Unis, en Angleterre, en France, en Russie, en Chine, ailleurs.

Les archéo-idéologies sont à la base des arguments politiques qui régissent les comportements gouvernementaux des États. Depuis les premières relations interhumaines, il s'est créé des liens de sujétion. Ces liens se sont toujours maintenus, en se différenciant au fur et à mesure de l'évolution du temps social, avec des lois relatées dans le chapitre de la propriété.

Les cultes et la culture progressant, des philosophies ont innové, pour se faire éliminer, ou se maintenir et progresser. Mais l'environnement social a changé avec l'enchaînement des techniques inventées.

Les idéologies doivent s'adapter au fil des évolutions sociétales, sinon, elles vont disparaître !

L'Homme nomade devenant sédentaire, le comportement social s'est transformé.

Les cultures céréalières, l'élevage, entre autres, ont aussi modifié la manière de se nourrir.

Ainsi que la composition des germes du tube digestif.

Le biologique s'adapte lui aussi.

L'industrialisation du XIXe siècle et la mondialisation qui prospère influencent de plus en plus les théories économiques, écologiques et sociales qui s'interfèrent.

L'environnement des sociétés aboutit à des situations qui sont diverses selon les lieux et les doctrines qui les dominent. La Chine, le Japon, la Corée du Sud, l'Inde, ne sont pas dépendantes des mêmes conditions économiques et surtout sociales que l'Union européenne, le Brésil ou l'Afrique.

Les pays riches en produits pétroliers ne sont pas tous dirigés de la même façon, voir les Etats-Unis, les pays du Moyen-Orient, avec des ambitions antagonistes, et le Venezuela social par exemple.

Les richesses permettent des « malversations » interdites aux pays pauvres !

Mais tous voient leurs citoyens s'offrir des niveaux de vie allant de l'extrême pauvreté à des niveaux de propriété matérielle himalayens.

Les philosophies, depuis l'acceptation primaire du chef de meute, se sont multipliées en même temps que la socialisation, des tribus aux villages et aux villes, puis aux Etats.

Elles partent de principes qui, actuellement, à la base, ont un sens précis.

Liberté, égalité, fraternité, Droits de l'Homme...

Tous les dirigeants disent vouloir appliquer ces Principes, mais ils sont toujours dévoyés.

Toutes les idéologies ont tenté, à ce jour, d'être utilisées. Toutes ont failli, par suite de rigidité, d'orthodoxie ou de transgressions. Et de l'environnement social qu'elles modifiaient.

Alors que l'environnement, pas seulement naturel, évolue, avec le réchauffement climatique qui s'intègre, avec toutes ses causes, la société évolue par les évènements techniques qui modifient la santé, la maladie et la guérison, ainsi que les richesses attribuées selon des critères sociaux et politiques, et par une culture médiatisée et compassionnelle.

La compassion est la forme de combat qui permet de s'impliquer, loin des lieux où se produisent les batailles.

C'est signifier sa philosophie sans risque, avec des appréciations des faits, tronqués souvent par les médias, qui appliquent les consignes de l'équipe dirigeante. Comme le public d'un match de boxe, qui applaudit chacun des protagonistes selon des critères choisis, mais sans la crainte des coups.

La compassion permet de s'affranchir des réalités pour donner libre cours à des sentiments, à des ressentiments.

Elle est le reflet d'une culture et d'un environnement.

Par la mondialisation, la géopolitique de l'émotion est basée sur l'idéologie des gens qui y sont sensibles.

Leur choix est un a priori. Compassion et démagogie vont souvent de pair.

Qu'un petit pays comme Israël ait humilié des armées arabes (terme choisi car il corrobore le ressenti des vaincus), qu'il se défende par des armes sophistiquées, contre des bombes humaines, mobiles et courageuses, aux motifs diversement interprétables, des soi-disant faibles contre des soi-disant forts, la sentimentalité choisit son camp.

Le bouc émissaire est le même. C'est le leurre qui excite et cimente des idéologies semblables ou cultuelles antagonistes, localisées dans des pays aux hégémonies contradictoires, tels l'Iran, la Syrie, le Qatar, l'Arabie saoudite… et aussi des géopoliticiens aux intérêts spécifiques semblables, même s'ils ont des Directions dissemblables.

Sans inclure la réalité de la taille de deux ou trois départements français qu'est Israël, contre l'immensité arabe qui l'entoure.

Et la peur qui est un des facteurs de l'intransigeance israélienne.

La paix contre l'incertitude.

La compassion nous dispense de savoir. Lorsque l'on connaît la réalité et les causes véritables des actes qui sont évaluées selon des conceptions personnelles, ce n'est plus de la compassion, cela devient un acte délibéré, politique. Ce ne sont plus des sentiments, dans le sens du mot sentimental. Mais c'est une orientation qui vous définit.

Car l'Histoire crée des situations qui modifient totalement le comportement des antagonismes, selon le côté de la victoire. Et selon ce qu'elle peut rapporter. La diplomatie varie en fonction des intérêts et explique les retournements.

En biologie, la victoire de l'un a pour corollaire la mort de l'autre.

Le *modus vivendi* par la tolérance est, nous l'avons vu, la perte d'un pouvoir pour chacun des protagonistes, avec une homéostasie en perpétuel réajustement. La lutte pour la vie, contre l'infection par exemple, nécessite de leurrer l'ennemi bactérien ou viral, par des éléments qui s'incorporent comme les antibiotiques, ou pour le dévier de sa cible.

Dans les sociétés, le bouc émissaire devient l'ennemi qu'il faut abattre.

Comme le taureau dans l'arène, il est des leurres qui obligent le bouc émissaire à répliquer. Ce sont des roquettes, plus ou moins meurtrières, les bombes humaines, les assassins en prison qu'on veut faire relâcher… et les BDS !

Et en réponse, les drones tuent les responsables de ces attaques. Il s'y ajoute parfois, pour annihiler les agresseurs qui prennent soin de s'entourer de victimes innocentes, des dommages collatéraux.

Un otage vivant libéré contre mille prisonniers. Tout est disproportionné.

Nous sommes en guerre, disent les uns, donc c'est la guerre, confirment les autres.

Les boucs émissaires sont des idéologies, des individus, ou des références comme la finance, la richesse par exemple. Leur éradication ramènera la prospérité aux pays, même s'ils n'y sont pas ou plus, dit-on ! A voir !

Turquie et Arménie, d'avril 1915 à juillet 1916, un million et plus d'Arméniens sont assassinés.

C'est le cas où le nombre des uns ou la faiblesse des autres conditionne le résultat.

Dans les sociétés, les guerres ont laissé, chez les individus, un « pouvoir normatif des faits », Georg Jellinek : *L'Etat moderne et son droit,* éd. Panthéon Assas 2005, c'est-à-dire que les évènements passés, habituels, disons répétitifs, deviennent la norme, les individus considérant les états de faits existants comme nécessaires, inéluctables, et actés.

Ce qui modifie aussi l'interprétation des traités dits de paix ! Avec le temps, révisables pour chacun des signataires.

Les sentiments contradictoires des anciens Etats colonialistes aboutissent à des expressions de compassion, de repentance, mais en oubliant également les apports importants et importés qui ont, en leur temps dans le temps, permis des évolutions. Ce qui était concevable à une certaine époque lointaine n'est plus acceptable maintenant.

Et si ce n'est pas acceptable, comment peut-on alors tolérer des comportements actuels religieux, orthodoxes, issus des temps lointains de leur création ? Les religions devraient faire repentance pour tous les crimes commis (sorcelleries, inquisitions, luttes contre les schismes… y compris dans l'actualité…)

Il ne faut pas que la laïcité devienne « l'haïe cité », pour une religion régnante, prégnante.

Pour diriger la vie des villes. Les religions doivent aussi se moderniser.

Seul Dieu ne change pas. Mais il est tellement intelligent, sachant par avance l'émancipation de la connaissance dans l'avenir, il est donc équivoque dans ses propos, pour faire discuter de ses préceptes, sinon il n'y aurait pas d'écoles pour les autorités religieuses !

Et pas de différentes « interprétations » pour un même Dieu !

Si aucune Autorité sociale n'est parfaite, la démocratie israélienne mérite plus de justice dans l'appréhension de ses actes. En vertu de ses origines.

Sinon, comment apprécier les gouvernements de nombreux Etats, démocrates ou loin des démocraties, qui sont acceptés pour des raisons souvent contradictoires.

Ces raisons devraient être comptabilisées dans l'esprit géopoliticien de tous les individus du monde !

Elles créent l'obnubilation. C'est un état inconscient qui prévaut dans le choix des opinions. En supprimant une partie du libre choix, par des idéaux préconçus.

Il est certain que si Israël disparaît, le monde aura des soucis à se faire !

Biologiquement, le « racisme » est combattu selon la position de l'agresseur et de l'agressé.

Le microbe, le virus, les parasites, les greffes sont dans les situations analogues vis-à-vis de leurs semblables, ou du corps humain. Chacun passe d'une situation à l'autre, selon le moment. Le microbe agresseur devient l'agressé pour se défendre. Il possède toutes les caractéristiques qui le font reconnaître pour être éliminé. Ainsi que tous ceux qui lui ressemblent. Et si le microbe est le plus fort, le corps succombe.

Soit il est intégré, comme le biome du tube digestif, et devient un commensal, association qui profite aux microbes, et à l'homme.

L'intégration est donc un moyen d'exister, comme une greffe.

Avec une tolérance induite pour chacun des compétiteurs.

Si le respect du traité n'existe plus, le combat est mortel.

Et alors, si le biologique, amendé, devenait la source du bonheur ?

L'exemple de deux types sociaux, chez les fourmis et les abeilles, semble d'un intérêt particulier.

Les comportements sociaux humains basiques semblent proches.

Pour leurs rapports communautaires, et avec l'entourage, bien que primitifs.

Pour les conditions biologiques qui y contribuent.

Car l'inné est à la base de leur comportement.

Dès sa naissance, l'insecte est programmé pour être ce qu'il est, et devra faire.

L'éthologie est un argument sociobiologique dans l'évolution humaine.

Les sociétés humaines ont conservé du biologique de nombreux éléments basiques.

Seules les raisons idéologiques les ont assimilés, pour les modifier, en partie.

La hiérarchisation est la base de toute société.

L'idéologie, quelle qu'en soit la motivation, remplace l'instinct, et ne peut survivre que par une hiérarchisation.

L'anarchie est une vue de l'esprit, sans possibilité d'existence sociable durable. Le pouvoir sans l'ordre.

La pression environnementale est paralysante pour les individus sans option laborieuse spécifique, donc soumise à une hiérarchie.

Sans travail, pas d'existence sociale. L'ouvrier dépend de l'ingénieur par exemple. Et l'ingénieur ? Et si ce n'est qu'un problème de salaire, tous égaux, ce n'est pas de l'anarchie. C'est une forme de communisme qui, psychologiquement, est contre nature. Dans toute société, il sera impossible de réfréner tous les « instincts », efforts et capacités de chaque individu.

Le communisme, par exemple, est anti-biologique par essence, mais biologique dans la réalité. Mineur ou médecin, c'est pareil. En tant qu'individu. Mais pas équivalent dans la vie sociale. Car certaines cellules sont indispensables et leur disparition peut être mortelle, telles celles qui commandent le cerveau et le coeur.

Communisme égale liberté est un oxymore. Privant de liberté ceux qui veulent s'émanciper.

Dans une démocratie populaire qui est un pléonasme.

Entre les cellules et l'homme actuel, l'évolution a permis la création intermédiaire d'animaux, et l'éthologie qui étudie le comportement des espèces animales dans leur milieu naturel permet de constater que les comportements des animaux sont très proches des obligations cellulaires.

Intermédiaires avec les comportements sociaux des humains. La transition est telle que, si nous enlevons la pensée, l'homme ne serait pas un roseau pensant, mais bien plus, un bonobo méchant.

Les fourmis

Insectes invertébrés, les fourmis vivent en colonies, dans toutes les surfaces où se trouve une quelconque végétation. L'environnement conditionne l'édification de la fourmilière et les ressources nutritionnelles.

Bien avant l'apparition de l'homme, elles se sont adaptées à toutes les conditions climatiques.

L'habitat social de la fourmi, sa propriété, est la fourmilière, âprement défendue, et rapidement reconstituée en cas de délabrement.

Et les fourmis trouvent d'autres emplacements possibles, des troncs d'arbre par exemple.

La fourmilière « fourmille » de galeries souterraines aboutissant à des chambres avec des destinations propres : des greniers, des nurseries entre autres, des ouvertures vers le soleil pour l'entrevoir, dès le matin, et d'autres, à l'opposé, créant une ventilation nécessaire à l'équilibre de la température.

Ces individus, poïkilothermes (température variable), chauffent la fourmilière par eux-mêmes.

Les étages sont surmontés d'un dôme caractéristique qui attise notre curiosité, ce qui nous pousse parfois à « donner un coup de pied dans la fourmilière » pour créer une agitation réactive.

Expression reprise par l'homme, dans différents contextes sociaux.

Le nombre des individus dans une colonie est très variable.

De quelques dizaines de milliers à des millions.

Les fourmis sont omnivores, leur nourriture varie selon les ressources de l'environnement.

Elles aiment les graines, les pollens, ce qui est sucré (nectar)…

Et les ouvrières en sont friandes.

L'œsophage se remplit dans un sac terminal, le jabot, où se trouvent les aliments qui seront régurgités dans la bouche (trophallaxie) de celles qui restent dans la fourmilière, y compris les larves.

Comme les oiseaux pour leurs petits !

Ces rapports, du bouche à bouche, favorisent la cohésion sociale.

Les phéromones secrétées sont spécifiques à la colonie.

Elles en sont le langage qui les réunit.

C'est leur communication à usage interne.

En présence d'un autre insecte, chenille, papillon… ou d'un prédateur possible, elles se précipitent, nombreuses, et attaquent l'intrus avec de l'acide formique qui, projeté, est très corrosif, agissant entre autres sur le système respiratoire.

Transporté dans la fourmilière, l'importun sera un apport nutritionnel partagé.

Socialement, il existe trois classes.

Il n'y a pas de lutte des classes dans la hiérarchie sociale des fourmis.

Les reines sont les femelles reproductrices.

Elles sont fécondées pour pondre.

Bien nourries, elles « enfantent ».

Les mâles, qui sont des fourmis ailées, meurent après l'accouplement, et

les ouvrières, comme leur nom l'indique, sont chargées de toutes les activités de la vie de la colonie.

Chacune ayant une spécificité qu'elle manifestera toute sa vie.

Les ouvrières, asexuées, sont les soldats, qui trouvent, rapportent la nourriture et s'occupent des larves. Ce sont les plus jeunes qui font tout ce qui est nécessaire à la vie de la reine jusqu'aux larves.

Aux plus âgées l'extérieur.

Toutes les dénominations choisies par les chercheurs sont à visée anthropomorphique.

La pérennisation se fait au cours d'un vol nuptial.

Les fourmis ailées, volantes, mâles et femelles, se développent en même temps.

Elles s'accouplent durant ce vol.

Beaucoup disparaîtront par les oiseaux prédateurs qui interviennent au cours de ce voyage.

Les reines spécifiées s'enfermeront dans les nids jusqu'au printemps, et elles commenceront à pondre. Les œufs, qui sont dans une chambre spéciale, éclosent pour donner les larves, nourries par les ouvrières.

Ces larves se métamorphoseront en nymphes avant de devenir des fourmis adultes.

Et le cycle se poursuivra.

Comme les royautés.

Bien plus, les fourmis sont friandes du miellat, des sucres et des acides aminés sécrétés par les pucerons qui sucent les arbres et arbustes.

Avec leurs antennes, elles frottent le dos des pucerons jusqu'au moment où elles récupèrent ce miellat.

On peut dire qu'elles traient les pucerons dont elles font **l'élevage**.

Elles les protègent des coccinelles en contrepartie.

De plus, si elles ne les défendaient pas, des champignons tueraient les pucerons et détruiraient les plantes.

Et les abeilles ?

Comme les fourmis, l'abeille appartient à la famille des hyménoptères.

Comme les fourmis, poïkilothermes, elles ont un système de vie sociale presque similaire, mais plus élaboré.

Comme les fourmis, elles recueillent le miellat déposé par les pucerons sur les plantes. Mais ne les élèvent pas.

D'abord, l'alvéole, lieu où seront déposés l'œuf, la larve, le pollen et le miel, possède une forme hexagonale, la plus grande surface pour le plus petit périmètre. Et un gros volume.

Leur vie sociale, en colonie, est composée aussi de mâles, ou faux-bourdons, d'ouvrières et d'une reine.

La reine, nourrie de gelée royale par les ouvrières nourrices, est plus grande que les autres.

Il y en a plusieurs, au cas où !

La première reine née va tuer toutes les autres larves des cellules royales (problème récurrent dans les sociétés pour obtenir le pouvoir).

Si le hasard fait naître deux reines en même temps, c'est le combat et la plus forte gagne.

Quelques jours après sa naissance, la reine s'envole pour un vol nuptial et s'unit cinq à six fois aux mâles faux-bourdons. Ce vol peut se renouveler jusqu'à remplir totalement la spermathèque de la reine.

Car elle est la seule à pouvoir procréer.

Fécondée, de retour à la ruche, elle pond sans relâche environ un œuf par minute, 2000 par jour !

Pendant quatre à cinq ans.

Elle est constamment protégée et nourrie par les ouvrières.

D'où **le rôle de pérennisation**.

Les ouvrières, femelles, travaillent et évoluent en vieillissant.

Les premiers jours, elles nettoient les ruches.

Au cinquième jour, elles deviennent nourrices.

Les 11e, 12e, et 13e jours, elles sont les magasinières qui stockent le pollen, le nectar dans les alvéoles.

Pour obtenir une température constante, elles ventilent la ruche avec leurs battements d'ailes.

Il y a plusieurs cellules royales (pour le cas où ?)

Puis, de plus en plus « adultes », elles deviennent cirières du 14e au 17e jour, créent des alvéoles et les rayons.

Les quatre jours suivant, du 18e au 21e jour, elles sont les sentinelles à l'entrée de la ruche.

Et le 22e jour, elles s'envolent pour butiner, et reviennent nourrir la ruche.

Les mâles ou faux-bourdons, quelques centaines, vivent au sein de la ruche car ils ont pour mission de féconder la reine.

Nourris par les ouvrières, curieusement, ils n'ont pas de dard et ne peuvent se défendre.

Ils accomplissent leur rôle de géniteur, pour quelques-uns, mais après meurent, tués par la reine.

Sinon, après leur sortie de la ruche, ils ne pourront plus rentrer.

Ce ne sont que des bouches inutiles.

L'existence de l'abeille est fondamentale dans la biodiversité, comme tout individu dans la société.

Malgré sa conception de la vie en société qui peut être contestable

Donc, la diversité, y compris dans le monde, doit être appréciée aussi, en fonction de son comportement localisé, avec non-ingérence défectueuse dans l'environnement, mais en accord « éthique » avec son environnement

Dans un Etat, si l'accord social est total, et s'il est maintenu, car librement consenti, le droit d'ingérence ne peut être appliqué.

La communication est primordiale pour tous les actes de l'existence de l'abeille.

La vue s'exerce dans toutes les directions, y compris en arrière, grâce aux yeux à facettes.

Elle perçoit les odeurs par les antennes.

Elle possède une trompe qui lui permet, avec sa langue, d'aller chercher le nectar dans les fleurs.

Elle a deux mandibules qui lui permettent de réaliser tout ce qui est nécessaire à la vie de la ruche.

Même de préparer la cire pour former les alvéoles et les rayons.

Les pattes antérieures lui permettent de saisir le pollen, de s'accrocher et de nettoyer ses antennes.

Les pattes postérieures servent de poches à pollen.

Le jabot est un réservoir de l'abdomen pour les liquides, l'eau, le nectar, la miellée.

Les abeilles portent des crochets, ce qui leur permet de s'accrocher les unes aux autres et de former un essaim.

Les deux paires d'ailes permettent de voler dans tous les sens.

Et de transporter le pollen d'une fleur vers une autre.

Les sons des battements servent aussi de moyen de communication.

L'abeille, contrairement au faux-bourdon, possède un dard pour se défendre. Elle ne peut piquer qu'une fois ; elle meurt car une partie de son abdomen est arrachée avec l'aiguillon.

Son venin possède des substances qui détruisent la « viscosité » des cellules humaines comme l'hyaluronidase, des amines comme l'histamine, des vasodilatateurs…

Comme chez tout ce qui vit, des substances messagères permettent de personnaliser et de socialiser des groupes, les phéromones en premier.

Ces substances sont émises par la reine et les ouvrières.

Elles circulent via la bouche et les antennes qui se touchent et distribuent les informations.

De plus, un scientifique a révélé le langage codé des abeilles pour indiquer un lieu par sa direction, en se positionnant sur le soleil, sa distance par une danse en rond, quand c'est proche de la ruche, ou une danse frétillante, en huit, qui fait intervenir les oscillations du « ventre », et par les vibrations qui en découlent, indiquant aussi la distance selon le nombre de tours exécutés.

Enfin, le rôle des abeilles est capital dans la nature par la pollinisation des plantes.

En butinant de fleur en fleur, les pattes se chargent des grains de pollen, qui sont ainsi déposés par les abeilles voyageuses sur d'autres fleurs, ce transport facilitant la migration et la reproduction.

Leur utilité est fondamentale pour la survie des plantes.

Connaissant les abeilles et leurs mœurs, après les avoir enfumées, les apiculteurs savent caresser l'essaim d'abeilles pour le transporter dans une autre ruche, savent prendre le miel, et même changer de reine pour en avoir une plus efficace !

Et noter l'enfumage politique qui a, là aussi, un effet calmant, d'utilisation courante.

Le comportement des fourmis, des abeilles et le suicide cellulaire sont des phénomènes utilitaires innés. Ce n'est pas de l'altruisme.

Et chez l'Homme ?

Pour les humains, le rôle des mâles n'est pas que de féconder ; l'homme y pourvoit cependant, dard, dard.

Ce sont aussi des ouvriers.

Les femmes restent des reines virtuelles ; elles enfantent et continuent de butiner, de faire les courses ...! (sic).

La culture et l'égalité des sexes progressant heureusement, le changement a commencé dans un monde qui évolue.

Sauf dans des communautés encore actuelles qui s'affirment rétrogrades où la femme est emmurée, où elle est l'ouvrière totale de la vie familiale courante (seules sorties chercher l'eau aux puits, ramasser du bois...) !

Les végétaux

Les végétaux, les plantes, sont des êtres vivants qui ont « les pieds sur et dans la terre ».

Ils ont des racines, et les hommes utilisent ce même mot pour affirmer leur origine sociale. Et le mot racine est à l'origine d'autres racines, d'une dent, des cheveux, des ongles... Sans m'enraciner dans tous les termes ou ce mot est accolé.

Ils ont des tiges, des feuilles, des fleurs.

Qui servent de métaphores parfois : les vieilles tiges pour les gens âgés, qui ne sont plus dans la fleur de l'âge.

Ils sont mobiles tout en ne se déplaçant pas.

Par les racines qui s'étendent et par le pollen qui les dissémine.

Et ils sont partout dans le monde.

Ils s'acclimatent à tous les environnements, et à tous les climats.

Ils se nourrissent par les racines, avec des vaisseaux qui portent la sève ; ils synthétisent la cellulose pour former leur squelette en bois, tirent leur énergie du soleil, synthèse chlorophyllienne, et absorbent le CO2.

Ils sont écologiques.

Les plantes nourrissent les mammifères, qui rejettent leurs déchets biologiques pour les nourrir à leur tour.

Ils vivent en symbiose avec des microbes, et des champignons.

Il y a des plantes carnivores qui se nourrissent d'insectes. Comme la *Roridula*, qui possède des poils qui collent des insectes. Ils sont digérés par des punaises du genre *Pameridea*, et les déjections sont assimilées par la plante ; c'est du commensalisme.

Pour d'autres, leurs feuilles, lisses, sont glissantes comme pour les luges sur des pentes.

Elles attirent les insectes par des phéromones, pour mieux se refermer sur la prise en quelques millièmes de seconde.

Et les végétaux peuvent avoir des maladies virales (mosaïque du tabac), ou dues à des insectes, les pucerons (phylloxéra) pour les vignes.

Certaines plantes résistent d'elles-mêmes à certaines maladies ; il suffit de leur prendre les gènes de résistances et de les incorporer dans le génome de la plante à protéger.

Par exemple, certaines plantes émettent des molécules qui bloquent la digestion des insectes prédateurs.

Comme les chenilles des pyrales.

On fait des Organismes Génétiquement Modifiés pour le maïs, contre les pyrales.

Sans oublier que les plantes possèdent des substances spécifiques, aptes à guérir, et aussi à tuer.

Et la vie humaine en société ?

Les responsabilités, dès le début préhistorique de la société humaine, se sont hiérarchisées.

Les chefs de meute, comme chez les animaux, ou le plus fort, ou le plus doué dirige.

L'esclavage qui ne porte pas encore ce nom existe.

Les classes sociales vont se matérialiser. En sautant les générations, les seigneurs et les serfs… les patrons et les ouvriers…

Ceci est la conséquence des périodes qui débutent par la chasse, suivie de l'agriculture par la sédentarisation, et de l'industrialisation.

L'évolution due à l'intelligence humaine, par les sciences et les techniques, va favoriser les différences créées.

Tous les conflits naîtront, à l'intérieur d'une société donnée, pour la recherche d'une diminution des droits de certains, pour une plus grande liberté des autres.

Mais l'augmentation d'une certaine liberté favorise, pour ceux qui l'obtienne, l'apparition d'une nouvelle classe dirigeante !

Que ce soit une royauté, une dictature, une théocratie, et même une démocratie, la recherche d'un « chef de meute » s'affirme comme une nécessité.

Avec le pouvoir se promeut alors un contre-pouvoir.

C'est la lutte des classes qui se perpétue depuis la nuit des temps humains.

Car une hiérarchie s'impose, analogue aux comportements cellulaires, et s'affirme pour toutes les formes de société.

LE SAVOIR

Ce qu'il y a d'inné provient du cerveau. Ce qu'il y a d'acquis s'implique dans le cerveau.

Il existe des maladies mentales où la pensée est plus ou moins inhibée dès la naissance.

Il est des lésions au niveau du cerveau où la pensée persiste, mais ne peut s'exprimer, par accident vasculaire cérébral, par exemple.

Les neurones, par leur activité, permettent à l'individu de s'émanciper par son intelligence.

Le pouvoir de penser est inné.

C'est par l'acquis, par le savoir que la pensée progresse.

Sans faire une exégèse de l'intelligence et de ses différentes formes, il est indéniable qu'il en existe différents niveaux qui sont révélés dès que l'environnement le permet.

Et que l'apprentissage, quel qu'il soit, fera évoluer.

Rappelons l'histoire d'un petit berger pyrénéen, presque analphabète, et qui s'est révélé excellent mathématicien après avoir été éduqué.

La Vie est communication, nutrition et reproduction.

Le savoir biologique est transmis par l'Acide Désoxyribo Nucléique (ADN).

Le Savoir est communication, digestion, assimilation et transmission.

Ce qui est véritablement analogue à la biologie.

Le terme savoir vient du latin *sapere*, avoir du goût.

Ah ! La saveur de savoir.

Et il faut en avoir le goût, pour devenir savant.

Entre savoir et être savant, il y a toute une hiérarchie.

Donc, le savoir, c'est apprendre, assimiler et pouvoir transmettre.

Le savoir, un terme qui englobe divers domaines précisés qui sont chacun un savoir.

Il y a les sciences diverses qui touchent à tout ce qui fait l'Univers, la physique, la chimie, la biologie... et ce qui touche la conscience telle la philosophie, et tout ce qui touche aussi le social, comme l'économie...

Le Savoir est donc l'ensemble de toutes les données établies des sciences précitées.

Ces données ont pris la dénomination commune de connaissances.

La communication était orale aux temps préhistoriques.

Puis les dessins sont venus s'inscrire dans les endroits protégés, telles les grottes.

Ils transmettaient des scènes de la vie de l'époque. C'était autour de 40 000 ans avant notre ère.

L'écriture par des signes s'est inscrite dans des régions orientales, l'Egypte et la Mésopotamie, il y a 6 000 ans, avec les hiéroglyphes et les pictogrammes sumériens.

Les pierres et l'argile, le bois en étaient les supports.

Puis s'est développé le papyrus, issu des feuilles de la plante, autour de 5 000 ans, suivi du parchemin, écriture sur de la peau souple et claire, spécialement préparée.

La découverte du papier s'est faite en Chine, en 105 après Jésus-Christ, sous le règne de l'empereur Hoti.

Mélange de lin et d'écorce bouillie, sa découverte fut introduite au Moyen-Orient, après la victoire de Talas en 751 par les Arabes sur les Chinois.

L'expansion de la domination jusqu'en Andalousie a permis l'introduction du papier en Espagne, avant les Italiens qui le fabriquèrent vers 1250.

Ensuite, le développement de cette invention a progressé dans toute l'Europe.

L'invention de l'imprimerie, par Gutenberg, après la première bible en latin en 1440, va faciliter la diffusion plus large du savoir.

Il est certain que seuls ceux qui s'y étaient préparés pouvaient en profiter.

Il est d'évidence que l'éducation devait progresser, grâce à l'extension de ces inventions.

Le pouvoir de chaque Etat a l'avantage et la possibilité d'éduquer les gens selon son bon vouloir, et selon ceux qu'il veut favoriser.

Surtout par les écrits qui peuvent en refléter et imposer des philosophies, idéologiques et sociales.

Pouvant aussi modifier le cours de l'Histoire du passé !

On peut interdire l'éducation aux femmes, par exemple.

La République laïque devrait être une des meilleures pour favoriser la liberté pour tous.

De nos jours, l'informatique a pris la succession de la transmission du savoir. Et permet sa divulgation mondiale.

Il apparaît que l'enseignement, dans l'avenir proche, pourra se réaliser en partie chez soi, en l'absence de professeurs dans l'amphi ! Existera-t-il une solution intermédiaire, plus favorable pour les neurones miroirs ?

Une recette de cuisine ou la fabrication d'une bombe artisanale peut s'accomplir chez soi, par le truchement du mode d'emploi.

Mais, pour réaliser une œuvre, l'apprentissage nécessite la présence matérielle de l'enseignant, qui donne le tour de main et fait gagner du temps.

Et pour ce qui est du travail dit intellectuel, les stages et la formation continue sont prépondérants.

La connaissance est la personnalisation du savoir.

C'est l'ensemble de données dans un thème donné, **pour un individu donné qui en prend communication, s'en nourrit et les assimile.**

Bien comprises, **ces données peuvent se transmettre.**

Comme la Vie !

Bien mieux, des applications de la connaissance se matérialisent par **l'invention.**

« ***La connaissance c'est apprendre, comprendre et s'épandre.*** »

« *Ce qui se conçoit bien s'énonce clairement* » comme le dit Boileau.

C'est ainsi que **l'enseignement et l'apprentissage** dépendent de celui qui apprend aux autres.

Mais, aussi, il faut vouloir apprendre, pour évoluer avec l'évolution !

Et l'environnement familial et social est primordial ! Pour l'incitation.

Les grandes découvertes scientifiques ne se font que chez des gens qui sont préparés à les recevoir ; ils ont des connaissances spécifiques dans un domaine donné.

La *serendipity*, terme créé par Horace Walpole en 1754, c'est la découverte due au hasard, qui ne favorise que ceux qui sont aptes à la saisir :

98 % d'instruction avec 2 % d'intuition offrent la consécration.

Le savoir se transmet par des articles, des livres et par les médias.

Et par **l'exemple**.

Le savoir des hommes se retrouve groupé dans les dictionnaires et les encyclopédies.

A emmener sur une île déserte !

Il se trouve aussi dans tous les médias qui diffusent les informations dès qu'elles sont connues, dans les revues spécialisées et dans les livres de vulgarisation.

Tout le monde peut s'estimer dorénavant « spécialiste » après des émissions culturelles scientifiques !

Pour les animaux, l'instinct est un savoir qui se transmet par l'exemple.

Il est tout impliqué à la survie.

La chasse, le nid se transmettent aussi par l'exemple.

Curieusement, la reproduction n'a pas besoin d'exemple.

Même l'homme et la femme incultes trouvent le chemin spontanément !

Même chez des malades mentaux ! L'instinct est inné !

Le langage, c'est la vie.

Il en **est** la base et véhicule **la communication. Il se nourrit** des autres langages et grossit avec des créations. Et enfin, il est **transmis** partout.

Le langage est le lien obligatoire de la vie sociale.

Même pour les muets. Le langage des signes est code gestuel des mains et de la tête.

Il l'est tout autant pour tous ceux qui veulent comprendre un savoir « déterminé ».

Il est alors soutenu par des termes ésotériques explicités par les dictionnaires par exemple.

Pour les non-initiés, le vulgarisateur interviendra pour une bonne compréhension. Il permettra à chacun d'augmenter sa culture.

La culture est définie par l'Unesco *« dans son sens le plus large… comme l'ensemble des traits distinctifs, spirituels et matériels, intellectuels et affectifs, qui caractérisent une société ou un groupe social. Elle englobe, outre les arts et les lettres, les modes de vie, les droits fondamentaux de l'être humain, les systèmes de valeurs, les traditions et les croyances ».*

La culture ne peut être figée et elle évolue dans le temps, en fonction de sa définition même. De là peut se comprendre l'expression « la culture, c'est comme la confiture, moins on en a, plus on l'étale » car la connaissance en impose toujours.

Tout ce qui vit et bouge, dans un ensemble social, crée des modifications, dans des réalités acceptées. Pour tous les individus.

C'est pourquoi le politiquement correct, le négationnisme, le créationnisme, bien qu'étant des aberrations au regard de la Science, doivent se voir critiqués mais non pas interdits.

« *Les faits sont têtus* » disait Lénine en octobre 1917.

L'Histoire doit honnêtement rétablir la réalité des faits ; c'est le savoir dans l'Histoire.

Il faut revenir aux origines de ces faits, au pourquoi, au comment, aux conséquences, et en tirer des conclusions.

Les faits sont toujours aussi têtus et, avec le temps, contredisent les opinions erronées.

L'erreur est humaine et persévérer devient inconscience ou malhonnêteté, et parfois crime.

Hitler, faisant effectuer des recherches biologiques (dans des camps de concentration) sur les « sous-hommes » Tziganes, malades mentaux et juifs pour affirmer la suprématie de la race aryenne est une suprême ignominie.

C'est Lyssenko qui, dans la Russie socialiste, pour se mettre en harmonie avec le marxisme, tente de prouver l'influence de l'environnement qui peut tout, et que l'inné n'est rien.

(Tant pis pour Gregor Mendel, Darwin…).

Quand une idée préconçue guide et oriente les recherches, il ne faut pas que les résultats soient tronqués pour valider l'idée prédominante.

Rappelons les résultats d'un expérimentateur sud-coréen Hwang Woo Suk qui disait, le 23 décembre 2005, avoir prélevé des cellules souches prélevées **à partir d'un embryon humain cloné** (l'argent n'a pas de prix, et non plus le Nobel !)

En 2006, il reconnaissait son erreur.

Des hypothèses non conclues sont aussi des avancées, par exclusion.

Le savoir, comme l'évolution, est fait d'échecs et de réussites.

Et la chance n'accorde ses faveurs qu'aux esprits préparés (Pasteur).

C'est la sérendipité ! (*Le Robert* 2014)

Une unanimité ne crée pas forcément la vérité.

Une minorité ou un homme seul peut toutefois créer une vérité, acceptée par tous, par exemple, quand un génial inventeur, dans un groupe souvent, chercheur dans n'importe quel domaine, fait avancer la connaissance d'une manière fondamentale. Car tout tourne, dans le monde astronomique, la relativité, l'ADN, les cellules souches…

Il n'en est pas de même avec une philosophie, car il ne semble pas exister qu'une seule Vérité.

Et chaque idéologie est toujours politiquement dévoyée, car exacerbée pour affirmer sa prévalence. Le marxisme en est un exemple.

C'est le cas aussi des extrémismes religieux.

La philosophie d'un solitaire, non révélée, restera anonyme, sans effet pour la postérité.

Mais retrouvée ou dévoilée, elle tombera dans la médiatisation, avec des effets d'actualisation plus ou moins nocifs.

Il y a, alors, de quoi s'indigner.

Toute philosophie et toute religion possède des éléments de valeur.

Il nous faut les incorporer en transgressant l'origine, toute modification étant alors source de perfectionnement.

En général, en relation avec un savoir qui resterait à la maison, Montaigne a dit qu'« il vaut mieux une tête bien faite qu'une tête bien pleine ».

Mais pour étendre le savoir, il faut aussi savoir que « **même un puits de science ne pourra remplir des sots** ».

Aussi, la tête, « **on la bourre avec des graines de savoir, qu'on sème, pour récolter la réflexion** »

Et une tête bien faite et bien pleine, ce doit être bien aussi !

Savoir et réflexion peuvent aboutir à une sereine sérendipité.

Il faut, de plus, admettre que les capacités d'un individu peuvent être améliorées par l'éducation, mais celle-ci fera éclore et progresser bien plus ceux qui sont intelligents.

D'ailleurs, tous les arts font partie de la culture et transmettent l'Histoire et la nécessaire mémoire.

Le savoir, celui du professionnalisme, **se transmet par le mime :** on « singe ».

C'est le rôle des neurones miroirs.

Giacomo Rizzolati et Corrado Sinigaglia (*Les neurones miroirs*, Odile Jacob 2007) ont observé que des neurones du cortex cérébral des macaques et, plus tard, de l'homme (aire de Broca) présentaient une activité lors de l'observation d'un autre individu de son espèce exerçant une action. De même, quand il imagine cette action. D'où cette notion de miroir.

On comprend alors la nécessité de l'apprentissage.

Et celui des langues apprises est favorisé dès la plus tendre enfance.

Il en va de même pour les processus affectifs : « Neurones emphatiques du Professeur Ramachandran » (*Le cerveau fait de l'esprit*, Dunod, 2011).

C'est l'empathie, qu'on pourrait incriminer dans la géopolitique de l'émotion.

L'art, la mode, la musique, tout ce qui change selon les époques, ainsi que les goûts qui en dérivent, en dépendent.

La croyance

Elle est le fait de considérer comme vrai, comme réalité, un fait quelconque, bien que non prouvé, dans l'état actuel des connaissances.

La Science recherche, et la religion interprète.

Dire je crois en toi, en amour (car tu es mon dieu !) n'a pas la même signification.

L'origine latine *credere*, c'est avoir confiance.

La croyance est métaphysique, théologique ou philosophique.

Même croire en la Science est une philosophie !

La foi

Elle confirme la conviction de la véracité de la croyance. C'est une aporie. La raison bute sur une réalité impossible à démontrer physiquement à ce jour.

C'est une conviction personnelle, qui ne doit pas devenir idéologie à transmettre par la force, sauf de persuasion !

Avec les déviations quelle peut instituer.

La science découvre des réalités cachées, mais créées, avant. Par qui ? Comment ? Et pourquoi ?

La croyance et la foi cherchent le pourquoi de la vie, et comment la vivre. D'où des comportements individuels et sociaux incitatifs.

C'est un avantage psychologique pour surmonter des problèmes existentiels.

Dire j'ai une confiance aveugle, c'est cité dans la foi !

Et dans l'Amour de l'autre !

Le Savoir étend de plus en plus et de mieux en mieux la connaissance du réel.

Il devrait améliorer l'existence pour un monde meilleur.

Mais le savoir qui fait l'être humain est dominé par ce dernier qui manipule parfois le savoir.

Comme pour l'atome ! Pour le mieux. Pour traiter des cancers, par exemple.

Pour le pire ! La bombe atomique et la Seconde Guerre mondiale, et l'armistice avec le Japon.

Mais, avec le temps, et après jugement, quelle solution était la meilleure ? Continuer la guerre ou la faire arrêter ? Fallait-il privilégier la qualité de la mort infligée ou la quantité des morts à venir ?

Les morts innombrables des batailles n'ont plus la possibilité de s'exprimer et les survivants ont sûrement, pour la majorité et des deux côtés, préféré l'arrêt des hostilités.

La vie est une école où les leçons se paient cher !

Parler du savoir et de sa transmission, c'est aussi transmettre des philosophies, des visions du Monde.

C'est un choix qui détermine les conditions de vie pour chacun, dans une société et dans l'universel.

Dominer la femme, dans certaines formes de Société, a été le fait préhistorique de l'homme qui nourrissait, par la chasse, et reproduisait sa descendance. Et le moment de sa mort était aléatoire, du fait de ses activités.

Pour l'homme, se reproduisait aussi le comportement animal dont il était issu, comme le chef de meute, le plus fort, reproducteur et protecteur.

La femme était soumise par obligation : la femme au foyer.

Ne pas scolariser la femme, début du maintien dans l'ignorance, est, malgré son intelligence, semblable au mâle, une manière de la soustraire à l'évolution, dans une société donnée.

L'alphabétisation des femmes est l'alpha de la révolution pour les amener à l'égalité sociale.

L'oméga sera leur libération, obtenue par elles-mêmes.

Amazones, elles modifieront d'une façon cavalière le comportement des sectaires religieux, entre autres.

Faut-il encore leur mettre le pied à l'étrier !

Comme il est écrit dans l'Apocalypse 1 : 17-18 : « Jésus dit à Jean, je suis l'alpha et l'oméga, le commencement et la fin. »

Biologiquement, la fécondité de la femme est le début et la fin de la vie dans le temps.

Une graine dans une terre infertile ne vivra pas.

De même, une graine « stérile » ne peut mieux.

Comme pour le genre humain.

Le savoir existe-t-il en biologie ?

Certainement, et ce savoir correspond à l'inné.

Il se transmet par les informations portées par chaque cellule qui « sait » ce qu'elle doit faire.

Ce qu'elle doit faire dans un environnement incitateur.

Avec les cellules qui l'entourent. Survivre ou se sacrifier.

Si, par hasard, parmi toutes les mutations, **une** se révèle bénéfique dans l'environnement où elle est apparue, elle se transmettra aux générations suivantes.

D'autres mutations bénéfiques peuvent intervenir.

Savoir fruste et pourtant tellement « intelligent » !

Le savoir biologique connaît l'intérêt de sa survie.

Les oiseaux migrateurs se dirigent grâce à une boussole, située dans le système vestibulaire, avec l'oreille interne qui contient du fer, « une petite bille par cellule », ce qui permet une magnéto-détection, pour se diriger suivant le champ magnétique terrestre.

Et après que des cellules nerveuses traitent les informations géomagnétiques transmises.

L'homme a dû inventer la boussole, lui.

L'oiseau ne perd pas le nord, qui existait avant que l'homme ne le découvre, et le perde parfois.

La division du travail, la coordination et les réactions de défense sont intégrées dans ce savoir.

Pour le plus grand bien de l'organisme biologique qui conditionne celui de l'individu.

Mais, ce savoir s'amplifie par l'**acquis**, ce qui permet, par exemple, aux cellules de défense de se renforcer contre un élément déterminé et contre lequel elle exercera sa répression et son élimination, provoquée !

Biologique ou sociale, c'est de la résilience.

Mais ce savoir disparaît-t-il avec la fin de l'individu ? Il semblerait que ce ne soit pas certain.

Par exemple, l'épigénétique pourrait incorporer du savoir et le transmettre !

Mais aussi, au cours de leur existence, des cellules, les lymphocytes, retournent se ressourcer dans leur lieu de formation, le *homing*, comme la formation continue, dans les professions.

Qui ne progresse pas régresse.

Mais pourquoi les saumons font-ils un voyage jusqu'au lieu de leur naissance pour frayer ? Par les phéromones des larves.

Et les otaries… Est-ce freudien ? Non, c'est biologique.

LA VALEUR DES MOTS

Chaque mot possède une valeur étymologique qui lui confère un sens précis.

Les mots biologiques sont conformes à cette définition.

Les mots des individus sont parfois équivoques, pour celui qui les reçoit.

Le mot, le signifiant, est porteur de sens, de symboles qui sont le signifié.

Mais il s'y ajoute souvent une connotation qui semble imposer un sens différent, qui peut être valorisant ou péjoratif. Cet ajout culturel recèle, le plus souvent, voire toujours, une orientation à visée hégémonique.

Il faut convaincre.

Le terme, en politique, ayant plusieurs sens par lui-même, son but est de devenir l'équivalent d'un logo, caractéristique du mouvement qui l'a incorporé.

Il devient alors une référence et permet sa singularisation.

C'est le but d'une devise.

Demandez à un chômeur ce qu'il pense du travail !

Demandez à une famille, même recomposée, si ce n'est pas une recherche et un accomplissement !

Même les couples homosexuels désirent créer une famille, avec l'adoption par exemple.

Regardez comment réagit une population devant un match sportif international, et vous ressentirez combien le sens de la patrie est ancré.

Mais dites **travail, famille, patrie** et vous serez accusé de pétainisme, avec tout ce que cela implique.

Le signifié devient symbolique.

Séparément, chacun des mots est valorisant ; ensemble ils peuvent être dépréciés.

Il est important de stigmatiser l'omniprésence d'une opinion, pour imposer au public une autre dénomination, au détriment de la valeur réelle du mot transformé intentionnellement par des contempteurs de certaines idées ou de certains groupes sociétaux.

Le politiquement correct dérive de cette optique.

Prenez le mot impérialiste. Utilisé par les Américains vis-à-vis des Soviétiques, par les communistes vis-à-vis des Américains, et aussi par d'autres groupes envers des Etats, il n'a pas la même valeur.

Les mots terroriste et résistant sont attribuées aux mêmes individus, dans des données précises, mais appréciés différemment selon les personnes impliquées, de près ou de loin.

Selon votre culture, surtout si vous n'êtes pas dans l'endroit où se passent les faits, vous devenez des censeurs plus rigoristes.

Loin des yeux, près du cœur.

Les évènements d'Afrique et du Moyen-Orient confirment des positions en inadéquation avec les gens réellement concernés.

La géopolitique de l'émotion est semblable, originellement, aux autres géopolitiques.

Il existe un rapport entre la géographie, la politique des Etats (géopolitique) et la culture propre des individus, différente dans les Etats.

Et tout alors peut s'expliquer selon les conceptions idéologiques de chacun.

Très très succinctement.

Le communisme c'est la mise en commun de tous les biens (collectivisme) et le rejet de la propriété privée.

Le socialisme c'est la propriété collective au nom de l'intérêt général.

Sans ôter la propriété privée.

La théocratie offre aux représentants d'un dieu le pouvoir politique, suivant les principes hérités dudit dieu.

Le nationalisme c'est le sentiment fusionnel avec une nation.

Ce qui implique une affirmation de la puissance nationale.

Le paternalisme et l'angélisme d'Etat.

Le paternalisme ?

Exposé, sans prendre parti.

Michelin crée des logements sociaux, des écoles, un stade pour des ouvriers.

C'est du paternalisme aux yeux de certains.

Pour garder ses ouvriers, donc avec le pouvoir de les salarier au taux qu'il veut.

J'ai vécu à Aubière (Puy-de-Dôme) de 1941 à 1947 et je l'ai entendu.

Il parle de délocaliser ; c'est toujours mal vu, car c'est à son bénéfice, même s'il garde une usine à Clermont.

De toute façon, il est mauvais !

Ce sont de véritables dogmes philosophiques, idéologies virtuelles, qui confortent des a priori vis-à-vis d'autres conceptions.

De même, il est angélique d'aller contre le plus fort, même méritant, même si celui-ci a des arguments qui sont plus proches de la vérité, pour encenser le soi-disant plus faible, même quand il est fautif.

Suite à l'attentat de Maalot (Israël, mai 1974) où des enfants d'une école maternelle ont été tués par des « assassins », un journaliste juif, communiste, a écrit : « faut-il qu'ils soient malheureux pour en être arrivés là » !!!

Seule une idéologie du goulag peut admettre de tels faits.

Cette phrase nous est restée en mémoire depuis sa parution.

Le totalitarisme ou la dictature est une application extrême d'une des conceptions susmentionnées.

Une philosophie, une religion, dirige un groupe qui s'érige en parti.

Le parti se structure avec un chef responsable.

Peu de différence avec un dictateur.

Un seul être dirige ; tout est obéissance.

Ne voir qu'une seule tête, y compris dans les Assemblées.

Et, par soumission, des votes frôlant ou dépassant les 100%!

Mention Très Bien.

Ces philosophies, qui par elles-mêmes peuvent avoir du vrai et du bon, surtout si elles s'intriquent pour en garder le meilleur, ont été dévaluées par des individus qui ont tous un ego surdéveloppé, ce qui entraîne surenchères, despotisme et destructions.

Tout ce qui est extrême est mauvais, d'où un individu converti en vaut deux.

Pour prouver son intégration, il dépassera en orthodoxie ce qui est le normal idéologique.

Ce que nous exprimons en biologie par l'homéostasie, c'est l'équilibre conservé.

En biologie, chaque mot n'a qu'un seul sens, universel pour le vivant.

Le langage humain est équivoque.

A partir des mots transcendés, transfigurés, les maux commencent.

Mort à… ou mort aux… est un appel à l'assassinat, souvent mis en application.

Et les actes peuvent contredire les mots.

Nous sommes pour la paix, disent-ils, et ils brûlent le drapeau de ceux avec qui ils discutent ! Sinon plus…

Même la valeur de la vie d'autrui est déniée, au profit de sa propre existence, qui n'est pas sur terre, mais pour un avenir virtuel qui est payé, pour un paradis qu'on achète, en envoyant une autre vie en enfer.

Quand une philosophie, quelle qu'elle soit, prône une vérité qui métastase, en détruisant, ou abolissant l'existence d'autrui, il est logique d'en déduire que cette philosophie est contraire à la Vie, et que seule une logique où l'Homme sera responsable de la vie d'autrui aura valeur « éthique ».

Pour la notion du bonheur d'autrui, l'appréciation est personnelle aux individus, et, à part la vie matérielle qui doit être assumée dans la société, **le vrai bonheur c'est la liberté d'être soi.**

Mais être soi à côté de la liberté d'autrui, seule restriction obligée.

A titre personnel.

La société impose d'autres restrictions en légalisant un nivellement, une uniformisation de concepts, mais qui peuvent varier avec la transformation des Etats.

Selon leur culture ou leur philosophie.

Vérité ici, mais erreur ailleurs, et évidemment inversement contestées.

Le politiquement correct est-il correct ?

Le politiquement correct est une sincérité du moment, selon des critères et des idéologies fluctuantes.

Oui, certainement, si l'atteinte à la vie d'autrui est éthiquement intolérable, mais certaines morales acceptent la mort de l'autre, et même la revendiquent ! Et, curieusement, le politiquement correct est absent !

Et aussi Amnesty International.

Alors non.

Car il est pour ceux qu'on ne peut blasphémer.

Je ne les citerai pas, ce ne serait pas politiquement correct, et source de problèmes judiciaires. Alors que…

Alors que le politiquement correct les oublie ou les soutient, à mots couverts ! Le nombre, ou la peur introduite par le nombre et sa culture parfois excessive.

Au nom d'idéologies ! Et si ces idéologies s'avéraient incorrectes ?

C'est dans de telles circonstances que la géopolitique montre que les ennemis de nos ennemis, aux raisons mal définies, deviennent des amis.

Non, quand le politiquement correct va à l'encontre de la liberté.

Il censure l'expression.

C'est, ou bien de l'angélisme, au nom d'une certaine philosophie, d'un pacifisme sincère, ou bien de la lâcheté.

La paix c'est bien, Munich 1938, c'était donc une victoire !

Les cons, s'ils savaient (dixit Daladier) ! Si nous avions su !

Cet aparté résume le dilemme qui surgit quand la paix, politiquement correcte, mais délibérément écartée par certains, s'oppose à la riposte naturelle des autres, bien que la paix soit souhaitée par tous les individus, des deux côtés.

Surtout quand le choix des « offensés » semble a priori paisible, mais non pacifique ! Pour pacifier, on ne peut « pas s'y fier » ! A cause d'une charte écrite.

La survie de l'un pose problème, à ceux dont certains critères sont peut-être inavouables.

La prise de conscience est parfois redoutable.

« *Vous aviez à choisir entre la guerre et la honte, vous avez eu les deux.* »

(Winston Churchill en résumé).

De même, Hitler, dans son combat *Mein Kampf* (1925) écrit son aversion pour ceux qu'il nomme les « sous-hommes », handicapés, homosexuels, tsiganes et juifs, ce qui a amené les camps de concentration (Dachau, 21 mars 1933) et la mort qui s'ensuit, une solution finale pour eux.

Et finalement pour lui aussi.

Solution finale, finalisée le 20 janvier 1942 à Wannsee, dans le Reich, la notion de sous-homme étant acquise, d'emblée, en altérant les véritables données scientifiques.

On savait que cela pouvait arriver. Pour leur pseudo-vérité, ici, dans un pays pourtant symbole des connaissances, axe Vienne-Berlin, avant 1933.

Alors que, en 1550, 1551, la controverse de Valladolid confronte l'épiscopat catholique pour savoir si les Amérindiens, anthropophages, ont une âme, ou non. Questionnement ici !

Le concept de sous-homme, par la valeur du mot, inclut un certain nombre de tares attribuées par les nazis.

Dans sa Charte, le Hamas prône la destruction d'Israël. Leur Kampf.

Là, tout le monde le sait.

Mais les gouvernements occultent. « Au culte » de leur angélisme.

Ou de leur aveuglement. Pour, clairement, des raisons… obscures !

Et qu'en sera-t-il dans l'avenir ?

Pour certains, des chrétiens sont « cooptés », avec les juifs.

Les églises, les temples brûlés, comme des synagogues. Des gens tués.

Les réactions sont d'un silence assourdissant, pour des « occis morts ».

Comme pour la médecine prédictive ; il doit en être de même pour les dirigeants et leur implication dans l'avenir d'une société, et des sociétés.

Ils doivent réagir.

Ils devraient être vaccinés.

Comparaison n'est pas raison. C'est un fait.

Mais discuter c'est aussi comparer.

Et l'on peut y adjoindre : qui veut tuer son chien… Pour des enragés.

Ici, tout montre qu'il y a appréciations différentes pour des faits précisément semblables !

L'Histoire et ses corrélations sont insondables !

Et des mots peuvent faire jaillir la lumière, mais aussi des armes.

Pour le biologique où tout est écrit, on devrait pouvoir prévoir.

La médecine prédictive, suite à ce qui est imprimé dans l'ADN, quand on connaîtra, quand on découvrira toutes les implications des gènes associées, on pourra en déduire, compte tenu de **l'environnement** des individus et de leur **comportement** vis-à-vis de la nourriture, d'une écologie bien évaluée... ce qui pourra arriver, et comment s'en prémunir.

Mais nous voudrions aussi confirmer le bon vouloir et la civilité humaine.

Lorsqu'un étranger, qui ne connaît pas la langue d'un pays, y va, les deux premiers mots qu'il apprend sont bonjour et merci.

Cela permet un abord amical.

Sans chichis*, pour la Chine, ce serait malveillant, et la grâce y est mille fois appréciée en Italie...

La face et le sourire sont diversement appréhendés selon les pays : c'est culturel.

Et c'est humain. La grimace étant différemment estimée, comme chez l'animal.

* Chichi = merci en chinois.

LA NUTRITION

Quel que soit le dessein de la vie biologique et des espoirs de l'individu, pour perdurer soi-même, il faut se sustenter.

Le paradigme de la nutrition correspond à tout ce qui conditionne ce mécanisme.

L'intendance suivra (Charles de Gaulle). Par nécessité.

Il inclut le choix des aliments à ingérer, d'où le rôle de la communication.

L'élimination des déchets est une nécessité vitale, l'accumulation étant préjudiciable à tout corps.

La nutrition est la base même de la vie.

Sans nourriture, la mort s'ensuit.

C'est elle qui permet d'exister matériellement.

Platon, dans la *République*, « Le premier et le plus important des besoins est de se procurer de la nourriture ».

Elle s'implique spontanément dans le cursus de l'existence.

Elle crée un besoin à satisfaire.

Même « l'individu le plus bête (sic) a suffisamment d'intelligence pour chercher à se nourrir », comme les bêtes !

Par contre, certains microbes ont trouvé la parade quand le milieu environnant ne peut subvenir à leurs besoins : ils s'enveloppent d'une coque et deviennent une spore.

Si le milieu redevient favorable, ils redeviennent alors un germe avec les capacités anciennes.

Les animaux hibernants se nourrissent au maximum durant leur période active et, en hiver, bien protégés dans un site naturel, ils s'engourdissent, leur température corporelle s'abaisse, leur métabolisme énergétique basal est maintenu par les graisses fabriquées pendant qu'ils se nourrissaient. C'est le cas des marmottes, loirs, hérissons, tortues, grenouilles, lézards, de certains poissons.

Les papillons, par exemple, pondent les œufs au tout début de l'été, qui éclosent en chenille qui forment des chrysalides, qui passent l'hiver au repos et donnent des papillons dès les beaux jours du printemps.

Pour les plantes, celles qui sont dites annuelles meurent, certaines laissant des graines qui germeront au printemps (ex : le coquelicot)

Les plantes vivaces, qui vivent plusieurs années, survivront grâce aux racines souterraines (bulbe).

Les arbres caducs perdent leurs feuilles pour mener une vie ralentie.

L'amidon stocké dans le bois et l'écorce est utilisé en sucre soluble.

Il sert d'antigel pendant le froid.

Les bourgeons hibernent.

Les arbres à feuillage persistant survivent par leurs aiguilles, mais ont toujours besoin d'eau.

Quels sont les types d'aliments nécessaires et obligatoires pour entretenir la vie ?

Nous ne reviendrons pas sur l'oxygène, obligatoire pour la vie. Assimilons-le à une nourriture ! Il est aussi dans l'eau !

Il permet l'obtention de l'énergie nécessaire pour la fabrication des matériaux de la construction cellulaire.

Sauf pour certains microbes anaérobies, pour lesquels l'O^2 est toxique, par exemple.

L'eau est cependant toujours indispensable.

Mais il faut y introduire les protéines, les lipides et les glucides.

Chaque groupe, séparément, ayant un rôle appréciable dans toutes les activités cellulaires, pour une finalité globale de bonne existence du tout qui les renferme, dont ils sont chacun responsables.

La connaissance de tous ces éléments est révélée par la biochimie, discipline scientifique qui étudie les réactions vitales chimiques qui se manifestent dans toutes les cellules.

Les glucides ou sucres sont énergétiques et sont indispensables aux muscles, y compris cardiaque.

Et aussi, avec toutes ces substances formées à partir du Carbone (C), de l'Azote (N), de l'Oxygène (O) et de l'Hydrogène (H), des macroéléments tels le sodium, le magnésium, le calcium, le potassium et le phosphore, le soufre et le chlore évidemment (sel = Na Cl).

Nous devons y inclure des oligoéléments, qui, à l'état de traces, participent aux réactions biochimiques. Ce sont l'iode (thyroïde), le fer (globules rouges), le cobalt, le manganèse, le cuivre, le zinc, le manganèse, le sélénium, le molybdène, le brome et le silicium…

Ces cellules, qui correspondent entre elles, s'entraident dans leurs besoins respectifs. Toutes les substances énumérées ci-dessus sont utilisées dans les voies métaboliques par exemple avec les ribosomes, et par des organites complexes tels les mitochondries dans les cellules humaines, les chloroplastes dans les cellules végétales.

Les substances de base sont répertoriées comme :

Protéines, définies par les acides aminés, les enzymes et les associations avec des glucides et des lipides.

Glucides, les sucres…

Lipides, le gras…

L'ingestion des aliments et la digestion qui en découle dépendent aussi d'enzymes dégradeurs spécifiques.

Ces enzymes sont choisis après reconnaissance, d'où le rôle de la communication, des éléments constitutifs du milieu dans lequel les germes sont plongés. Ils vont alors dégrader à l'extérieur, dans ce milieu environnant, ce qui leur est nécessaire, pour, ensuite, le faire pénétrer à l'intérieur.

Il en est de même pour l'homme qui fait le choix de sa nourriture dans la nature qui l'environne. Et l'ingère par l'intermédiaire du bol alimentaire buccal.

Comme pour les microbes, les enzymes digèrent dans l'estomac, qui est le prolongement du milieu extérieur, pour intégrer, par l'intestin grêle, les aliments ainsi préparés.

Les microbes évoluent dans un milieu extérieur plus ou moins hostile, mais cependant toujours concurrentiel, donc dans l'estomac aussi.

C'est là qu'ils vivent et utilisent les éléments nutritionnels nécessaires.

La phagocytose des germes consiste à capturer et à englober le germe agresseur ou des cellules mortes, grâce à des pseudopodes, avant de les digérer. Tous les êtres vivants font de même. L'anthropophagie existe encore, parfois !

Les hommes sont omnivores. Les porcs aussi !

Cellules, individus et sociétés ont aussi besoin d'éliminer les déchets produits.

C'est un problème d'évacuation qui se complète par la nécessité de les supprimer.

L'homme ingère aussi le milieu extérieur par les poumons, pour l'oxygénation par l'air, et la nourriture par la bouche et le tube digestif qui aboutit à l'anus, pour le rejet des excréments à l'extérieur.

Son corps charnel enveloppe ce milieu externe, ce qui fait que sa digestion est exactement réalisée dans les mêmes conditions que le microbe, avec les mêmes enzymes qui déterminent les produits terminaux.

Les enzymes sont des protéines qui catalysent, accélèrent une réaction biochimique.

Elles possèdent un site actif, complémentaire du substrat qui s'y fixe.

Le substrat est le produit de départ pour l'enzyme qui participe à sa dégradation en éléments, en produits finis plus simples et assimilables.

Chaque enzyme possède une structure associée à sa fonction spécifique.

Leur nom exprime la fonction qui leur est dévolue.

Le suffixe « ase » la détermine.

Les transférases transfèrent un groupement fonctionnel d'une molécule à une autre.

Les hydrolases hydrolysent les liaisons chimiques.

Les ligases lient deux molécules...

Leur action terminée, les enzymes reviennent à l'état initial pour recommencer sur un nouveau substrat.

Il existe un équivalent professionnel, représenté par le film de Chaplin « Les temps modernes », où l'ouvrier répète à l'infini la même action.

Après le repos, il refait les mêmes gestes, pour le même résultat.

Le taylorisme implique une spécialisation pour un rendement optimal.

Mais le plus de ce travail enzymatique cellulaire réside dans un modèle de régulation dudit travail.

L'allostérie, avec l'opéron lactose comme exemple, montre qu'il existe un contrôle concerté de l'expression des gènes, pour l'équilibre de la croissance cellulaire. Le plus économique est préféré.

Pour un germe donné, si le glucose est le produit fini le plus économique, et que, dans le milieu nutritionnel, il y a du glucose et du lactose, les gènes induiront d'abord l'utilisation du glucose.

Le gène qui induit la transformation du lactose est réprimé.

La régulation permet sa mise en activité dès que tout le glucose a été exploité.

Le lactose sera alors métabolisé en glucose et galactose.

Pour effectuer ces choix, il existe donc des gènes de structure qui sont opérateurs d'abord, qui initient l'action de l'enzyme, mais aussi répresseurs pour empêcher cette impulsion si elle ne s'impose pas.

Les résultats de ces travaux ont offert à Jacob, Monod et Lwoff le Prix Nobel en 1965.

Commercialement, des magasins ont des produits en vente à flux tendu, c'est-à-dire qu'ils ne se réapprovisionnent que lorsqu'un produit n'est plus en stock.

C'est le but des supermarchés pour les chalands qui passent, dans le flot de marchandises à vendre.

A la ménagère avisée de choisir.

C'est aussi l'offre, à bas prix, de la nourriture dans les fast food.

Economie de temps, d'énergie, de charges (achat des aliments, cuisson, nettoyage) pour des gens dont l'exercice professionnel est éloigné de leur lieu d'habitation.

Pour détruire les germes pathogènes, il existe des substances analogues à celles qui sont nécessaires à leur vie, mais sans les capacités impliquées par ces substances. Comme des ersatz.

C'est le cas des sulfamides. Ils ressemblent à l'acide paraaminobenzoïque, qui permet au microbe de produire l'acide folique (vitamine B9). C'est comme du, mais ce n'est pas du... (comme le dit la publicité)

Il prend la place de l'APB, bloquant les voies métaboliques, inhibant ainsi la synthèse des bases nucléiques.

Les antibiotiques sont des **analogues inhibiteurs** qui se substituent et empêchent l'activité nécessaire dans un cycle vital donné. Chaque famille d'antibiotiques s'introduit dans une cellule, pour empêcher spécifiquement une fonction de s'accomplir.

Pour l'individu humain, par exemple, le faux sucre est comme un inhibiteur donnant du goût mais sans donner de l'énergie et sans faire monter le taux de glucose dans le sang.

L'estomac et tout le tube digestif contiennent le milieu extérieur.

Pour l'homme et les microbes, le passage des aliments digérés jusqu'à leur stade ultime d'acides aminés permet aux cellules d'incorporer les différents acides aminés choisis, nécessaires à leurs besoins.

Il existe vingt acides aminés différents.

Analogue à l'atome, un acide aminé est la brique qui, assemblée à d'autres briques, semblables ou différentes, permet la construction d'un mur, et de la maison. Le style est différent. Le produit fini aussi.

La communication intervient aussi dans le choix des transporteurs, précis pour chaque acide aminé.

Les déchets biologiques ont une dégradation biologique ultime, avec retour dans la nature et réutilisation par les microbes, ou par des espèces vivantes de la nature des produits déféqués.

Les antibiotiques

Le plus souvent, ils sont d'origine fungique.

Un antibiotique perturbe le métabolisme cellulaire avec un mécanisme déterminé. Certains sont utilisés contre les microbes et des champignons, responsables de maladies.

D'autres peuvent intervenir contre des cellules eucaryotes (cancer) dans la chimiothérapie.

Il faut un minimum de concentration de l'antibiotique dans l'espace infecté pour qu'il soit actif. Et il faut le renouveler pour que cette concentration minimale inhibitrice (CMI) perdure.

Et pour cela, il faut que le germe soit sensible à l'antibiotique présenté.

C'est le rôle de l'antibiogramme qui met le germe trouvé dans une infection en présence de différents antibiotiques, pour voir celui qui est actif, en inhibant la multiplication des germes sensibles par l'absence de colonies.

Les germes dits résistants se manifestent en se multipliant, malgré la présence d'un antibiotique concerné. Les colonies en culture se visualisent sur un gel nutritif.

Selon ses capacités, l'antibiotique est bactériostatique pour les microbes, ce qui correspond à un ralentissement de leur croissance et peut même l'arrêter.

La bactéricidie provoque la mort des germes, parce que la concentration de l'antibiotique actif est importante et parce que la durée d'exposition est longue.

L'association de deux antibiotiques, actifs par deux mécanismes différents sur des germes sensibles, est favorable.

Par contre, il faut savoir que deux familles d'antibiotiques peuvent aussi s'inhiber et bloquer leur pouvoir.

Comme en politique !

Le mécanisme d'action de chaque famille d'antibiotiques est variable.

Certains bloquent la synthèse des parois bactériennes (pénicillines, phosphomycines...)

D'autres interviennent au niveau des synthèses des protéines (tétracyclines, aminosides...)

D'autres désorganisent les membranes des microbes (polymyxines).

Certains empêchent la synthèse des acides nucléiques (quinolones, sulfamides...).

En politique, y a-t-il des équivalences ?

Oui, car les mots ont une action sur ceux qui les entendent. Pour les pour, et pour les contre !

Avec une appréciation différente selon la manière dont ils sont perçus.

Ils sont des analogues inhibiteurs pour calmer et empêcher des manifestations. On crée des comités Théodules, des comités de discussion, et la fièvre peut retomber !

Et aussi des résistances peuvent se créer.

Peu véhiculés, les mots n'ont pas de pouvoir, car trop dilués.

Trop, le *bashing*, le matraquage, n'est pas forcément formateur.

Il en est de même pour les impôts.

Pas assez, le pays ne peut survivre, et trop, l'impôt tue l'impôt, et le pays peut mourir.

Tout ce qui vit est prédateur.

L'homme mange et peut être mangé. Même après la mort.

Il retourne aux déchets par les vers. De la prose, et on le sait !

Et dans les sociétés ? Cherchez et vous trouverez !

Nutrition et langage

Les protéines, incorporées, sont nécessaires à la fabrication des matériaux humains. Mais elles sont bien plus.

L'extraordinaire diversité des organismes vivants, ainsi que le très frappant conservatisme observé dans la transmission héréditaire des caractères au long des générations successives de chaque lignée taxinomique, représente deux aspects faussement contradictoires, mais qui sont en réalité complémentaires, dans le processus d'évolution biologique.

Leur explication commune réside dans les propriétés de macromolécules informationnelles, les sémantides, qui sont manifestées par les copolymères constitutifs des organismes vivants.

Les copolymères sont constitués par plusieurs types différents de monomères, dont l'ordre de succession linéaire est caractéristique pour chacun.

Leur capacité d'emmagasiner une énorme quantité d'informations pour une organisation codée sous forme de particularités structurales justifie parfaitement leur appellation de macromolécules informationnelles.

Les effecteurs concrets de l'organisation métabolique, les protides, sont :

- Les enzymes, effecteurs concrets de la biocatalyse

- Les effecteurs concrets de la compartimentation et du transport spécifique, avec les protides de structure et de transport.

Les monomères constitutifs des protides sont les aminoacides, au nombre de vingt.

Incorporés dans un copolymère en cours de croissance, les aminoacides sont attachés l'un à l'autre par des liaisons peptidiques.

Chaque acide aminé est une brique qui se place pour construire un sous-ensemble qui s'impliquera dans la formation de l'ensemble fonctionnel et morphologique d'un organe et de l'organisme global.

Nutrition et guerres

Pour mater un peuple, il suffit de l'affamer, comme l'a fait l'URSS contre l'Ukraine, le grenier à blé, en 1932-1933, pour la punir de ne pas accepter la socialisation des terres, ordonnée, pour elle, par des communistes, dont certains étaient juifs, ce qui explique, en partie, l'aide d'Ukrainiens lors de l'occupation allemande en 1941, pour l'assassinat des juifs, la Shoah par balles. Comme dans le ravin de Babi Yar qui a été comblé avec des constructions réalisées sur cet ossuaire et commémoré dans la 13e symphonie dite Babi Yar de Chostakovitch (1962), mais jouée en 1982.

Porteur de mémoires, Père Patrick Desbois, Michel Lafon, 2007.

Les sièges ont le même but quand on veut envahir un pays, ou pour se défendre.

A Massada, près de la mer Morte, la résistance juive tente de résister aux Romains.

Cette forteresse tombe, après un siège très long, entre autres, et un assaut. (66-73 après J.C.)

Tous se suicident.

Acte mémoriel qui justifie aussi le comportement actuel des Israéliens. Au même titre que la Shoah.

Dans toutes les guerres, même froides, on tente d'amoindrir les opposants en imposant un blocus.

Pour se défendre, les Russes, pendant la guerre de Napoléon, pratiquent la politique de la terre brûlée.

Le froid et la faim ont eu raison de son armée, qui bat en retraite.

Il en a été de même pendant la Deuxième Guerre mondiale entre le Reich et l'URSS.

Le pays ainsi enfermé doit inventer de nouveaux nutriments.

Des ersatz.

Pour tenter de se ravitailler, surtout en armes, il peut se créer des tunnels. A condition d'avoir des pays amis contigus.

Biologiquement, pour priver d'air des germes avides d'oxygène comme le bacille tuberculeux (BK), il se forme une barrière, avec des cellules qui enveloppent la lésion infectée, privant d'air les bacilles.

On en voit la trace sous forme de tache à la radiographie.

La médecine prive d'air la région du poumon atteint par un pneumothorax, dans la région atteinte, pour en bloquer la respiration.

Dans les cancers, les cellules tumorales se nourrissent « âprement ».

Les chirurgiens ligaturent les vaisseaux nourriciers, comme un blocus, pour éviter que se forment des néo-vaisseaux, des tunnels, créés par nécessité.

Les herbivores et la symbiose

Nous prendrons pour exemple le rôle des microbes chez les ruminants.

La vache se nourrit de végétaux.

Elle passe une grande partie de son temps à brouter l'herbe (8 h) qu'elle coupe sans la mâcher, ce qui ne nécessite pas de dents à la partie antérieure du maxillaire supérieur, mais permet l'insalivation (100 litres/jour)

Et son tube digestif comporte quatre estomacs, chacun ayant une fonction précise pour la digestion.

La panse, ou rumen, gros réservoir de 100 à 200 litres selon la taille de l'animal adulte, peut contenir jusqu'à 50 kilos de fourrage ou d'herbe.

Sa panse pleine, elle se couche (on ne sait à quoi elle pense) mais elle rumine.

C'est le véritable début de la digestion bactérienne, car il n'y a pas d'enzymes digestifs, mais là se fait une fermentation.

De cette chambre d'incubation, l'herbe retourne dans la bouche qui la mâche pour en faire une bouillie.

L'herbe est un complexe polysaccharidique insoluble de cellulose. Cette bouillie va dans le deuxième estomac, le feuillet.

Les germes anaérobies, cellulolytiques, qui vivent à l'abri de l'oxygène, font fermenter la bouillie avec formation de gaz (anhydride carbonique CO^2, et méthane), évacués par l'éructation…

Les acides gras absorbés traversent la paroi de la panse et gagnent la circulation.

Dans les deux derniers estomacs, dont la caillette, dans un milieu acide, se trouvent des enzymes digestifs, des protéases, qui tuent et digèrent les milliards de germes, dont les composés azotés (protéines) et les vitamines sont libérés et absorbés.

Les protéines des microbes tués permettent la vie de l'animal, l'accroissement de son volume musculaire, la fabrication du lait…

La digestion dure environ trois jours.

La symbiose existe aussi dans le biome stomacal de l'homme avec des microbes spécifiques chez chaque individu.

Cette existence où chacun trouve son compte, l'animal et les microbes, chacun ne pouvant vivre sans l'autre, s'appelle la symbiose. C'est aussi de la commensalité, chacun se « rassasiant » à la même table !

Même si, à la fin, chacun meurt.

La commensalité politique, ce sont les associations, avec des ouvertures paraissant de l'intelligence politique !

Mais tous, les extrêmes compris, participent au même festin.

Le microbe pour le profit du ruminant, et le ruminant au profit d'un prédateur, animal carnassier, lion, tigre, homme, qui vont nourrir les vers in fine !

L'homme primitif n'a évolué qu'avec la culture, celle-ci étant prise dans tous les sens du terme. Les cultures ont fixé le nomadisme, dans tous les sens du mot ! Il en est de même de nos jours.

ASPECTS FONCTIONNELS DE DÉFENSE, DE RÉGULATION ET D'INTÉGRATION DE L'ORGANISME

Comme dans l'ordre social, la division du travail est fondamentale pour la survie d'un organisme.

C'est le pourquoi du rappel succinct des systèmes biologiques.

L'intelligence économique, au service de l'entreprise

C'est un problème de société.

C'est une stratégie qui consiste à réunir les moyens et outils possédés par un organisme pour structurer efficacement réseaux et compétences, afin d'optimiser les résultats désirés, avec un minimum d'énergie dépensée.

Les communications, rapidement transmises pour une réaction adaptée, permettent une efficacité maximale.

L'ordre économique est ici compris comme une finalité, un dessein.

Le dessein est la communication, la nutrition et la pérennisation.

Chez les animaux supérieurs, l'intégrité de l'organisme, la régulation des fonctions vitales et leur coordination sont assurées par trois systèmes : immunitaire, endocrinien et nerveux.

Chacun des trois systèmes a une importance, mais certains sont plus « étoffés » que d'autres.

La protection de l'intégrité est réalisée par un impressionnant réseau de défense nerveux et immunitaire, et l'histologie et la physiologie sont des filtres protecteurs actifs.

Nutrition et sexualité nécessitent moins de services.

L'Homme physique et l'Homme social, même combat.

Le système nerveux

Le système nerveux est responsable de la coordination des actions avec l'environnement extérieur et de la communication entre les différentes parties du corps. Il gère les informations sensorielles, coordonne les mouvements musculaires, régule le fonctionnement des autres organes.

Enfin il est aussi le siège cognitif pour les animaux dotés d'un cerveau reptilien, dit limbique. Le système limbique est composé d'un groupe de structures, dont l'hippocampe, groupe qui supporte l'émotionnel, c'est-à-dire le plaisir, la peur, d'où l'agressivité, et intervient dans la mémoire.

Toute la vie sociale est basée sur la nécessité de se réunir. L'agora, les fêtes, quelle qu'en soit l'origine, les cafés… L'amour, l'amour maternel. Et peut-être aussi la cruauté, qui abolit la compassion !

Les politiques utilisent les motifs de l'émotif, pour commémorer les évènements rassembleurs, faisant du racolage compassionnel.

L'homme social, à son corps dépendant.

Le système nerveux est composé de cellules hautement spécialisées appelées neurones ayant la capacité de véhiculer le signal électrochimique. Les neurones sont connectés entre eux, formant des réseaux complexes qui permettent de traiter de multiples informations. Chez les organismes supérieurs, on distingue les systèmes nerveux central et périphérique. Le système nerveux central comprend le cerveau, le tronc cérébral, le cervelet et la moelle épinière.

Le cerveau est l'organe central du système nerveux ; il a un rôle de réception, de traitement, d'intégration et d'émission des messages. Il est aussi le centre de la réflexion. Quant au tronc cérébral, il fait la jonction entre le cerveau, le cervelet et la moelle épinière. Le cervelet exerce les fonctions de maintien de la posture, de l'équilibre, la coordination des mouvements. La moelle épinière a un rôle dans la transmission des messages nerveux entre le cerveau et le reste du corps. Elle assure aussi une fonction propre d'intégration et d'émission de signaux dans les réflexes. Le système nerveux périphérique est constitué de nerfs sensitifs et moteurs issus de la moelle épinière. Enfin à côté du système nerveux central et périphérique, il faut ajouter le système nerveux autonome qui gère les fonctions de régulation de manière automatique et involontaire ; il est formé de systèmes ortho et parasympathiques qui sont antagonistes au niveau de la réponse d'organes cibles dont il assure le fonctionnement : la respiration, la pression artérielle, la thermo-régulation, la digestion mais aussi dans une moindre mesure l'excrétion et la résistance aux stress.

La moelle épinière est le prolongement du cerveau.

Elle part du bulbe rachidien et se faufile dans toutes les vertèbres par le trou de conjugaison : le canal médullaire.

Les nerfs spinaux (31 paires) émergent de la moelle épinière par un foramen intervertébral et sont formés de deux racines, l'une sensitive (dorsale) et l'autre motrice (ventrale).

Ces nerfs transmettent les ordres aux muscles moteurs.

Ils transmettent les informations sensorielles au cerveau.

Ils sont accompagnés de fibres nerveuses végétatives qui innervent le milieu intérieur, les viscères, les glandes.

Et toutes les fibres musculaires lisses qui sont le siège de contractions spontanées, régulées par des stimuli nerveux, hormonaux… retransmettent la sensibilité viscérale au cerveau.

Le système neurovégétatif est involontaire, contribuant à l'homéostasie.

Le cerveau est la pensée, la sagesse, et aussi la connaissance.

Le cerveau possède des qualités qui devaient être, soi-disant, transmises par l'anthropophagie.

L'analogie avec la vie sociale est flagrante : sans direction régulatrice et impulsive, la vie sociale meurt !

Le cerveau

Il est la vie.

Il est l'ADN de la communication pensée sociale.

Il est associé aux pulsions biologiques, les restreint, si possible.

Ou les amplifie.

Le Cœur bat mais l'électroencéphalogramme est plat !

Son énergie lui est fournie par les perfusions qui l'alimentent.

Le cœur bat car il est myogénique et s'excite lui-même.

C'est un ensemble de cellules, appelé nœud sinusal, qui commande lui-même le rythme cardiaque.

Le nœud de Keith et Flack est formé de cellules autorythmiques avec une membrane hyperpolarisée qui se dépolarise lentement, créant la perméabilisation des canaux ioniques.

Le cœur bat, mais on est mort. Socialement parlant.

Sauf pour l'Histoire : on prolonge ceux qui permettent de maintenir une unité.

Le général Franco en Espagne, pour permettre la venue du roi.

Des comateux familiaux, prolongés par amour, et qui retardent d'autant, nous semble-t-il, départ !

Le système nerveux central influe, quand il en est capable, pour moduler le rythme cardiaque.

Les hormones du système sympathique (adrénergique ou thyroïdien) favorisent l'augmentation du débit sanguin ou stimulent l'accélération du muscle cardiaque, son excitation et sa contractibilité.

Un cerveau totalement inerte ne peut plus intervenir dans la pensée, donc dans l'action.

Et on est mort quand on ne peut plus faire réagir le corps, car le mouvement créé est la vie.

Un homme a ainsi pu faire écrire un livre en clignant les paupières !

Un muet communique autrement que par la parole.

Quand la communication existe, elle s'exprime toujours par un moyen ou par un autre.

Elle permet la vie intérieure du corps et les relations avec le monde extérieur.

Sans aucune communication possible, c'est l'immobilité, puis l'ordre absolu pour un organisme.

En raisonnement thermodynamique, le désordre c'est la vie.

Le fait de pouvoir bouger un des éléments de notre corps, réponse provoquée ou non, prouve que la vie existe.

Le cerveau qui travaille en est la suprême preuve. On nourrit le corps par des perfusions mais on est mort.

Un état végétatif persistant, suite à un suicide, un accident… et c'est le coma !

Il y a des gens dans le coma dont le cerveau continue à s'agiter, à cogiter.

L'électroencéphalogramme le prouve.

Et alors, en reprenant vie, des pseudo-comateux disent ce qu'ils ont entendu, alors qu'ils ne pouvaient pas répondre ! Les affres de savoir qu'on allait les débrancher ! ! !

En sortant du coma, la vie reprend ses droits !

Bauby, malgré son *locked in syndrom (Le scaphandre et le papillon)* Robert Laffont 1997

Le système immunitaire

Le système immunitaire assure la défense contre les agents pathogènes et l'intégrité de l'organisme par l'intermédiaire des effecteurs solubles et cellulaires dont, principalement, des cytokines telles que les interférons (alpha, bêta, gamma), les interleukines (une bonne vingtaine), des anticorps spécifiques, des effecteurs cellulaires : les cellules K, NK, NKT (système de défense innée, immédiate, non spécifique), les cellules cytolytiques CD8+, mais aussi les cellules CD4+ inhibitrices (défense adaptative, spécifique et à mémoire, nécessitant un délai de préparation, d'apprentissage à travers une première rencontre, une vaccination par exemple.

Le thymus

Avec la moelle osseuse, à l'origine des lymphocytes B, il fait partie des organes lymphoïdes primaires, produisant les lymphocytes T.

Le thymus est un organe bilobé dont chaque lobe est formé de lobules séparés. Chaque lobule contient, dans son cortex externe dense, des thymocytes relativement immatures, qui prolifèrent activement.

Les thymocytes médullaires sont plus matures.

Les réponses immunitaires cellulaires et humorales se font dans la rate, qui répond aux antigènes apportés par le sang, les ganglions lymphatiques, pour les lymphocytes tueurs, qui vont s'y ressourcer comme la formation continue sociale, et dans les amygdales, dans les tissus dans les poumons, au niveau uro-génital, dans les plaques de Peyer, qui sont des nodules lymphoïdes de l'iléon, terminaison de l'intestin grêle, sensibles aux antigènes qui ont traversé les barrières muqueuses.

On comprend le rôle protecteur des polices de proximité, qui connaissent les habitants du lieu. Et qui sont disséminées dans tout l'espace d'un pays, surtout dans les régions sensibles.

La rate

Spleen en anglais ! ! ! Et mauvaise humeur !

C'est un organe secondaire dans la défense immune, cependant l'organe lymphoïde le plus grand.

Elle stocke les érythrocytes et les monocytes dans la pulpe rouge, et fabrique des lymphocytes T et B dans la pulpe blanche, pour intervenir lors des infections, avec des macrophages entre autres. Comme la moelle osseuse.

Elle est un cimetière pour les globules rouges, les cellules vieillies, les microbes, les virus…

Le système endocrinien

Le système endocrinien fonctionne au moyen des messagers qui sont principalement des hormones véhiculées par le sang et exerçant une action spécifique sur les organes. Les messagers hormonaux assurent ainsi la régulation de nombreux processus biologiques dont la croissance, la reproduction, le métabolisme, la pression artérielle, la glycémie et l'équilibre des fluides. Le système endocrinien est composé d'un réseau de glandes réparties dans tout le corps et qui sont : l'hypothalamus, l'hypophyse, les glandes thyroïdes, parathyroïdes, le pancréas, les glandes surrénales et les gonades (ovaires et testicules).

L'hypothalamus

La fonction principale de l'hypothalamus est d'assurer la liaison entre le système nerveux et le système endocrinien par l'intermédiaire de l'hypophyse. Il est responsable des processus métaboliques et contrôle les fonctions corporelles telles que la reproduction, la thermo-régulation, le rythme circadien, les comportements motivés et de défense, la faim, principalement… Il est le centre intégrateur du corps, intègre des stimuli périphériques hormonaux et nerveux et réagit en conséquence par la sécrétion des hormones hypothalamiques telles que la dopamine, la somatolibérine, la somatostatine, TRH ou hormone thyréothrope, la vasopressine, l'ocytocine, l'endorphine. La réponse de l'hypothalamus s'exerce à travers de nombreuses structures cérébrales impliquant la mémoire, la motivation, la planification, la prise de décision, l'apprentissage, le contrôle moteur, l'appétit, l'alimentation et la faim.

L'hypophyse

L'hypophyse ou glande pituitaire est logée dans la fosse hypophysaire. Elle produit des hormones qui gèrent une large gamme de fonctions corporelles et aussi des hormones qui stimulent les autres glandes endocrines. Elle est divisée en deux lobes, l'anté-hypophyse et la post-hypophyse.

L'anté-hypophyse sécrète les hormones suivantes :

- hormone de croissance (GH),
- prolactine,
- hormone folliculo-stimulante (FSH),
- hormone lutéinisante (LH),
- thyréostimuline (TSH),
- hormone adréocorticotrope (ACTH),
- mélano-stimuline (MSH),
- endorphine.

La post-hypophyse est en fait une projection de l'hypothalamus et ne produit pas ses propres hormones, mais libère les neuro-hormones de l'hypothalamus (vasopressine, ocytocine).

La thyroïde

La thyroïde est une glande endocrine cervicale régulant de nombreux systèmes par l'intermédiaire de la sécrétion de la triodothyroxine (T3), de la thyroxine (T4) et de la calcitonine. La production de ces hormones est contrôlée par la thyréostimuline (TSH= *thyroid-stimulating hormone*) de l'hypophyse. La majeure partie de la production de T3 est obtenue par conversion de T4 au niveau du foie et de l'intestin. Quant à la calcitonine, elle intervient dans le métabolisme du calcium.

Dans l'hypothyroïdie, les symptômes sont : fatigue, difficultés de concentration, troubles de mémoire, frilosité, myxoedème, prise de poids, perte de cheveux, cheveux cassants, crampes musculaires, fourmillement ou engourdissement des extrémités, dépression, insomnies, constipation. L'hyperthyroïdie a comme symptômes : tachycardie, syndrome polyuro-polydipsique (on boit et urine en grande quantité), amaigrissement, diarrhée, flatulences, tremblement, agitation, trouble de l'humeur, de sommeil, hypersudation, hyperthermie, thermophobie, douleurs musculaires, ostéoporose.

Les parathyroïdes

Elles sont au nombre de quatre et sécrètent la parathormone (PTH) favorisant la régulation des taux de calcium et de phosphore dans le sang.

Le système reproducteur

Les gonades

- Les ovaires ou gonades femelles sécrètent des hormones sexuelles en plus des ovules. Ce sont l'œstrogène, la progestérone et une petite quantité de testostérone. Cette sécrétion est contrôlée par les hormones LH et FSH hypophysaires.

- Les testicules, gonades mâles, sécrètent, à côté des spermatozoïdes, les hormones mâles, principalement la testostérone. Cette sécrétion est régulée par les gonadostimulines LH et FSH hypophysaires comme c'est le cas pour les ovaires.

La reproduction

C'est la création d'êtres vivants semblables à ceux qui les produisent.

Cette procréation provient de la fusion d'un spermatozoïde mâle et d'un ovule femelle.

L'évolution du fœtus correspond à une vie intra-utérine, maternelle, jusqu'à l'accouchement, pour donner naissance à l'enfant.

Dès ce jour, la mère est irremplaçable !

Les émonctoires

Foie, reins, vessie, poumons, pores de la peau, anus…

Les reins

En réglant la répartition de l'eau dans le corps, ils règlent l'équilibre acido-basique.

Ils sont le filtre osmotique.

Ils sont les épurateurs des déchets azotés (urine), des toxines.

Ils participent au maintien de l'homéostasie.

Les glandes surrénales

Elles sont situées au-dessus des reins et sont responsables de la gestion des situations de stress, rôle assuré par l'intermédiaire de la production des corticoïdes et des catécholamines. Elles sont responsables aussi de l'homéostasie hydrosodée par l'intermédiaire de l'aldostérone. La glande elle-même comporte deux structures : la médullo-surrénale et la cortico-surrénale.

La médullo-surrénale produit les catécholamines (adrénaline et noradrénaline) lors des émotions fortes, il y a libération massive d'adrénaline ; c'est la réaction de stress pour faire face au danger. La cortico-surrénale sécrète des stéroïdes dont les glucocorticoïdes (cortisol), les minéralocorticoïdes (aldostérone régulant l'osmolarité), les androgènes (testostérones). La sécrétion du cortisol et des androgènes est sous le contrôle de l'ACTH de l'axe hypothalamo-hypophysaire.

Le système digestif

L'estomac

C'est une poche musculeuse. Toute la nourriture ingérée, insalivée durant la mastication par la bouche est emmagasinée. Constamment brassée avec les sucs et les enzymes digestifs, dans un milieu acide, le bol alimentaire est digéré avant de passer dans l'intestin grêle.

Il existe un microbiote intestinal, avec une diversité microbienne et des germes habituels, dominants chez tous les individus, et d'autres propres à chacun. Ils interviennent dans la défense immunitaire et dans sa maturation. (formation de vitamine K...)

Ils maintiennent l'intégrité contre les autres microbes. Et d'évidence, l'action de substances qui modifient les rapports quantitatif (antibiotiques) et qualitatif peut influer sur l'apparition de pathologies.

Vous faire ça à l'estomac ! Il faut en avoir, être audacieux, pour écrire cet essai. Et aussi avoir un nœud dans l'estomac à cause de l'angoisse.

Pour qu'il ne soit pas dans les talons, sa diffusion ne couvrira pas nos besoins.

Mais je ne vomirai pas mes contradicteurs !

La nutrition est le besoin fondamental naturel de survie.

La « faim » justifie les moyens, une fin en soi justifiée. Il faut bien vivre.

Et est-ce vivre quand on n'a pas les moyens ? Ce n'est pas une vie, dit-on.

L'entrée des aliments se fait par la bouche. Ils passent dans le tube digestif, l'œsophage, ce qui permet un cheminement par des contractions réflexes jusqu'à l'estomac.

Grande poche, tapissée par une muqueuse qui sécrète de l'acide chlorhydrique, capable de liquéfier les nutriments ingérés, mais protégée elle-même de cet acide par du mucus (pouvoir et contre-pouvoir).

La bouche, elle, elle est la porte d'entrée de l'appartement qu'est le corps.

Elle en est l'antichambre, qui vous fait saliver, le boudoir aussi, pour vous faire rêver, l'apéritif avant l'estomac qui devient salle à manger.

L'anus est la porte de sortie des déchets, l'escalier de service, à l'arrière.

Non acceptée, c'est une « entrée de sévices » pour l'empalement ou la sodomie !

Le pancréas

Le pancréas est annexé au tube digestif ; c'est une glande à la fois endocrine (produits diffusés dans le sang) et exocrine (produits excrétés dans un canal). Le pancréas endocrine produit l'insuline (hormone hypoglycémiante) et le glucagon (hormone hyperglycémiante), la somatostatine qui fait contracter la vésicule biliaire, augmente la mobilité intestinale, inhibe la sécrétion de l'insuline et du glucagon et le polypeptide pancréatique. Le pancréas exocrine sécrète les enzymes pancréatiques, trypsine, chymotrypsine, carboxypeptidase, ribonucléases, lipases, amylases mais aussi le bicarbonate de sodium neutralisant l'acidité du chyme stomacal.

Les cellules du pancréas absorbent le glucose circulant et en mesurent la concentration sanguine.

Le foie

C'est un volumineux organe viscéral doté d'épatantes fonctions hépatiques !

Cette glande a un rôle multifonctionnel qui est impressionnant grâce à ses deux lobes qui sont irrigués chacun de la même façon.

Le lobe droit reçoit la branche droite de la veine porte et de l'artère hépatique, l'hémi-foie gauche les deux autres branches gauches. Cette dualité permet l'arrivée de tout ce qui doit être éliminé, mais aussi de ce qui doit être sauvegardé.

Sa fonction de glande endocrine permet le contrôle de la composition du sang.

Sa fonction exocrine consiste à sécréter la bile.

Pour cela il contient de très nombreux capillaires où se situent les hépatocytes, cellules du foie.

Le foie est le premier et principal organe qui se régénère rapidement (intervention d'Abidal, footballeur).

La vésicule biliaire

Centre de recueil de la bile.

Sécrétée par le foie, elle émulsionne les graisses pour faciliter l'action des sucs pancréatiques.

Les poumons

Pour ne pas manquer d'air ni d'oxygène.

L'air pénètre par les narines et par la bouche, traverse le pharynx, la trachée.

Le cœur

Muscle creux strié, lisse.

C'est mécaniquement une pompe qui distribue le sang veineux dans les poumons, par le ventricule droit, et le fait revenir avec les globules rouges oxygénés dans l'oreillette gauche.

Ce sang régénéré, partant du ventricule gauche par l'aorte, est distribué comme sang artériel dans tous les tissus du corps, pour revenir, chargé de déchets du métabolisme cellulaire, dans l'oreillette droite.

Il va alors se retrouver dans le ventricule droit pour une nouvelle révolution.

Mais le cœur s'accélère pour activer la circulation dans les efforts physiques et les émotions. Il se repose aussi.

C'est pourquoi il lui est attribué des qualités représentatives de bonté.

Avoir bon cœur, et le cœur sur la main…

Parfois être sans cœur !

Le cœur bat plus fort dans l'orgasme !

Le cœur ne bat plus : c'est la mort.

Le cœur est donc force et puissance.

Ce furent les raisons de l'**anthropophagie** de cet organe.

Avec le cerveau, manger les deux, **c'est assimiler pour acquérir ces qualités.**

C'est maintenant le support littéraire du siège des sentiments et des émotions…

Qui le font battre plus fort, physiologiquement.

Et trop fort parfois, pour en mourir.

Le cœur ne vit plus : on est mort, mais les ongles et les cheveux continuent de pousser.

La peau, le visage et la bouche

La peau et le visage sont les premiers éléments découverts, des deux façons, par les individus.

Selon des critères de beauté qui sont sociologiques, la couleur, la forme, le sourire et les dents, le visage et la bouche sont le résumé des trois nécessités vitales.

L'olfaction joue un rôle important pour l'amour, par les parfums et phéromones, mais aussi pour les odeurs avant de manger.

La bouche est le premier stade pour la nourriture terrestre.

Mais aussi pour la communication, mimiques et langage, et pour aimer !

La bouche est le premier passage par l'ingestion des aliments.

Le goût se révèle pour la dégustation par les papilles linguales.

Les dents servent à la mastication, broyant et dilacérant tous les aliments.

Manger lentement permet une insalivation, avantageuse avant la déglutition.

Le système lymphatique

L'eau baigne tout le corps.

Elle est soit intracellulaire, soit extracellulaire, et le liquide interstitiel extracellulaire est la lymphe.

Elle charrie les déchets, en même temps que des cellules immunitaires.

Elle transporte des hormones, des enzymes, du glucose...

Elle transfère les graisses, après digestion, pour les distribuer aux cellules et au foie.

Elle est véhiculée à travers des vaisseaux, pour aboutir à la grande veine lymphatique, à droite, et au canal thoracique, à gauche.

La lymphe a pour fonction primordiale le maintien de l'homéostasie des liquides, l'eau du sang, des cellules...

Mais elle intervient aussi dans la défense immune.

Macrophages, cellules lymphocytaires B, formatrices d'anticorps, et T, tueuses, et d'autres de la lignée blanche.

Les ganglions, petits nœuds, servent à produire des lymphocytes, à les recycler, centre de formation continue ou *homing*. A partir de la filtration de la lymphe.

Et les os

Ils forment la charpente qui soutient le corps des vertébrés. C'est le squelette. Les os s'articulent entre eux, ce qui permet le mouvement. Ils sont associés et reliés aux muscles par des tendons.

Ils permettent d'avancer, et de prendre. L'épine dorsale, colonne vertébrale, est articulée à la base du crâne, reliée aux membres supérieurs et repose sur le bassin. Elle est composée de vertèbres, adaptées par leur forme aux nécessités fonctionnelles selon leur position. Chaque vertèbre possède un orifice central, le trou de conjugaison, relié à la vertèbre suivante. **La moelle épinière y conduit l'ensemble des nerfs** qui, entre chaque vertèbre, en sortent pour innerver un ensemble bien répertorié. Le sacrum se termine par le coccyx, formé de la fusion de deux vertèbres, ancêtres d'une queue existant au stade embryonnaire et qui disparaît par apoptose.

Ne pas oublier évidemment les membres supérieurs, pour avoir des coudées franches, et les genoux et les pieds, pour des appels prodromiques de l'amour, et vous y conduire.

Mais aussi, il faut rappeler que **la moelle osseuse**, elle, entretient des cellules souches hématopoïétiques, qui forment des globules rouges, blancs, des plaquettes… pour vous défendre.

Sans les os, les corps ne pourraient survivre.

La société survit grâce à tout ce qui la soutient.

Le fait d'être ensemble, réunis par des corps constitués, c'est la vie sociale qui perdure.

L'enterrement est un acte premier reconnu de la vie sociale, avec les monuments et tout ce qui lie les sociétés qui évoluent par les souvenirs

Les noms des mutins, courageux avant, mais fusillés en 1917, et que leurs descendants veulent voir inscrits sur les monuments aux morts pour la France. Fusillés, pour l'exemple, pacifistes avant l'heure, pour avoir vu des frères ennemis mourir comme les leurs.

Les résistants et les autres, et les déportés, morts ou revenus.

Les libérateurs, venus d'ailleurs, conscients de leur propre liberté, pour la réintroduire pour autrui.

Et Liberté, Egalité, Fraternité sur le fronton des bâtiments.

L'Histoire qui permet de prendre et d'avancer.

Tout ceci forme l'ossature d'un peuple.

La mort est l'équilibre parfait, c'est l'ordre immobile

Le cerveau biologique commande la pensée et intervient dans le mouvement.

Il sert de support social dans la direction des individus.

Dire le cerveau veut dire le commanditaire, l'âme d'une organisation.

Et la vie sociale est organisée comme le cerveau biologique.

Le gouvernement d'un Etat commande, dirige et réagit aux réactions des citoyens, ou des sujets !

Ce que l'on appelle le cerveau reptilien correspond aux structures primitives du cerveau, le bulbe et le mésencéphale, qui supportent l'instinct et les réflexes innés.

Les gouvernements doivent réagir aux comportements des individus pour qui la faim et les qualités de l'existence sont des nécessités.

Les réactions d'un organisme pour apaiser la faim sont évidemment la recherche de la nourriture, par tous les moyens.

Sinon, il faudra puiser dans les réserves jusqu'au dernier reste possible, jusqu'à la mort.

Socialement, même le moins intelligent aura assez de savoir-faire pour se chercher sa subsistance, grâce aux lois en vigueur.

Socialement, on peut maintenir les individus en sujétion en les affamant.

Il est plus difficile de se révolter, le ventre creux, contre ceux qui ont tous les moyens du pouvoir. Surtout la force !

Socialement, il en est de même en donnant à tous le minimum pour les nourrir.

Le minimum vital. Et la vie groupée.

Six personnes pour le travail d'une seule.

Pourquoi moi ? Alors à tour de rôle ! Et ainsi se passe la semaine.

Pas de chômage. La révolte est matée. Et le pouvoir vit heureux.

Jusqu'au jour où le pays, exsangue pour avoir voulu se faire aussi grand que son adversaire idéologique (La Fontaine, « La grenouille qui veut se faire aussi grosse que le bœuf »), une révolte accorde enfin un peu de liberté.

Mais il reste un carcan hérité socialement.

Les anciens d'un pouvoir idéologique peuvent devenir les champions du mode libéral.

Biologiquement, aucune cellule n'est véritablement au repos.

Elle grandit pour faire une action, sociale. Inutile, elle disparaît.

Tous les organes et leurs cellules ont des équivalents sociaux, pour des fonctions analogues.

La souris humanisée

Merci au Docteur Huynh Thien Duc, Chercheur émérite au CNRS, oncologue, pour cet apport.

Le génome de la souris possède 99% de gènes homologues à ceux de l'être humain.

Une différence est caractéristique, entre autres, avec celle de l'immunodéficience humaine.

La souris possède des lymphocytes qui lui sont propres.

Il faut donc créer, par des croisements, des souris stables, mutantes, dépourvues des lymphocytes murins.

Elles deviennent des souris immuno-déficientes.

On enlève l'organe ou les cellules à remplacer.

Pour plus de sûreté, on peut ensuite irradier les sujets.

Ils ne pourront alors plus faire de rejet.

Une cellule souche humaine est alors transplantée.

Quelques semaines après, les cellules humaines se sont différenciées.

Créant l'organe ou les cellules éliminées.

Ensuite, on peut leur créer une maladie et voir si un traitement institué réussit.

Comme si c'était un humain.

À contre-courant de l'idéal moral qui veut qu'on ne fasse pas souffrir, mais c'est encore fondamental de faire de la recherche.

Les cellules seules ne sont pas un organe, et les organes sont tributaires de la totalité de l'individu, pour des réactions à observer. De là découlent les recherches de laboratoire sur les animaux ! Sans vivisection.

L'homme y a eu recours sur l'homme.

Dans les sociétés humaines, le « lavage » de cerveau est analogue au traitement pour faire des souris humanisées.

Il faut instituer une déficience dans la capacité de réfléchir, inhiber le libre arbitre (il existe des médicaments pour cela) puis introduire des connaissances pour l'idéologie choisie, qui s'amplifieront au fur et à mesure qu'elles seront nourries.

On fait disparaître tous les éléments d'une culture en faveur d'une autre.

Les techniques employées, douces ou brutales (qui ne sont pas analysées ici) aboutissent à une situation où le dominé est amené à faire des actes qu'il n'aurait pas faits en toute indépendance.

Les idéologies incitent à des répressions, possibles sur certains des individus soumis, faibles ou désobéissants, mais soumis par la peur de la force, la servilité étant obligatoire.

On obtient ainsi 99,9 % de votes favorables.

Un homme converti affirme plus fermement ses convictions.

Les idéologies philosophiques ou religieuses créent, chez les sympathisants, une autocensure sur les idées contraires à celles qu'ils considèrent comme la vérité.

Elles leur permettent ainsi une apologie d'actes immoraux.

Elles peuvent les inciter à exécuter des actes criminels.

Même des gens intellectuellement responsables, mais formatés, peuvent devenir des assassins (attentat de Londres du 22 mai 2013).

Il est remarquable que les convertis deviennent plus rigoureux dans l'orthodoxie que les orthodoxes eux-mêmes !

Un individu converti en vaut deux. Vous voilà averti !

Donc, de même, pour se prémunir, un Homme averti en vaut deux.

MULTIPLICATION ET PÉRENNISATION, APOPTOSE ET SUICIDE CELLULAIRE

L'apoptose est une mort cellulaire programmée.

Donc, si ce suicide est programmé, par des individus, dans une société, c'est aussi un assassinat.

Pour supprimer les cellules qui empêchent un programme de se réaliser.

Ce n'est pas de l'altruisme, c'est inné, mais cela permet la vie.

Le suffixe ase signifie destructeur ; les caspases sont un groupe de protéases qui ont un rôle essentiel dans les phénomènes inflammatoires, médiateurs de l'activation protéolytique de cytokines inflammatoires, dans la nécrose cellulaire et l'apoptose, avec des enzymes qui contrôlent la vie et la mort cellulaire.

Ces enzymes sont régulées car elles existent sous forme de procaspases, inactives. Si elles sont activées par l'environnement et des stimuli cellulaires, la cascade de réactions enclenchée est irréversible, comme pour le complément.

Pour devenir mâle ou femelle par exemple.

Le suicide est génétiquement programmé, car l'organisation biologique n'accepte pas la coexistence innée de deux contraires.

C'est le résultat d'un pouvoir et d'un contre-pouvoir, activés par le programme.

Ce suicide permet l'émergence et la prééminence de types de cellules dans une société corporelle donnée.

Une cellule qui s'autodétruit, en réponse à un signal déclenché, en fonction de l'environnement.

Ou de son vieillissement, ou d'une dégénérescence.

« *Le moment de la mort à venir… dépend de l'environnement dans lequel se trouvent les cellules. Elle dépend du dialogue entre les cellules à travers le corps en train de se construire. Elle dépend du langage cellulaire.* »

(*La sculpture du vivant,* J.C. Ameisen, Le seuil, 2003).

Si l'apoptose n'existait pas, les cellules seraient immortelles.

Comme le cancer, avec un programme déprogrammé.

Sous contrôle génétique, un programme régule les interactions cellulaires, en réponse aux stimuli de l'environnement.

La vie est toujours un combat

La femme possède les deux chromosomes sexuels XX.

L'homme est XY.

L'ovule féminin ne possède qu'un chromosome : le X

La fécondation lui apportera le second chromosome issu du donneur mâle.

Ce sera X ou Y.

En voici le processus.

Des cellules germinales des tubes séminifères des testicules mâles créent les spermatozoïdes.

Du patrimoine génétique double de l'homme, X Y, la méiose est un type de division cellulaire qui divise par deux le nombre de chromosomes et le réduit à un simple chromosome, cellule haploïde, qui portera, soit le caractère sexuel X, soit le Y.

In vivo, durant la méiose, 25 % de cellules sont supprimées par apoptose, avant d'arriver au stade ultime de spermatozoïde.

Deux semaines en moyenne avant d'arriver à l'éjaculat.

Au moment du coït, le sperme (semence, graine) est expulsé à la vitesse de 18 à 30 kilomètre par heure ! 2 à 500 millions de spermatozoïdes se retrouvent à concourir.

Ils doivent parcourir une distance de dix centimètres en environ deux heures à la vitesse de 15 micromètres seconde pour arriver jusqu'à l'ovule.

La tête du spermatozoïde de 5 microns est entourée de l'acrosome.

C'est pendant ce trajet que les spermatozoïdes subissent une maturation fonctionnelle de l'acrosome, sac d'enzymes qui sont libérées juste avant la fécondation, et qui permettent la pénétration du spermatozoïde à travers la membrane qui entoure l'ovule, favorisant l'intégration **du spermatozoïde, X ou Y**, capable de féconder l'ovocyte.

Le corps du spermatozoïde est un filament de 60 microns environ, qui assure sa mobilité, et ses battements sont également activés pendant la maturation. Le spermatozoïde doit surmonter des obstacles dus aux réactions de défense qui éliminent les plus faibles.

Un ou plusieurs spermatozoïdes sont attirés par des « **phéromones** » hormonales émises près de l'ovule. Un ou plusieurs spermatozoïdes réunis rendent la membrane de l'ovule perméable.

Un seul spermatozoïde cependant pénètrera. Par exception, il y aura deux enfants pour le même ovule, donnant des « vrais » jumeaux monozygotes.

Les faux jumeaux (triplés...) proviennent de plusieurs spermatozoïdes pour plusieurs ovules.

L'œuf qui en résulte est diploïde, un chromosome maternel X plus le chromosome paternel X ou Y.

La détermination du sexe dépend du développement ou non des testicules.

Jusqu'à la 7e semaine de la vie intra-utérine, deux systèmes de canaux coexistent pendant ce stade indifférencié.

Le canal de Muller, qui induira les caractères du sexe féminin, et le canal de Wolff pour le sexe mâle, deux canaux, pairs, qui fusionnent en formant un canal impair. Ils forment une gonade, organe reproducteur qui va produire les glandes mâles que sont les testicules, femelles que sont les ovaires.

Sous l'influence de l'hormone lutéinisante et de l'hormone gonadotrophine chorionique HCG, c'est à ce moment que se forment des cellules glandulaires, dont les cellules de Leydig, qui vont sécréter la testostérone.

La présence du chromosome XY, chez le mâle, détermine le sexe masculin.

Le chromosome XX est spécifiquement féminin.

A la 8e semaine, une différenciation va s'effectuer et, selon le sexe de l'embryon, les canaux de Muller ou de Wolff vont disparaître.

Si l'embryon est mâle, il y aura sécrétion de testostérone et de l'hormone de régression mullérienne, apoptose des cellules qui devaient développer les caractères féminins de l'embryon et, parallèlement, développement des voies génitales mâles.

Si l'embryon est génétiquement femelle, l'absence d'hormone anti-canaux mullériens permet l'évolution vers la féminisation, et l'absence de testostérone fait régresser et disparaître, par apoptose, les canaux de Wolff.

L'évolution ultérieure se fera pour chacun « du genre », suivant les influences hormonales spécifiques.

L'hormone lutéinisante LH, produite par des cellules gonadotropes de l'hypophyse (lobe antérieur) stimule la production de testostérone, chez l'homme (cellules de Leydig).

Par rétroaction (Principe princeps, et pouvoir et contre-pouvoir), la testostérone contrôle la sécrétion hypophysaire de la LH.

Chez la femme, un pic de LH intervient deux jours avant l'ovulation.

Par rétrocontrôle positif de l'œstradiol 17 ß.

L'œstradiol est l'œstrogène sexuel primaire.

Chez la femme, il intervient pour la formation des seins, la croissance de l'utérus…

Pour les lipides du corps féminin, sur la densification osseuse.

Pour le mâle, métabolite actif de la testostérone.

Chez l'homme, le taux dans le sérum est globalement comparable à celui d'une femme ménopausée.

Enfin, chez la femme et l'homme, il y a encore rétroaction dans le cerveau, pour régulariser le taux d'hormones sexuelles.

En conséquence, une partie de ces substances hormonales, en plus chez l'homme, ou en moins chez la femme, pourrait-elle influer sur le comportement des individus, l'inné mal régulé créant une homosexualité ?

Accentuée par l'environnement.

Plus qu'exceptionnelle, la chimère biologique fait qu'un individu possède deux populations de cellules distinctes. Il s'agit de deux œufs qui fusionnent en ne formant qu'un seul individu avec deux génotypes différents, un maternel pour la tête par exemple, et l'autre génotype.

Les jumeaux restent donc attachés. Parfois, si l'un des deux meurt, l'autre peut survivre suite à une délicate et longue intervention, en conservant l'organe unique qu'ils possédaient parfois (le foie par exemple) pour le tronc. Mais ils restent compatibles par « tolérance immunitaire. »

Les jumeaux siamois sont issus d'un même œuf, qui ne s'est pas divisé.

J'ai cité ces deux exceptions pour montrer que la nature, par erreur, peut maintenir des individus viables, mais non dans la durée.

Ainsi, pouvoir et contre-pouvoir sont inclus et liés, dans les possibilités d'existence des cellules. Et partant, du corps.

Il doit en être de même dans la vie familiale, sociale et politique !

Les cancers

Le cancer est décrit comme un crabe par Hippocrate.

Mais plutôt les cancers, après développement, **sont des masses de cellules, tumeurs, qui ont perdu leur capacité d'inhibition de contact cellulaire, d'où l'anarchie, car leur programme est dégradé par mutation…**

Une seule cellule anormale, en se multipliant in situ, **va créer un cancer.**

Freud aurait pu dire que cette cellule veut tuer le père, l'ADN personnel de l'individu, Elle s'autorise une transgression, due à la pression de certains gènes, avec des manifestations fonctionnelles émancipatrices hystériques. Une seule cellule !

A ce moment, est-on encore en bonne santé ou est-on déjà malade ?

C'est la même question que lors de la rencontre du spermatozoïde avec l'ovocyte. Est-ce déjà un être humain ou seulement une ébauche ?

Le suicide social, et les sacrifices

Le choix de vivre ou de mourir dépend de l'environnement affectif ou social, pour qui se pose un problème.

Et de l'idéologie dominante qui contraint. Religieuse ou politique.

Il en est ainsi pour les sacrifices.

Le sacrifice est l'équivalent de l'apoptose.

C'est une offrande qui élimine une identité, car elle représente toute une population, pour le bien, la survie et les faveurs demandées à celui à qui ce sacrifice est offert.

Socialement, savoir comment est choisi le sacrifié, et se demander si c'est un acte d'altérité.

Au niveau anthropomorphique, l'Homme se choisit un chef de meute.

Il y en a toujours un, même dans l'anarchie qui doit être dirigée !

Mais ce chef, physique, n'a pas tous les pouvoirs.

Les éléments extérieurs, la mort reçue, sont indépendants de sa volonté.

Il est nécessaire de conjurer ces événements dont le pouvoir est aux mains d'Êtres supérieurs, et de leur demander des faveurs.

Pour les anciens, ce sont les dieux. A comportements humains !

Hommes, femmes, avec tous les sentiments et travers.

Les cadeaux sont à l'image de leurs besoins.

La mythologie est très représentative.

Le désir de connaître l'avenir est dans le sacrifice d'animaux pour le lire dans les viscères. Cette recherche est, de nos jours, confirmée par les cartes, que le demandeur coupe pour bien la personnaliser, et pour lire son avenir.

Les lignes de la main et les horoscopes perpétuent cette recherche pour savoir de quoi demain sera fait.

Vous voyez ce que je veux exprimer ! Le désir aussi de se déresponsabiliser y est inclus, puisque c'était écrit !

Les Incas jetaient des vierges et des mâles impubères dans des puits.

Les dieux et déesses feront leur choix.

Le monothéisme est sous la domination d'un Dieu, créateur du monde.

Pour contrôler sa soumission, D. demande à Abraham de sacrifier son fils aîné Isaac, mais un ange détourne son bras, pour lui offrir un bélier de substitution.

Le rite païen disparaît, au profit d'un autre, homologue !

Le christianisme va plus loin, et le sacrifice du Christ, Dieu fait Homme, se perpétue avec l'Eglise qui offre l'hostie (du pain azyme) comme le corps, et le vin, le sang du fils de Dieu. Le sang n'est plus répandu.

Les musulmans, pour la fête de l'Aïd El-kébir, sacrifient le mouton, en souvenir du même Ibrahim qui doit tuer son fils Ismaël.

Les viandes casher et hallal maintiennent aussi cette notion de sacrifice, offrande rituelle à Dieu et qui nous convie au banquet puisque nous les mangeons.

Mais on doit y ajouter tous ceux sacrifiés au nom d'une idéologie représentée par un individu, en offrande à celui-ci.

Il y a eu de nombreux holocaustes jusqu'à ce jour.

Religieux et laïcs sont morts, par leur volonté, contre l'obligation de renier leur foi et leurs opinions.

Suicide contre assassinat.

Pour le même résultat, la mort de l'opposant.

L'héroïsme fait aussi partie du sacrifice.

Pendant les guerres et des événements sociaux, nombre de gens se sont dévoués pour sauver des vies.

Au péril de la leur. Altruisme pensé et récompensé par l'aboutissement de leur sacrifice pour une cause.

Une vie pour sauver le monde !

Tout suicidé est, aussi, un assassiné.

Car il y a toujours une ou plusieurs raisons qui poussent à s'ôter la vie.

Le mal-être à titre personnel, pour une souffrance physique ou affective.

Politiquement, pour aider une idéologie ou pour se punir d'avoir trahi la sienne propre.

L'assassinat politique agit sur quelqu'un ou quelque chose pour ces deux mêmes raisons.

Cela se voit dans les royautés, pour assumer un choix futur, en attendant le décès du titulaire, ou son renversement.

Dans les États totalitaires pour supprimer toute contradiction.

Et dans les démocraties, pour changer les idéologies.

Les révolutions font surgir les nouveaux maîtres.

Celui qui se suicide pour un mal-être, veut aussi accroître le remords, une punition offerte au(x) responsable(s) de son acte.

S'y ajoute, pour lui, une façon de se faire reconnaître. Je l'ai fait pour… et à cause de…

C'est ici que vient s'impliquer une notion du terrorisme.

Car le terroriste qui se suicide a pour but de tuer ostensiblement, pour affirmer la prépondérance de sa croyance et soumettre autrui par la peur, qui peut alors se démettre de son ancienne idéologie.

En réalité, le suicidé est un assassiné, poussé par ses maîtres à penser ! Responsables et coupables.

Les asservis et les convertis sont autrement plus dangereux, boostés par une orthodoxie révélée, pour confirmer ce qu'ils veulent affirmer.

Plus il y aura de morts, plus la diffusion de tels actes sera forte, et plus ils croiront en leur pouvoir.

Le pouvoir de donner la mort, une jouissance suprême de puissance.

De plus, c'est aussi surtout gagner leur paradis, comme ils sont croyants.

Valeur surajoutée.

Pour confirmer aux autres la croyance au paradis idéologique qu'ils prônent.

Avec un égoïsme et la reconnaissance des pusillanimes de « leur bord », qui feront d'eux des martyrs.

Mais il va se créer un contre-pouvoir, localisé, par des gens aux idéaux différents, ayant une force morale et matérielle capable de contrecarrer les hégémonies, qui favorisent les actions suicidaires.

Par contre, il existe des suicidés aux valeurs déjà affirmées, avec, pour aboutissement, l'espoir de favoriser des adhésions à leurs convictions.

Pour que le monde bouge.

Ce n'est pas un acte terroriste mais véritablement et seulement un suicide.

Il ne touche que lui-même. Pour ses propres valeurs.

Les suicides de M. et Mme Stefan Zweig, le 22 février 1942 au Brésil, en témoignent.

Vieillir

Verbe qui se fait cher, et qui s'exprime dans la longévité.

(« *Mon cher et vieux pays* » - De Gaulle 1944).

Vieillir c'est prendre de l'âge, sans préjuger de l'état dans lequel on se trouve.

Etre vieux correspond à des états physique et mental.

Le vieillissement correspond au processus physiologique que subit un organisme, dont les fonctions sont atténuées ou disparues, par suite de déficiences cellulaires.

Il est important d'en connaître le mécanisme pour tenter d'y remédier. Connaître le rôle de l'ADN, des télomérases et des radicaux réactifs issus du métabolisme, stimuler les cellules souches et éliminer les déchets.

Le vieillissement morphologique nécessite des réajustements de chirurgie plastique, en relation avec le jugement esthétique que l'on a de soi. Et vis-à-vis d'autrui.

Même un pays vieillit. Des périodes historiques sont arrivées à leur fin, période hellénique, romaine, comme une révolution qui en a fait tout le tour, pour arriver à une révolution pas forcément brutale, comme la Renaissance.

Il existe donc un calendrier et une horloge biologiques qui comptent le temps, jusque la mort de l'individu, qui est inéluctable, et actuellement envisagée jusqu'à 124 ans.

La cellule immortelle, en culture comme la cellule Hela du cancer, n'est envisageable que dans des conditions in vitro, avec un environnement nutritionnel continu.

Dans la vie, l'environnement conditionne une immortalité limitée, compte tenu de tous les facteurs restreignants, telles les agressions de toutes sortes, biologiques, chimiques et physiques comme les rayonnements, les produits toxiques cancérigènes, les radicaux libres réactifs, le CO_2… la nutrition…

LA DÉFENSE BIOLOGIQUE ET SOCIALE

La légitime défense est une réponse biologique

Le corps de ce qui vit, quel qu'il soit, se défend par des protections qui se perpétuent de l'extérieur vers l'intérieur.

Si nous prenons pour exemple initial le microbe, il assure sa protection par une paroi.

Le virus est protégé par une enveloppe appelée capside.

La cellule de la plante possède une paroi.

La cellule humaine a un mur cellulaire ou *cell wall.*

Le corps a pour première barrière matérielle la peau et les muqueuses.

La propriété est certainement la première nécessité vitale à assurer !

Pour ce qui est de l'analogie sociale, l'individu a sa maison, son village, sa ville, son pays, et sa conception géopolitique du monde.

La première défense est donc de se protéger contre toute intrusion d'éléments extérieurs qu'on estime incompatibles.

Socialement parlant, la propriété privée, même temporaire par la location, quand elle est violée, par le vol par exemple, outre la perte matérielle, fait se créer un désordre psychologique par la profanation de la vie privée, par le désordre créé, par l'élimination de souvenirs (bijoux de famille…) et le sentiment d'insécurité qui en découle.

Les assurances n'assurent pas tout !

Le désespoir par exemple. Inchiffrable.

Les États se protègent par des frontières, par des barrières de sécurité, par des murs pour éviter les intrusions.

Seuls les pays totalitaires craignent le départ des citoyens, traumatisés par l'idéologie et maintenus contre leur gré. Comme avec le mur de Berlin !

En Russie stalinienne et dans les pays de même obédience, ceux qui sortaient d'une manière licite, autorisée, étaient obligés de laisser (en otage ?) un ou des membres de leur famille.

Les lois formalisent des comportements, reflets de l'état des États, souvent contraires à l'éthique.

Et les passeports et les visas deviennent les premiers bons de sortie, ou d'entrée, les laissez-passer internationaux.

La défense immunitaire

Nous avons vu que les défenses externes sont les premières barrières contre toute atteinte agressive. Il y a d'abord le mur, sous d'autres termes.

Qui se double d'un système de protection anatomique, comme les bronches, les cils…

S'y ajoutent des substances comme le lysozyme des larmes, et une acidité de la peau, de l'estomac, de l'urine.

Mais aussi des flores commensales dans tout le tube digestif, et dans le vagin.

La défense biologique interne est une association d'éléments matériels figurés, les cellules. Et enzymatiques.

La plupart des cellules du système de défense immune proviennent de cellules souches hématopoïétiques.

Elles se différencient et se développent grâce aux messages émis par des cytokines, et des interactions cellulaires.

Comme toute cellule, elles portent des informations personnelles à leur surface.

Avec des pouvoirs de capter, de manger, de se souvenir des agresseurs.

Sans réaction sur ce qui parle le même langage qu'elles, ou presque.

La défense possède, en plus, des substances biochimiques actives qui bloquent les agresseurs ce sont des anticorps (Ac) et le complément (C').

D'autres médiateurs de l'immunité sont solubles

Les agresseurs possèdent des constituants qui sont aussi, pour eux, des signes de reconnaissance. Mais qui, pour autrui, sont des antigènes (Ag).

Donc, chaque organisme d'un individu est antigénique pour les autres individus. Pour tout ce qui ne parle pas le même langage.

C'est la cause de l'acceptation ou du rejet du sang à transfuser par exemple.

L'anticorps de l'un est un antigène pour un autre.

Socialement, il est remarquable, compte tenu de ce qui vient d'être défini, que **tout individu**, par certains côtés physiques, intellectuels, sociaux, culturels, **est antigénique pour d'autres individus.**

Nous avons tous des réactions d'anticorps (même physiques !).

Ceux qui sont dits tolérants, c'est qu'ils interdisent à des anticorps (réactions dues à la culture idéologique qu'ils possèdent, à leur vie affective et sociale personnelle) d'intervenir.

En perdant ainsi une partie de leur pouvoir. L'Etat laïque...

L'immunité adaptative acquise dépend des circonstances environnementales.

La police est mobilisée par les informateurs, les dénonciateurs que sont les anticorps.

À partir du portrait-robot d'un antigène spécifique qui l'a initié, l'Ac le reconnaît et ne le tolère pas. Reconnaître n'est pas forcément accepter.

Cette immunité est donc spécifique et mnémonique.

L'immunoglobuline G par exemple (IgG) est composée d'un corps et de deux bras, avec deux mains qui reconnaissent l'Ag et s'y accrochent.

L'immunoglobuline M (IgM) possède en son centre une pièce jointe d'où partent cinq branches en étoile, comme cinq IgG, ce qui vaut dix mains.

Chaque bras à une amplitude de 180°, ce qui fait qu'une main peut accrocher un Ag sur un microbe, et le même Ag sur un autre microbe à côté (ou un globule rouge...). Il rapprochera toutes les prises ce qui créera une agglutination. Chaque microbe possède différents Ag.

Avec autant d'Ac suscités.

Il y aura donc une grande capacité d'agrégation grâce à toutes les liaisons formées.

Par exemple, dans la Société humaine, un individu a des yeux bleus, des cheveux noirs, un nez, etc., qui le caractérisent. Y ajouter ses idéologies personnelles !

Tous réunis caractériseront un individu précisé, comme par un portrait-robot, qui sera bloqué avant de parvenir à sa cible.

Cette immunité est composée de cellules dont toute l'activité est orientée vers la destruction de l'agresseur. Violence contre violence, avec des morts de chaque côté. Retrouvés dans le pus.

L'inflammation est le point où débute une infection avec libération de médiateurs de l'inflammation par les cellules.

C'est à ce niveau que doivent être stoppées la multiplication et l'invasion de l'agent agresseur.

Trois éléments majeurs vont intervenir.

Augmentation du flux sanguin. Chaleur et rougeur.

Augmentation de la perméabilité des vaisseaux capillaires, avec « extravasation » de médiateurs solubles de l'immunité. Tumeur et douleur.

Des globules blancs sortent des veinules, envahissent la région, avec neutrophiles, monocytes et lymphocytes.

L'inflammation sociale et la fièvre ont des points communs

Au ministère de l'Intérieur, le complément, policé, comme indiqué, intervient dans la répression des manifestations et dans la communication pour appeler des renforts.

Les individus dangereux arrêtés (Ac+Ag) sont neutralisés, « neutra-lysés » (sic).

Le complément peut aussi intervenir directement pour éliminer des individus jugés dangereux.

Il s'agit d'interventions qui peuvent mener directement à leur élimination.

Seules les cellules porteuses du récepteur adéquat comprendront l'injonction du message et agiront.

Les interleukines, messagères, sont produites par les lymphocytes T (thymocytes) mais aussi par des mononucléaires entre autres.

Leurs fonctions sont diverses.

Elles contrôlent la division et la prolifération des cellules souches (CS), et participent à l'homéostasie des différents types cellulaires issus de la moelle osseuse.

Elles interviennent dans la différenciation et ce sont elles qui font transformer les monocytes en macrophages.

Chaque population cellulaire sécrète des cytokines communicantes qui lui sont spécifiques.

Chaque profession a un langage ésotérique pour faire exécuter un travail.

Il y a des cytokines qui interviennent sur la croissance (*growth*) et la transformation (*transforming*) de cellules (TGFß, F voulant dire facteur de croissance) et d'autres qui permettent la nécrose des cellules tumorales (*Tumor Nécrosis Factor*)

Certaines permettent aux lymphocytes d'activer les phagocytes, tandis que d'autres activent les lymphocytes B qui vont sécréter les anticorps.

Les interférons sont sécrétés par les cellules infectées par un virus, et tendent à limiter leur extension.

Mais aussi produits par d'autres cellules, phagocytes et cellules T, qui sont les cellules du système immunitaire.

Comme spécifié dès le début, la protection vise à détruire tout ce qui ne parle pas le même langage que le corps constitué.

Dès que la première barrière naturelle est franchie, l'agresseur est confronté aux réactions de défense.

Il est donc nécessaire de reconnaître l'intrus et, ensuite, de trouver le moyen de l'éliminer.

Reconnaissance non spécifique, mais liée aux messages portés par les surfaces des parois des cellules nouvelles, non-acceptées car agressives d'emblée.

C'est l'immunité naturelle, d'origine, qui est spontanée, avec les capacités primitives des cellules phagocytaires, mises alors à contribution, qui englobent l'intrus et le mangent.

Dérivant des cellules souches de la moelle osseuse, les leucocytes de la lignée blanche se localisent au niveau du foie, de la rate, des poumons, et des articulations.

Mais ces cellules migrent de plus au niveau des tissus agressés et, parmi celles-ci, de grosses cellules macrophages.

Ces dernières fonctionnent aussi en cellules présentant l'antigène.

Les leucocytes comprennent aussi les mononucléaires, qui participent, d'une certaine façon, à activer le complément, les lymphocytes.

Dans le système de protection et de défense cellulaire, la délimitation frontalière est matérialisée par la membrane cellulaire.

La violation de cette paroi est considérée comme une agression à l'intégrité physique, et il n'existe pas de sommation préventive pour l'agresseur. Les mécanismes de défense consistent à pouvoir éliminer l'intrus, sans connaître ses intentions. Que ce soit pour un agent pathogène ou une greffe.

Le temps de la réaction qui part de la mise en œuvre jusqu'à l'élimination est variable, de quelques heures à des mois, mais le phénomène enclenché est biologiquement irréversible, sauf intervention extérieure, médicamenteuse ou chirurgicale, pour aboutir, in fine, à l'élimination de l'agresseur.

Ce que l'on appelle, en langage social, la légitime défense.

Réaction naturelle, spontanée, innée, comme en biologie.

La légitime défense légale, sociale, en France, est définie par l'article 122-5 du code pénal :

« *N'est pas pénalement responsable la personne qui, devant une atteinte injustifiée envers elle-même ou autrui, accomplit dans le même temps un acte commandé par la nécessité de la légitime défense d'elle-même ou d'autrui, sauf s'il y a disproportion entre les moyens de défense employés et la gravité de l'atteinte.* »

Comment savoir si une arme est factice, ou non chargée, avant ?

La première réaction de l'agressé peut être semblable à la défense biologique.

La réflexion viendra peut-être après, mais rarement avant.

L'appréciation de la légitime défense, par les magistrats, dépend de la matérialité des faits, avant l'agression, en entrant, pendant, et après, en partant.

L'intention de tuer existait-elle chez l'agresseur, et chez l'agressé ?

Par contre, pénalement, l'agresseur assassin ne risque plus la peine de mort, sauf s'il est tué, à son tour !

L'abolition de la peine de mort est un acte social raisonné.

Elle va à l'encontre de la réaction biologique innée, avec les processus hormonaux et physiologiques provoqués par l'agression qui entraîne un réflexe inné.

À la suite de tout acte monstrueux, chacun réagit, d'emblée, avec violence, même sans être directement impliqué, par exemple lors de la relation médiatique de cet acte.

Les gens réagissent par des manifestations, des marches de couleur associée à leurs motivations initiatrices, révolutions blanches, rouges, violettes, œillets…

La guerre « apparaît » toujours comme une défense légitime !

La vaccination

Dès l'Antiquité, les Chinois entre autres appliquaient la vaccination, sans en connaître les principes.

C'est de la défense préventive.

Avec l'évolution des progrès scientifiques, Jenner, à la fin du 18e siècle, à partir de la vaccine, qui est la croûte de varioleux, et Pasteur au 19e siècle, avec le virus de la rage atténué, il a été formé le terme de vaccination pour toute infection provoquée chez un individu à partir de microbes, virus, toxines ayant perdu leurs caractères pathogènes, mais conservant le pouvoir de créer une réaction immunitaire.

Il faut un temps de latence, après la première agression pathogène, pour que s'organise la défense en fabriquant les anticorps, avant que s'instaure la défense qui deviendra immédiate après la seconde agression.

Cela se retrouve dans la vie sociale : même motif, même punition.

Une loi intervenant entre les deux évènements semblables.

Pour la prévention

La vaccination est favorisée par des adjuvants, irritants, qui potentialisent les réactions de défense par l'inflammation.

Le processus engendré est celui exposé avec l'information antigénique transmise aux lymphocytes B, plasmocytes qui fabriquent les anticorps, et aux lymphocytes T, qui s'attaquent directement aux porteurs des antigènes reconnus.

A chaque attaque, l'immunité en sort renforcée. Résilience biologique.

« Tout ce qui ne nous tue pas nous rend plus fort. »

(« *Le crépuscule des idoles* », Nietzche, 1888)

(« *La résilience* », Boris Cynulnik, « *Un merveilleux malheur* », Odile Jacob, 1999).

Tout ce qui vit peut être agresseur

L'incubation. C'est le temps qui s'écoule entre le moment où pénètre l'organisme envahisseur et celui où apparaissent les premiers symptômes.

Et nous retrouvons :

- le monde végétal et les substances urticantes ou aussi bienfaisantes,
- les plantes carnivores pour les insectes,
- les venins des animaux venimeux, naturellement !

Des gens peuvent avoir des propos de telle sorte, toujours la biologie !

Les serpents et les araignées, les scorpions, mauvais signe quand ils vous piquent !

Les champignons vénéneux et les bons aussi pour l'homme, dont les antibiotiques.

Les ennemis de mes ennemis sont aussi mes amis.

Comme dans la vie sociale.

La fièvre est un des éléments privilégiés de la défense immune.

C'est un signe observable extérieurement, et un des premiers symptômes visibles d'une maladie qui évolue et d'un système de guérison qui s'installe.

Chez l'être humain, homéotherme dit à sang chaud, la température moyenne de 37° est régulée par un thermostat, sous la dépendance de l'hypothalamus. Elle peut être mortelle au-dessus de 42°!

Les atteintes cellulaires par des microbes, virus, cellules tumorales libèrent des substances qui agissent au niveau des effecteurs de la thermogenèse pour en augmenter la température.

Celle-ci se maintiendra à un haut niveau, un plateau, et ne redescendra ensuite, défervescence, qu'au moment où l'inflammation disparaitra.

Aulus Cornelius Celsus, né au début de l'ère chrétienne, parle des quatre signes cardinaux de l'inflammation : *tumor*, *calor*, *rubor* et *dolor*.

La tumeur est le gonflement, l'œdème des tissus atteints, la chaleur l'accompagne, la rougeur due à l'afflux sanguin, et la douleur qui couronne le tout.

Les réactions de défense en sont la cause. La fièvre est un élément prépondérant qu'il est bon de conserver, car il favorise l'activation des défenses immunes.

40° est une température antivirale spontanée, car les antibiotiques sont sans action sur les virus, car ils ne se nourrissent pas.

La fièvre a un potentiel destructeur avec des processus qui sont induits, y compris dans le traitement du cancer.

Il en est de même dans le traitement de la grippe, de la poliomyélite car les virus sont incapables de se développer au-dessus de 39°.

42° est une température qui nécessite une réelle prise en charge.

En politique, il peut en être de même

Il arrive que des situations politiques créent une fièvre, pas seulement du samedi soir, qui est un symptôme à intégrer dans le processus de changement d'un régime. Souhaité ?

On y retrouve les quatre signes de Celse qui sont interprétés comme tels avec le nombre des participants, désirant un autre ordre, qui s'affrontent avec les forces de l'ordre préexistant, la chaleur et la rougeur des engagements dans la douleur en étant les éléments prééminents.

Parfois, les gouvernements induisent une fièvre, qu'ils jugent nécessaire et favorable pour eux.

Créer des manifestations de masse, car prévues et annoncées, comme pour et contre le mariage pour tous par exemple, peut permettre de légaliser des lois et de s'affirmer, tout en minimisant des situations de crise qui sont alors oubliées.

La fièvre peut aussi être, à l'inverse, comme contre la Loi Savary en 1984, une fièvre qui permet aux opposants d'arriver à leurs fins, vu le très grand nombre, presque une guerre civile…

La grève et les défilés (d'où l'intérêt du comptage réel, du nombre) sont comme une chasse en meute. Le chef peut être une idéologie, une sensibilité, représentée par une ou plusieurs personnalités.

Socialement, la meute potentialise les perceptions individuelles.

Elle devient une force qui inhibe la culture de chacun, et extériorise des pulsions réfrénées.

Le viol collectif en est un exemple.

Chaque individu, seul, ne réagit pas de la même façon qu'en association.

L'emballement du groupe fait éclater le carcan moral.

Dans un stade, les ultras sont aussi une meute qui affirme son affection, avant, pendant et même après les compétitions.

Il en est de même avec des révolutions du printemps, arabes, et dont les causes initiales créent une fièvre aiguë, qui fera métastaser les causes originelles, et dont l'issue n'est pas forcément celle désirée par ceux qui ont commencé cette guerre !

Et crier « à mort », brûler un drapeau sont des accès de fièvre.

Les suites sont imprévisibles. Le degré d'intensité peut être mortel pour qui la subit.

Elles introduisent le printemps ou l'hiver qui caractérisent des saisons, sans relations avec le calendrier.

Ainsi, une seule cellule agressive n'a pas le même pouvoir qu'en association, comme une infection nosocomiale avec de nombreux microbes ou comme un amas de cellules tumorales.

Une seule cellule ou un seul individu peut cependant changer des existences.

Les assassinats, même par un seul individu, ont tellement fait changer le cours de l'Histoire !

La défense des sociétés

Avec la propriété, nous savons que, pour n'importe quel individu au monde, la défense est spontanément primordiale pour maintenir une cohésion sociale.

La violence, même si elle n'est pas effective, est toujours sous-jacente, par la protection créée.

Elle signifie, en effet, qu'il ne faut pas transgresser sous peine de punition.

Comme en biologie, et surtout en politique, les ennemis de mes ennemis sont mes amis.

C'est le rôle des médicaments, avec parfois des dommages collatéraux ! Les chimiothérapies par exemple.

Et l'on retrouve l'équivalence des acteurs de la défense immunitaire biologique dans les rouages de la vie en société !

La mère et le fœtus

La mère protège son enfant, biologiquement dans son corps, et socialement, après sa naissance.

La greffe entre deux individus de même espèce, moitié mère, moitié père, qui est biologiquement étranger, est pour le fœtus un handicap certain. La moitié du pronucléus paternel que porte l'enfant est non-soi pour la mère.

Il faut que la mère inhibe certains processus de défense qui rejetteraient l'enfant, par une tolérance spécifique, pendant toute la durée de la grossesse.

L'amour légalisé n'est pas une protection biologique pour l'enfant.

Après sa naissance, oui, mais pour une protection sociale.

L'enfant redeviendra, en partie, étranger vis-à-vis de sa mère, à sa naissance, avec son identité cellulaire.

La mère-patrie protège tous ses enfants, du sang, du sol et adoptés.

Tous lui doivent la vie, et le respect.

LE RÔLE DE LA VIOLENCE

« La raison du plus fort est toujours la meilleure ».
« Le loup et l'agneau », La Fontaine.

Par la fable s'énonce une vérité sentence
Et pour la contredire, il est peu d'arguments
Quand la force vient au faible, il tombe sous le sens
Que, les rôles inversés, tombent les châtiments.

Il s'avère que communication, nutrition et pérennisation sont associées à la violence.

Biologiquement, seule la violence permet la survie.

C'est le règne du plus fort.

Socialement, il en est de même. Jusqu'en démocratie comprise.

La force n'est pas assimilée qu'à la force physique ; elle est basée sur les associations idéologiques, le nombre, le charisme.

Combats des reines des abeilles, des animaux, des hommes en sont tributaires.

Les plantes se défendent.

Se faire violence, c'est se contrôler.

Le vieillissement, biologique et d'une société, aboutit à sa fin.

De Thomas Hobbes, « *bellum omnium contra omnes* », la guerre de tous contre tous.

Qu'ils me haïssent, pourvu qu'ils me craignent (Tibère).

A l'instar de la reine des abeilles, l'histoire regorge de gens qu'on égorge pour s'assurer le pouvoir.

Il y a des obligations dans l'action, à la Bourse des valeurs dans les sociétés.

C'est le pourquoi de l'éthique.

L'action naît entre des individus, cellules ou humains, par les contradictions engendrées dans le milieu où ils prolifèrent. Ou ces actions sont bénéfiques pour le plus grand nombre, ou elles induisent des actes de violence.

Malgré l'O.N.U. les conflits se multiplient localement, et les votes reflètent une géoculture des idées, souvent mondialisées, des nécessités commerciales qui sont primordiales, allant même à l'encontre des idées des votants. C'est la géopolitique. Des démocraties se font violence pour cohabiter avec des Etats totalitaristes !

Exode 15:3 « l'Éternel est un homme de guerre. »

Il est celui qui sauve (Moïse franchit la mer Rouge).

À Jéricho, Josué (Dieu sauve) se prosterne devant le représentant du chef de l'armée de l'Eternel, qui lui planifie la destruction de la ville : 7 jours, 7 prêtres, 7 trompettes (*schofar*), un tour de la ville chaque jour, 7 tours de la ville le 7e jour, au son des « *schofar* » et des clameurs des assaillants, et les murailles de Jéricho tombent. Par résonance ?

Les vibrations que sont les sons font vibrer l'objet qui est concerné sur une fréquence concentrée sur ce qui lui est propre.

Par exemple, si le verre a une fréquence de X hertz et que l'on émette un son de même X Hertz, il va vibrer.

Mais si on augmente la puissance des vibrations, il va se briser.

Quand une troupe passe sur un pont au pas cadencé, le pont peut s'effondrer, à cause de la résonance similaire entre les deux.

Les pas et la constitution des matériaux du pont : résonance identique.

Si elles n'avaient « qu'à danser », les troupes ne défileraient pas !

La parole fait tomber des murailles et créer la nuit de cristal !

Et dans la vie sociale, entre pays, en société, en famille, dans les couples, il faut se parler.

En fait, ce qui est sous-entendu, c'est que **l'Homme est un homme de guerre !**

La Nature est violence. Donc l'Homme.

Je suis contre la violence, et il faut éliminer tous ceux qui sont pour !

Même la non-violence est une forme de violence.

L'évolution biologique, selon Darwin ou les néo-darwiniens comme Stephen Jay Gould, **est une longue transformation**, par à-coups, avec des périodes de stabilisation, d'assimilation, de résilience pourrait-on dire.

Il en est de même pour l'Histoire d'un pays et dans le monde.

On ne peut comprendre les modifications historiques, sans s'appuyer sur ce qui a précédé.

D'évidence, il y a une chronologie, et on ne peut comprendre la suite des évènements, car qui dit suite dit que chaque situation découle de la précédente. Comme dans le principe de base.

Les microbes se protègent (antibiose) et, quand ils gagnent, ils agrandissent leur territoire.

Antibiose est un terme élaboré en 1877 par Pasteur et Joubert pour décrire comment se défend le bacille du charbon. 1897, date d'une thèse du Docteur Duchesne parlant de concurrence vitale entre microbes différents.

1929, Flemming découvre la pénicilline, chimiquement une bêta lactamine, issue d'un champignon, qui empêche l'action d'une enzyme bactérienne pour la formation de la paroi des germes Gram positifs !

1940, R. Dubos parle d'antibiotique, contre la vie.

Il s'avère que la nature est source de nombreuses substances, toxiques, mais aussi à action médicamenteuse pour l'être humain, selon les doses !

Les plantes ont les mêmes capacités.

Il semblerait que la nature possède toutes les possibilités de guérison.

A découvrir au fur et à mesure.

Le saule pour l'aspirine, d'où son nom, acide salicylique pour l'extrait.

L'if contient le « taxol », actif contre les cellules cancéreuses.

La digitale et la digitaline…

La nature est ainsi source de contre-pouvoir contre le pouvoir pathogène.

Certainement que toutes les maladies ont des antidotes naturels.

Les plantes se protègent et, en gagnant agrandissent leur territoire.

Les insectes, lorsque leur territoire est trop exigu, se créent un autre espace vital.

Un autre rucher par exemple.

La colonie des rats s'exporte, en fonction de la nourriture existante.

Les animaux et l'Homme se protègent.

Individuellement victorieux, ils agrandissent leur espace de vie.

Et les Etats victorieux font de même.

La protection passive est active.

La protection par violence est active par nature.

En société, la meilleure protection est l'acceptation de l'autre. En toute réciprocité.

Il faut reconnaître, et la reconnaissance est socialement préférable à la tolérance…

Tolérer c'est accepter, mais c'est ainsi affirmer sa supériorité. C'est une forme d'intolérance.

Les Dhimmis sont des protégés, non musulmans, qui paient les droits et devoirs qui leur sont alloués du fait de leur reddition, et de leur allégeance.

La sourate 9 versets 29 et 30 du repentir dans le Coran dit : « combattez pour certains, tuez pour d'autres, les non-croyants. » C'est devenu une règle de conduite pour l'orthodoxie la plus rétrograde actuelle.

Et l'exclusion totale des Dhimmis !

L'inquisition des catholiques, au Moyen Age, était aussi cruelle vis-à-vis des juifs et des protestants suppliciés. Ils ne se mettaient pas martel en tête pour stopper l'invasion des mécréants !

Comme certains idéologues impérialistes de notre temps qui veulent supprimer les opposants.

Ils tuaient des « mecs créant des richesses ». Intellectuelles et matérielles.

Et qui sont partis, créant les richesses ailleurs.

Les individus tolérés sont alors naturellement vindicatifs et revendicatifs.

Créer des sous-citoyens aux droits restreints, c'est aliéner une partie de son idéologie, car elle n'est pas totalement acceptée spontanément, donc elle est, partiellement au moins, contredite.

C'est ainsi une perte de souveraineté.

Intégrer c'est faire entrer dans le circuit normal d'un pays.

Il faut donc reconnaître.

C'est se connaître, c'est s'apprécier, et c'est accepter les valeurs de l'autre.

C'est ainsi de la reconnaissance. Un autre sens du même mot !

Chacun a le droit de croire en des idéaux différents, mais ne doit pas les imposer.

Et la vie en commun, respectant les communautés, impose à chacun des normes qui permettent l'harmonie sociale. Un code de bonne conduite sociale.

Et la langue devient le moyen de communication obligé pour se faire accepter.

Apprendre pour se comprendre

Sinon, c'est un refus partagé, avec les conséquences qui en découlent.

D'évidence, dans une démocratie réelle, la véritable laïcité permet à chacun d'avoir ses croyances et ses pratiques, mais avec des valeurs partagées.

A visage découvert.

Et le comportement qui doit l'accompagner.

Aussi, les croyances et leurs pratiques ne doivent pas être prétexte à s'affirmer, puisqu'on est reconnu.

La liberté de faire de chacun est limitée par le droit et le respect des autres.

Tout le monde peut être fier, et faire la fête.

Et chacun peut tirer fierté de ce qu'il est.

La fierté est acquise à tous.

C'est ici que nous pouvons parler de l'Ethique et du Droit. Le Droit s'est imposé avant l'Ethique. Le Droit est une application formelle pour régler les problèmes sociaux. Faut-il ajouter que dire droit entraîne le devoir ?

Mais il est dépendant des pouvoirs où se rédigent les lois.

Avec les idéologies qui les consacrent. Les lois sont donc singulières.

Distinctes selon les Etats.

Laïques, libérales, jusqu'à la *charia* et l'orthodoxie ancestrale, avec tous les intermédiaires.

L'Ethique s'est impliquée ensuite, quand les sociétés ont évolué, créant une morale, qui devrait être universelle.

Les morales, spécifiques de différentes sociétés, suite à des débordements criminels à l'échelle étatique, se sont alors très tardivement universalisées, pour donner naissance à l'Ethique, sur des valeurs acceptées par tous, non suivies et pas encore imposées à certains.

Depuis des temps immémoriaux, les activités sociales sont passées par différentes autorités, qui toutes ont permis, par l'effet des contre-pouvoirs, violence inclue, de faire évoluer les sociétés, par confrontation pour un meilleur équilibre.

La société biologique évolue peu, et moins vite.

Pour un individu donné, le biologique peut être modifié, c'est possible.

Pour tous les individus d'une même espèce, l'inné apparait inamovible dans le temps.

Par contre, quelles que soient les motivations, la violence modifie l'Histoire.

C'est pourquoi parler du sens de l'histoire n'a pas de sens.

Il n'existe ni rythme, ni cycle.

Après la pluie, le beau temps, et automatiquement, après le beau temps, la pluie, dit-on. Ce n'est pas une question de sens.

Après une séparation, on ne change pas de vie, on change sa manière de vivre.

Les sociétés évoluent, et ce sont les réalités de l'existence des sociétés délimitées que sont les Etats, avec des philosophies plus ou moins mondialisées, qui modifient les moments historiques.

Ces moments n'étant pas figés, ils sont conditionnés par la durée, et ne vivent et ne se succèdent que par les pouvoirs et contre-pouvoirs qui s'opposent.

L'histoire est un instant, comme les plus belles choses,
Avec pire destin.
« Et rose, elle a vécu ce que vivent les roses, l'espace d'un matin. »
(*Consolation à Monsieur Dupérier*, Malherbe)
Et l'Histoire est l'ensemble des histoires de chacun.
Le destin de l'Histoire est celui des destins.
Qui fait se rassembler, et elle se fait juger.
On ne peut la nier, car l'Histoire est têtue
On ne peut s'entêter, les faits sont absolus.
Si l'on peut les absoudre, on peut les exalter,
Et le négationnisme est fait pour être nié. Est fait pour être renié !
L'Histoire, à tout moment, peut alors rectifier !
La vérité surgit, et devient Vérité.

Car le changement, c'est souvent. Mais toujours maintenant.
Et changer du Malherbe, car c'est plus tendre ailleurs. Et s'exiler !

Curieusement, le transfert des responsabilités est réalisé pour compenser nos erreurs.

Le Destin, Dieu l'a voulu, c'est la vitesse…

La réalité est que **l'individu est maître de ses actes.**

Y compris celui qui déclare la guerre !

Il peut être dépassé, mais c'est lui qui a initié et boosté l'acte qui finira par un accident.

Toujours se référer au Principe qu'un acte dépend d'un état antérieur qui est modifié, par l'individu !

Un individu alcoolique, ou drogué, par exemple, à trente à l'heure, peut renverser et tuer des gens à l'arrêt d'un autobus.

C'est le conducteur qui est toujours responsable.

On traverse en courant, on se fait renverser, on meurt, même dans son droit, mais on est mort.

Peut-être vaut-il mieux vivre, dans cette situation, même en perdant momentanément son droit. Ce n'est pas la guerre !

Le conducteur doit être maître de son véhicule.

Et avant tout connaître ses capacités avant de prendre le volant.

Et celui qui s'engage doit aussi être maître du corps qu'il propulse.

Sa responsabilité est aussi engagée.

Ce n'est pas toujours la faute des autres. Et bien souvent c'est notre responsabilité qui est en cause.

Ni le destin, ni Dieu, ni pas de chance ne peuvent être impliqués.

Seules les victimes n'ont pas de chance !

Le lapin n'est pas tué par un fusil, mais avec un fusil.

C'est l'Homme qui appuie sur la détente.

Et qui peut tuer un autre chasseur.

À cent trente à l'heure, sur l'autoroute de l'Est, la plus chère, on peut se tuer à cause de la somnolence, car il y a très peu de voitures !

À quatre-vingt-dix, sur une route départementale dont l'infrastructure est déficiente, les ingénieurs sont peut-être aussi responsables, ainsi que ceux dont la voirie est dépendante.

Un Boeing explose près des côtes américaines : des câbles mal entretenus créent une étincelle près du carburant dans la soute !

Comme une voiture mal entretenue, avec des freins défectueux par exemple.

L'homme qui a tout ce qu'il faut n'est pas forcément un violeur ni la femme une prostituée.

L'environnement physique, ou psychique, les capacités ou incapacités de ceux qui créent, y compris en politique, sont impliqués dans les évènements.

Responsabilisons donc les vrais responsables, ceux qui sont coupables par négligence.

En politique, les échéances sont fixées par avance, avec les dates d'élections prévues.

Seule la violence peut intervenir avant ces dates, si une politique déplaît.

Avec des manifestations chaudes, brûlantes, et dévastatrices.

Mais le pouvoir possède, par la police et l'armée si nécessaire, un contre-pouvoir contre le contre-pouvoir !

En biologie, si le responsable survit, c'est le corps qui dépérit.

Punir est nécessaire selon la gravité de la négligence.

Mais, surtout, responsabilisons les gens par le savoir et grâce à lui.

Sans receleurs, pas de voleurs dit-on. Qui est responsable ?

Il faut créer alors les conditions morales « intellectuelles » pour que chacun puisse censurer les actes susceptibles d'être dangereux, pour autrui et pour soi-même.

C'est ici qu'intervient la culture laïque.

La violence verbale est le début de l'action.

La psychologie des foules montre qu'un ensemble ayant les mêmes conceptions devient plus violent que chaque individu isolément pacifique, mais enflammé par un individu ou un groupe exaltant la violence !

Dieu soit loué, mais pas donné !

Les imprécations et les invectives sont un exutoire, mais qui potentialise des réactions de violence, sur celui qui est discriminé, par ceux qui sont des adeptes, réceptifs actifs de cette mise, pour le moins, à l'écart.

Une réponse de ceux qui n'acceptent pas ces invectives devient aussi réaction contre les fauteurs et ceux qui les soutiennent. D'où des heurts, des heures durant…

Il faut **imposer** (d'où la violence) des relations sociales où chacun est **libre** de ses actes, sans mettre en danger quiconque.

Est-ce antinomique ?

Violence contre violence.

Se faire violence pour accepter !

Car quelles peuvent être les réactions devant la violence ?

La soumission.

Fuir ses responsabilités, dans cet état d'esprit, pour les Etats.

Comme à Munich !

La fuite, chez les animaux, permet de « sacrifier » le plus faible, par une offrande, pour sauver la communauté.

Ou répondre par la violence.

Biologie et asepsie

Ensemble des méthodes permettant de protéger l'organisme contre toute contamination.

Utilisé pour tout ce qui est biologique.

La pasteurisation par exemple, avec le chauffage des aliments entre 62° et 80° C pour détruire une partie des germes. Et la conservation par le froid peut durer alors quelque temps. Sinon, les éléments restants peuvent réinfecter le produit pasteurisé.

Et l'on doit se laver les mains. Comme Pilate !

C'est le principe de précaution, même au niveau des sociétés.

Mise sous surveillance des éléments jugés dangereux, des produits par exemple.

Et des récidivistes qui peuvent recommencer. Alors ?

Biologie et antisepsie

Ensemble des méthodes qui préservent contre l'infection, en détruisant les responsables de l'infection. Trouvez des équivalences dans la vie sociale !

Par des techniques brutales. Chaleur, substances toxiques, rayons.

D'où stérilisation. Trouvez des équivalences sociales !

C'est le principe de précaution pour éviter le principe de précaution.

C'est l'affaire des lois et des punitions qui s'ensuivent.

Supprimer ce qui est jugé dangereux.

Peines de sûreté, expulsions, mises à mort (pas partout), assassinats… (Cela existe !)

Tolérance et réinsertion

En biologie, la tolérance est une réinsertion sociale.

On sait que telle greffe normale est rejetée. On choisit alors le greffon qui porte le système de reconnaissance, donc d'acceptation avec un *Human Leucocyte Antigene* (HLA) le plus proche possible du corps biologique, comme une réinsertion, puisqu'on a vérifié s'il est compatible avec la société.

Le corps étranger sera plus facilement toléré, accepté, et il y a pour cela un dispositif qui inhibe la réaction de défense contre celui qui, en fait, au départ, est rejeté comme associable.

Mais il y a un suivi permanent pour le maintenir, tant qu'il ne dérive pas.

S'il dérive et que la société biologique soit dépassée, elle ne pourra survivre que si la disparition du toléré est effective.

Mais s'il ne se trouve pas une autre possibilité de survie, ce sera aussi la fin du corps !

Dans les sociétés humaines, on opte pour la possibilité de rééduquer et de réinsérer ensuite le condamné dans un cursus acceptable pour tous.

Ce devrait être une tolérance.

La récidive doit être punie par un suivi psychologique, mais conservatoire jusqu'à une certitude de retour à la normale.

Et le problème crucial de la guérison certaine est aléatoire !

La victime devrait avoir, au moins, les mêmes droits que les justiciables.

Morte, c'est elle qui est punie, sans réinsertion possible.

La différence entre le biologique et le social est que l'acceptation du biologique est une nécessité vitale, tandis que la réinsertion est de l'angélisme, et la mise à l'écart de l'individu dangereux n'est pas cruciale, sauf pour l'avenir incertain d'une prochaine victime possible.

Pour un violeur en série, la castration chimique (obligatoire ou soumise à l'acceptation ?), la mise en prison, la sortie, une autre victime ?

On dit que l'esprit est prompt, mais aussi que la chair est faible.

La pulsion est-elle physique ou psychique ?

La mort donnée à la violée après le viol, est-ce une rédemption demandée pour l'acte, en l'effaçant ?

Occulté dans la mémoire du violeur pour qu'il ne soit pas retrouvé ?

Mais qui se sait toujours coupable !

Le choix des moralistes est difficile.

Est-ce la société ou l'individu qui prime, dans ce cas-là !

Et le principe de précaution, inclus dans la Constitution, « dans leur domaines d'attribution », permet-il la mise en cause des ministères publics, si la victime ou ses représentants estiment qu'il y a eu défaillance de leurs services ?

LES GUERRES BIOLOGIQUES

L'homme, bien avant Leeuwenhoek et le microscope, avant même de connaître l'existence des germes et virus, voyait et savait que des maladies se propageaient par contagion dans des populations groupées.

L'homme se doutait qu'il fallait éloigner les gens contaminés, d'où la mise en quarantaine.

Et l'homme s'est permis d'utiliser des produits souillés pour éliminer des adversaires.

Les archers scythes empoisonnent leurs flèches avec des cadavres en décomposition (Hérodote).

En 1346, les Tartares assiègent Kaffa, en Crimée. Ils propulsent dans la ville assiégée leurs cadavres pestiférés. Les Génois qui ont pu s'enfuir vers la Sicile disséminent la maladie et sont à l'origine de la peste noire méditerranéenne.

Fort Pitt est assiégé par les Indiens Delaware en 1763.

Les Anglais les invitent pour traiter de leur reddition, et leur offrent mouchoirs et couvertures varioleux. La maladie se répand chez les assiégeants, qui se retirent.

Les Espagnols et les Portugais apportent avec eux la syphilis dans le nouveau monde.

Ils n'en mouraient pas tous en même temps, mais presque tous étaient frappés.

Ils empoisonnent les puits et mélangent du vin avec du sang de lépreux.

Les Indiens, autochtones, sans aucun contact avec d'autres populations, sont plus fragiles biologiquement aux infections, car vivant en économie pratiquement fermée.

Les envahisseurs ont des réactions de défense plus actives, car les maladies infectieuses se répandaient mieux dans leur monde aux échanges plus étendus, dans l'espace et socialement.

La colonisation peut s'émanciper. Et réussir. Les massacres en plus.

La langue importée s'imposera également, avec l'évangélisation…

Le langage est primordial pour imposer un modèle de civilisation.

L'Amérique du Sud est espagnole (Amérique centrale, Argentine) et portugaise (Brésil) par la langue.

Enfin, lors de la Deuxième Guerre mondiale, les Japonais utilisent des micro-organismes pathogènes pour infester des régions chinoises et créer des maladies mortelles ou invalidantes à partir du microbe de la peste et du virus de la fièvre jaune ! Il y aura des centaines de milliers de morts, dont des japonais aussi, car les infections ignorent les frontières et le front de guerre.

Le biologique n'a pas de frontières !

Bien qu'interdites dans le monde, des recherches sont toujours effectuées avec le bacille du charbon, la fièvre jaune, et le bacille botulique.

Rappelons les accidents dus au bacille du charbon aux États-Unis et une attaque maffieuse avec des gaz, dans un métro japonais.

Sans oublier les chambres à gaz des camps de la mort nazis !

L'homme s'empare du biologique comme adjuvant guerrier.

Des substances (gaz) et des agents pathogènes (microbes et virus) pour intoxiquer l'ennemi.

Et « miner » le moral de la population civile. Cela devient une arme antipersonnel.

Et qui neutralisent en plus, ceux qui utilisent et manient les armes sur le front de guerre.

Et l'arme physique atomique qui, en 1945, a permis au seul possesseur de cette arme d'arrêter une guerre.

Plus d'un million de morts, contre une prolongation qui en aurait fait encore plus avec une continuation de durée incertaine !

Le problème est que la possession et l'utilisation de cette arme maintenant, dépendent de celui qui veut s'en servir. Sans oublier la rétorsion qui s'ensuivrait, et détruirait l'humanité !

Et le biologique est devenu bombe.

Des hommes, des femmes, et aussi des enfants, ont été transformés en bombes humaines.

Chacun s'explose comme on le fait exploser.

Et certains bien-pensants trouvent cela normal ! C'est la guerre !

Le mot innocent pour les gens assassinés n'est pas innocent.

Rappelons que le Premier ministre français, Raymond Barre, lors de l'attentat de la synagogue de la rue Copernic par un Palestinien le 3 octobre 1980, et qui a fait quatre morts, a déclaré sur TF1 :

« Cet attentat odieux voulait frapper les israélites qui se rendaient à la synagogue et qui a frappé des Français innocents, qui traversaient la rue Copernic »

Cela voudrait-il dire que les autres ne l'étaient pas ? Cela justifierait il alors d'autres meurtres ?

Des chiites tuent des sunnites, et inversement ; c'est loin de chez nous mais c'est aussi monstrueux ! Des « mecs créant » la mort pour des mécréants croyant au même Dieu !

Des actes permettent de faire croire que les ennemis de vos ennemis sont vos amis.

Ils peuvent aussi être vos ennemis, en même temps !

Je souhaite faire réfléchir simplement à de telles situations.

Et inciter à gommer, dans les idéologies, ce qui est contraire à la morale humaniste, car les contradicteurs ne sont pas forcément des ennemis.

Ils peuvent aussi vous rendre meilleur.

LA DOULEUR

Sois sage, ô ma douleur, et tiens-toi plus tranquille…
Charles Baudelaire. *Les fleurs du mal.*

La douleur, pour un individu, est une expérience sensorielle et émotionnelle désagréable, liée à des lésions tissulaires, réelles ou potentielles, ou à des fractures psychologiques.

La nociception est l'ensemble des phénomènes qui permettent l'intégration d'un stimulus douloureux au niveau du système nerveux central.

Fonction défensive d'alarme, les récepteurs de la douleur situés partout dans le corps sont activés.

Il faut que la stimulation dépasse un certain seuil pour qu'il y ait un déclenchement du circuit action et réponse : c'est le *gate control.*

Le circuit de la douleur est individualisé par les voies nociceptives ascendantes, allant de la périphérie du corps vers le cortex cérébral en passant par la moelle épinière.

Repartant du cortex vers la périphérie, il se produit une augmentation ou une diminution de la sensation douloureuse.

La rapidité de la communication est un facteur de survie, de la cellule au corps tout entier.

Il doit en être de même dans la société, de l'individu à tous les humains, sans frontières.

Les voies nociceptives transmettent l'information du stimulus par des mécanismes électrochimiqiques (15 à 50 mètres seconde dans le corps).

Curieusement, le transfert de la connaissance du plaisir suit la même voie que celui de la douleur jusque dans l'arrivée dans le cerveau.

La douleur a une valeur de différenciation entre plaisir et déplaisir.

Et pourtant, l'orgasme est un plaisir qui se termine par une douleur exquise, c'est-à-dire portée au paroxysme !

A l'entrée de la face interne du cortex, l'aire cingulaire antérieure est l'aboutissement des voies de la souffrance, et, en arrière, se trouve le site de réception des informations du plaisir.

Le rôle de la douleur peut être considéré comme « un principe de précaution » pour avertir d'une agression quelle qu'elle soit.

Signe d'alerte, la douleur nécessite une conscience.

L'anesthésie locale ou locorégionale ne fait qu'interrompre la transmission de l'information pendant une certaine durée.

La douleur n'existe pas en dehors de nous.

La douleur est une réinvention de chacun. Elle est supportée différemment selon son caractère, sa culture.

La souffrance mentale en est la confirmation ; elle influe sur le moral, d'où **souffrance morale**.

Elle se traduit par des sensations physiques.

Le choc psychologique, quel qu'il soit, peut aboutir à la dépression, voire au suicide.

Soit à la **résilience**, qui vous fortifie.

Le pouvoir de la conscience sur la réaction à la douleur est tel que l'expérimentation de médicaments utilise un groupe qui prend le véritable médicament et un autre un placebo, afin de différencier véritablement ce qui est actif.

Le placebo, je plairai, est un traitement factice, inactif, qui correspond totalement d'apparence au médicament qui doit être utilisé en vue de traiter spécifiquement des symptômes connus pour les corriger.

Médicament et placebo sont administrés à l'insu du malade et du médecin traitant, en double aveugle, pour une observation objective.

Les résultats sont alors évalués et aussi relativisés.

Un médicament est efficace si son action thérapeutique est supérieure au placebo.

L'efficacité d'un traitement est souvent liée à l'attitude du personnel soignant, donc aussi à la relation médecin-malade.

Il est évident que cette expérimentation doit s'effectuer avec un nombre de malades suffisant, pour comparer le vrai et le placebo.

L'effet placebo est un phénomène complexe, aux résultats parfois inattendus.

Douleurs atténuées pour céphalées, allergies, troubles gastriques… et parfois guérison !

L'activation du gène Catéchol-O-MéthylTransférase modifie la production de dopamine en l'amplifiant.

Il soulève aussi un problème éthique.

La loi Huriet (20 décembre 1988) intervient dans l'information éclairée du patient lors d'essais thérapeutiques, et raréfie le nombre de postulants possibles.

Le type de maladie et sa chronicité impliquent un choix thérapeutique où le placebo est hors d'intérêt.

La douleur est parfois d'origine encore inconnue, et seul un traitement palliatif peut en modifier l'intensité.

Nous avons pour exemple la névralgie faciale dite essentielle…

Et la douleur des « amputés » qui, en odontologie, peut aboutir à l'avulsion de dents saines !

Il se pourrait, pour expliquer les douleurs fantômes, que la mémoire de la douleur soit due à une modification de la structure de l'*homunculus* du cortex somato-sensoriel.

Des facteurs périphériques pourraient entretenir cette mémoire.

Le placebo existe dans le milieu social.

On peut considérer les interventions modératrices dans certaines relations sociales comme des placebos. Les mots qui apaisent.

Ils peuvent être la vérité, mais aussi peu réels.

Dans la famille, dire aux membres qu'on les aime, aux enfants surtout, est un facteur de lien. Ce n'est pas de l'argent, cela vaut les cadeaux…

Les politiques, dans leur programme, et au gouvernement, tiennent toujours des propos lénifiants : le bout du tunnel, la fin de la crise, un frémissement, au bord du précipice, et un grand bond en avant, une pause… Ce n'est pas un traitement, mais cela agit comme si !

Il en est de même pour les relations entre individus, comme la politesse, le « savoir-vivre ».

Confessions d'une voyante de Rose Vicari ed. Max Milo 2013.

Les gens malheureux gobent tout ; ils veulent tous entendre qu'ils ont souffert, mais que de grands bonheurs les attendent.

Effet placebo, s'il en est !

Pour soi-même, la méthode d'Emile Coué d'autopersuasion est un placebo.

Prônant « La maîtrise de soi-même par l'autosuggestion consciente », Nancy 1926, il veut créer une hypnose optimiste qui dénie le réel.

La souffrance cellulaire existe-t-elle ?

Pour vivre et s'accomplir, sauf nécessité finaliste comme l'apoptose qui touche des cellules isolées, la cellule a besoin d'énergie, fournie par l'oxygène et le glucose.

D'évidence, tout ce qui interrompt l'arrivée de ces deux éléments va perturber l'existence et l'activité des cellules qui en sont privées, ainsi que les tissus connexes.

L'activité en anaérobiose est courte, et fournit peu d'énergie.

L'apport de glucose, dans un coma, apporte l'énergie nécessaire et correspond à une survie, mais les cellules nerveuses cérébrales qui n'ont pas de réserve énergétique et vont manquer d'oxygène meurent très rapidement suite à un accident vasculaire cérébral, et l'électroencéphalogramme est plat. L'intervention rapide empêche la mort de cellules nerveuses qui ne peuvent se régénérer, et seule une réadaptation des connexions peut permettre une réhabilitation de l'activité cérébrale.

Il en est de même pour les cellules spécialisées, plus fragiles.

La nécrose cellulaire touche en premier « le cerveau » ou noyau de la cellule.

Le noyau se fragmente, se dissout, disparaît.

La cellule morte est digérée.

Par contre, il est habituel que les cellules du tissu conjonctif, osseux, vasculaire permettent de reconstituer la région endommagée, ce qui se retrouve dans les cicatrisations.

La douleur sociale se répercute sur tout un groupe d'individus, une nation, qui se trouvent lésés.

Elle se manifeste par des manifestations de sympathie (à la suite de la mort d'un individu exemplaire par exemple) ou par des gestes de colère (contre un arbitre jugé responsable du gain pour une partie adverse, ou entre les supporteurs de chaque antagoniste...).

En réalité, toute manifestation est due à une revendication douloureusement supportée par un individu (grève de la faim) ou des individus (grève, marche...)

Cela crée une paralysie (comme en physiologie) ou une embolie.

Toute revendication est une réaction contre une agression réelle ou supposée.

Une agression envers une agression

Ou la manifestation gagne et, comme dans un Accident Vasculaire Cérébral, le cerveau politique est atteint.

Ou c'est le contraire et l'élément perturbateur abandonne, avec perte des chefs mobilisateurs.

Il est à remarquer que l'instinct de propriété est toujours sous-jacent !

Garder ou acquérir des privilèges, etc.

Obtenir et se faire donner !

ÉGALITÉ ET BIOSOCIOLOGIE

Les problèmes métaphysiques ne sont toujours pas résolus.

Les dieux existent-ils ?

Ils étaient du tonnerre, mais Zeus ne s'est plus manifesté, ni sa filiation, depuis les temps mythologiques.

Les représentations anthropomorphiques se sont transformées en fées et génies, doués de pouvoirs surnaturels, des contes dont on ne tient pas compte, sauf pour endormir les enfants, « grimés » ou non.

Les dieux supprimés, le problème de Dieu, représenté par trois parentés pour l'Unique, a pour exister la croyance et la foi pour certitude.

Les problèmes de la vie, de la pensée, de l'âme, problèmes existentiels philosophiques, ont, sociologiquement, des répercussions sur le comportement individuel et social des humains.

Mais les problèmes matériels de société évoluent et sont de plus en plus d'actualité.

Depuis Adam Smith… Marx… Keynes…, les lois économiques analysées tentent de s'adapter.

Mais subsistent les problèmes humains de la faim dans le monde, des crises et du chômage, de l'égalité légale et sociale pour tous. Et pour la propriété, et sa transmission.

Pour un travail à exécuter, dans une profession donnée, l'égalité sociale ne doit tenir compte que des aptitudes pour l'accomplissement de la tâche, quels que soient le sexe, l'appartenance sexuelle, la couleur de peau et la religion (sauf si celle-ci est contraignante pour une spécialité donnée) mais que toujours le meilleur gagne.

Cela supprime le problème du genre.

Et que faire de la grammaire, où certains termes s'accordent, en genre et en nombre, où le masculin prime ?

Le problème véritable est l'égalité pour tous, hommes et femmes.

L'égalité dans l'absolu est toujours un objectif idéalisé.

Les religions verront leur machisme diminuer par la révolte des femmes.

Le droit des femmes est plus difficile à obtenir que le mariage pour tous.

Des femmes rabbins, pasteurs, sont un début de libéralisation.

Gardons un voile pudique pour les autres qui s'émanciperont plus vite, que les temps passés jusqu'à présent. Le ventre des femmes pourrait féconder leur liberté.

Mais à égalité, c'est le, la DRH qui choisit, et ce sera alors sur des critères appréciés par lui, elle, seul(e).

Selon les caractères qu'ils possèdent chacun, les mêmes que ceux demandés aux quémandeurs. Dilemme !

Pour DRH, préciser directeur ou directrice des ressources humaines.

Si nous acceptons ce qui est dit plus haut, il reste que, dans le monde actuel, les graves problèmes restants sont évacués pour des problèmes existentiels, que je dirais hédonistes.

Il ne reste que l'égalité de la vie sexuelle qu'on peut choisir, quelle que soit la société.

Le droit pour chacun de vivre sa vie comme il l'entend, même pour les sourds.

Pardon, je devrais dire mal ou non-entendant, en sourdine, c'est sûr, pour le politiquement correct.

Je me souviens d'un de mes patients qui me disait : « Fermez les yeux, docteur, vous êtes non-voyant, éphémère, et pour moi c'est pareil, mais ouvrez les yeux, moi alors, je reste aveugle. »

Le mot ne change pas mon mal.

Et je suis comme vous ; chaque jour qui passe, je fais mes rides. **Je vois** la vie qui passe.

Le sexe, unique objet de mes ressentiments, pour un adepte de la théorie du genre.

Obsédé pour ne plus l'être ! Par principe, de base.

Et je pense que, toujours, les principes personnels cachent une réalité.

Obsédé par ce qu'on est, de peur de n'être pas reconnu, de n'être pas accepté.

La langue française a évolué. Egalité oblige.

Le professeur et la professeure enseignent. Maître et maîtresse. Comment doit-on les appeler ?

Pour les enfants des écoles. Ils ne sont pas neutres.

Le professeur peut être un voyou, quand elle acquiert une voyelle, qu'il n'accepte pas.

Un homme a une maîtresse, qui lui apporte ce qu'il lui manque. Lui apprend-elle ?

Et la femme qui se trouve un amant, en aimant ce qui l'attire, serait-ce la même recherche ou aussi la recherche d'un manque ?

Chacun est responsable de l'acte d'autrui. Et un « vice vers ça ». Peut-être.

Le problème du genre est un problème d'adulte

Fragiliser l'esprit des enfants pour des satisfactions d'adulte est un non-sens et poussera les jeunes enfants à avoir des problèmes psychologiques dont les adultes seront responsables.

Pour l'égalité, dès la naissance, faut-il supprimer à l'enfant toutes les distinctions entre les sexes ? Alors, plus de chaussons bleus ou roses, tous avec des beiges ! ! !

Et faire jouer les garçons (pardon) à la poupée et les filles (repardon) avec des soldats de plomb ! Ne pas les obliger et leur laisser le choix.

Mais quand ils iront « pisser » ensemble, ils seront différents.

Dis pamma ? ou dis mapa ? en suédois, (*Le Figaro* samedi 22 juin 2013 page 15) pourquoi hen a quelque chose qui pend ? ou pourquoi j'ai quelque chose qu'hen n'a pas ?

Hen, pronom neutre pour remplacer il ou elle. « *Nous pensons que lorsqu'on parle de quelqu'un sans lui donner un sexe, on a plus de chance de rencontrer l'être humain d'abord, sans être pollué par les préjugés relatifs au genre. Les enfants ont le droit de construire leur identité librement, sans être limités par ce qu'ils sont censés faire ou pas, en tant que fille ou garçon* » (id.) déclare Karin Salmson.

Texte abscons pour 7 milliards d'habitants du monde ; seul le surnombre est peut-être d'accord.

Pourrait-on parler « sans haine » envers la société ? Elle est plus conciliante.

Tant de phobies ont déjà évolué !

Le hennissement est un remède de cheval, appliqué à tous, pour le bien des centaures !

Chassez le naturel, il revient au galop. (Destouches : le glorieux)

Naturel étant pris dans les différents sens.

De nature, qui appartient au monde « physique »

Mais aussi des caractères dépendant du tempérament !

Ce proverbe s'applique ainsi au genre, et la biologie a toujours, ici, le denier mot.

Dans un livre sur l'évolution, *Hen's teeth and horse's toes*, littéralement *Dents des poules et orteils des chevaux*, en 1983, Stephen Jay Gould a vu son titre transformé en *Quand les poules auront des dents*. Fayard 1994.

Les *hen* suédois (toutes des poules ?) auront du mal dans les pays anglophone qui auront la dent dure !

Un médicament est pour tous, mais certains ont le choix du genre.

Pour ou contre la femme enceinte, ou ménopausée ! Par exemple.

Et pour qui le Viagra ?

Quand un mâle sera enceint (si cela devient possible !), les femmes ne seront plus les égales de l'homme, car elles auront perdu ce qui était leur véritable supériorité, l'enfantement.

Avec l'inverse possible, pourquoi pas ?

Alors, il y aura bien des possibilités d'accouplement fécond.

Homme et femme, couple originel.

L'homme femme, enfantant par l'homme homme originel.

L'homme femme enceint de la femme homme transformée.

La femme d'origine mise enceinte par la femme homme.

La femme transformée mise enceinte par l'homme d'origine.

L'homme transsexué mis enceinte par femme transsexuée !

De la science friction !

Et les couples se tromperont alors, souvent, à leur insu !

Où est l'égalité quand un homme inverti en vaut deux ?

En cinquante-cinq années d'exercice professionnel, j'ai soigné une quarantaine de couples avérés homosexuels. Ecrivains, philosophe, musiciens. Et d'autres sans doute.

Livres dédicacés, vins, fleurs parfois. Et leurs repas délicieux avec mon épouse.

Il m'a semblé que, dans ces couples, il y avait une similitude de comportement avec les couples hétérosexuels. Un(e) se manifestait comme un homme, et l'autre comme l'épouse.

La culture peut faire mettre des brodequins pour faire des petits pieds aux Japonaises ; elles seront toujours du même sexe.

Au Japon, on fait pousser des pastèques (*Direct matin*, du 4 juillet 2013) dans des boîtes cubiques et, au lieu de pousser rondes, elles sont carrées et plus faciles à transporter, mais ce sont toujours des pastèques.

La culture change les formes, même de penser.

Car culture a aussi des sens différents.

Mais pas ce que l'on est de naissance.

Le mot humain est parfait pour caractériser, sans les individualiser, les hommes, les femmes, les différentes classes d'âge selon leur évolution, les hétérosexuels, les homosexuels, les transsexuelles, les nudistes (qui, tous, peuvent se changer dans le même vestiaire).

Le genre humain est international, c'est bien connu.

Biologiquement, il y a des hommes, et des femmes.

C'est bien connu aussi.

Il y a aussi des intermédiaires, des hermaphrodites, phénomène biologique dans lequel l'individu est morphologiquement, simultanément ou alternativement, mâle et femelle, ou femelle et mâle.

La biologie a créé, à partir d'un comportement sexuel, des possibilités que l'humain s'ingénie à plagier sous une forme dite de masturbation intellectuelle.

Ce qui donne naissance à l'évacuation de la notion de genre.

Ce qui ne peut être un concept. Car le genre est une réalité.

Dans les deux sens du terme, il n'est pas, pour dire simple, virtuel comme la liberté, l'égalité et la fraternité, conscience, âme…

Il ne peut être un projet d'origine.

Il y a, certes, une part d'inné pour certains, certaines.

Si on devient homosexuel par intention (c'est une éventualité), c'est par curiosité (rarement) ou contre un environnement contraignant.

Des femmes, rebutées par la brutalité de l'homme, ont « viré de bord » comme on dit.

Problème œdipien pour d'autres.

On choisit donc, en général, « par nécessité ».

La biologie n'est pas une vue de l'esprit

La notion de genre, homme ou femme, se visualise dès la naissance, à la sortie.

La puberté est biologiquement, une capacité à créer des rapports mâles et femelles pour procréer.

Le génie humain permet d'éviter cet ultime résultat avec des moyens physiques, préservant matériellement (préservatifs, pessaires, liens chirurgicaux) ou par des médicaments (pilules d'avant, ou d'après) une arrivée non désirée.

On peut greffer un utérus à une femme, mais pas à un homme.

Et combien de transformations biologiques faudrait-il réaliser pour qu'il puisse enfanter ? Bienvenue, Madame Frankenstein !

Mais les tenants du genre sont du genre circonspect.

Par définition, pour eux, la société est malveillante. A canaliser dès l'enfance.

La sexualité doit être un choix, et l'environnement n'est pas toujours permissif !

Ce qui compte, en fait, surtout dans les pays évolués, c'est le plaisir que s'octroient les gens.

Sauf pour les pédophiles, car l'enfant est sacré. Il y a donc des individus bannis !

L'inégalité dans l'égalité ! Le pédophile sera puni, et l'enfant sera traumatisé longtemps, peut-être toute sa vie.

La théorie du genre me fait penser à Trofim Lyssenko (s'inspirant de Mitchourine) qui, ayant utilisé une méthode connue des paysans, la vernalisation, et s'élevant contre les chercheurs généticiens occidentaux, donc pervertis, s'écria :

« *Un ennemi de classe est toujours un ennemi, qu'il soit ou non savant* ».

Il fut applaudi par Staline, qui fit de lui un « grand patron ». Pardon !

L'homosexualité ramène toujours au genre, dont on est issu !

Même quand elle est acceptée par tous.

En accord avec le matérialisme dialectique, basé sur le concept que l'environnement influence la nature humaine, Lyssenko affirme que, de même, par nature, les plantes sont influencées par les conditions du milieu.

« Celui-ci, en modifiant le corps des être vivants, peut en même temps modifier le patrimoine génétique, affirme-t-il. Comme les pastèques ?

De nombreux prix Nobel, Haldane, Monod, ont réfuté ces théories, tombées en désuétude, sauf pour montrer ce qu'il ne faut pas faire.

La théorie du genre pense que l'environnement, particulièrement en modifiant la vision des individus pour les individus, par les mots amènera l'égalité sociale. C'est une désensiblilisation.

Mais si les mots ont un sens, alors la propagande et le matraquage (*bashing*) sont des atteintes à la liberté.

Le lavage des cerveaux est une création des pouvoirs

Où se trouve l'égalité si des individus deviennent des prédateurs qui s'emparent de la liberté d'autrui, interdisant la liberté d'expression ?

Parodiant Lyssenko !

« *Un ennemi de la Procréation Médicale Assistée est forcément homophobe.* »

Ce n'est pas vrai. Les deux problèmes ne sont pas les mêmes.

L'un touche à un problème existentiel d'adulte, résolu par une loi.

L'autre touche à un problème lié à une vie à réaliser, celle de l'enfant.

Quand un couple a malheureusement un enfant né trisomique, je dis que pour l'enfant ce ne peut être le grand bonheur. On fait « avec amour » pour les parents. Comment faire autrement ?

Car on est responsable !

Mais quand les parents disparaissent (je l'ai vu dans mon exercice), c'est le malheur total pour l'enfant, qui reste avec son handicap.

On ne peut préjuger de ce que sera l'avenir d'un enfant né ailleurs et transféré.

La recherche des enfants adoptés pour connaître leur origine, même dans des familles qui les ont élevés avec amour, le prouve.

L'égalité, à partir du mariage, est un article de loi, mais l'enfant n'est pas un article acquis pour le besoin affectif du couple.

Pour être logique, le droit de l'enfant est primordial, le désir des parents est secondaire.

Hitler voulait un Reich avec des enfants, « bons Aryens » et prêts à tout.

Il a fait créer pour cela les Lebensborn, crèches récupérant les enfants des filles-mères et lieu, où les SS pouvaient faire des enfants à des femmes pures Aryennes, pour une « race » qui devait durer 1000 ans !

La théorie du genre interdit la liberté de croire qu'il existe des différences qu'on ne peut exprimer dès l'enfance.

C'est comme faire croire que l'évolutionnisme n'existe pas pour certains, ou imposer que le créationnisme soit la religion de tous !

La théorie du genre a mauvais genre si elle veut s'imposer de la même manière.

Ce pragmatisme égalitaire n'a pas de fondement en ce qui concerne les sociétés.

Du fait même de la biologie.

Car on est comme on naît. C'est l'inné. C'est écologique.

L'acquis culturel n'est qu'appréciation. Donc sujet à discussion. Philosophique.

Mais plus physique, sexuellement parlant, à accepter avec philosophie.

On naît mâle ou femelle. On est ce que l'on veut, plus tard.

Même si une partie innée peut pousser à l'homosexualité.

Le genre n'est pas une maladie.

On est beau ou laid pour les gens, selon des critères personnels.

On se gausse de la courbe physique d'une femme, quand certaines convoitent un « maître étalon ».

L'on est influencé par la mode, mais la mode c'est pour faire comme les autres, afin de se singulariser. Les fameux neurones miroirs !

On est plus ou moins capable physiquement, ce qui crée la diversité sportive entre autres, y compris dans certaines professions où il faut plus de force, d'endurance.

Et le résultat démontre l'inégalité biologique. Même dopé.

Armstrong, dopé, était meilleur que des suivants, dopés aussi.

Aussi en athlétisme, et ailleurs.

On ne fait pas courir un 100 mètres hommes et femmes réunis.

On pourrait. On a bien fait galoper un cheval de course contre un champion du cent mètres.

Ou alors, à l'intérieur même des courses, il faudrait un classement par genre !

Certainement que bien des coureurs seraient derrière les femmes.

C'est bien connu.

Et on ne fait pas courir des étalons derrière des juments en chaleur, elles arriveraient toujours devant, je suppose !

Il y a le « bac à lauréats » actuel, pour traverser le cursus des études secondaires, pour aborder des Univers, cités pour un summum des connaissances.

Là, les concours s'amorcent, et les meilleurs doivent arriver.

Mâles et femelles.

Le baccalauréat actuel vise à démontrer que l'enseignement est merveilleux, car 80 % et plus d'étudiants sont reçus, quitte à inciter les correcteurs à l'indulgence pour modifier les notes, et donc le pourcentage de reçus. Tout le monde est égal ! On y retrouve la courbe de Gauss !

On se gausse des étudiants dont l'avenir aurait pu être prévu avant, peut-être.

Car il y a l'intelligence, différente en intensité, et adaptée à des aptitudes pour certaines activités.

C'est pour cela que, dans l'égalité, la parité est une inégalité.

Le genre a-t-il besoin d'une théorie, puisque ce n'est que pour le droit de s'aimer ?

Le genre mâle ou femelle est acquis biologiquement, comme nous l'avons vu.

Seul, le problème de la transgression biologique est déjà offert par la loi, avec le mariage pour tous. Et la transmission des héritages !

Mai 1968 a vu une révolution initiée par un trop grand nombre de sociologues sans débouchés.

Les problèmes de filiation qui vont se créer vont-ils créer une nouvelle révolution par manque de psys ?

La notion de genre est une acception d'un style et n'a de sens qu'au bénéfice de celui qui le crée.

Un peintre peut dire : mon genre ; c'est l'abstrait.

Un homme ou une femme se rencontrent, deux femmes ou deux hommes se trouvent, chacun est le genre de l'autre. C'est mon genre et c'est mon choix.

Sans qu'une fierté d'exister pour chaque couple soit une obligation de le montrer.

Et moi, je suis comme je suis. Si mes goûts ne me portent pas vers un amour de ces particularités pour moi, mais nécessités **pour d'autres**, je sais qu'**ils existent, au même titre que moi**. Mais ni moins, ni plus.

Ce n'est pas de la tolérance, j'y suis contre, car ce serait les humilier, et pour moi, la perte du droit de m'exprimer.

Je les reconnais, ils m'en doivent autant. C'est aussi mon genre.

Punir car on n'a pas les mêmes visions, non.

Il ne faut pas supprimer le libre arbitre, qui existe pour tous.

Punir l'appel au meurtre ? Certainement, car c'est le début d'un assassinat.

A bas… à mort sont punissables.

Les assassins doivent être punis. Selon les lois. Qui sont ce qu'elles sont !

Dans les différents pays.

Je me souviens de gens qui disaient :

Je suis contre la violence et je casserai la « gueule » de ceux qui sont pour.

Je dis : « on n'engueule pas, on envisage ».

C'est plus humain.

Liberté de penser et de l'exprimer, quelle que soit son opinion, va à l'encontre de la pensée unique, idéologie forcément totalitaire, analogue au comportement biologique.

La censure créée par le politiquement correct est inacceptable.

Uniformiser à la base est du totalitarisme.

Réécrire la biologie selon ses intentions, c'est comme réécrire l'Histoire selon ses vœux.

Parler des femmes en mieux, ou en plus, c'est autre chose !

Chacun doit être à même de se responsabiliser pour ses paroles et pour ses actes.

Et en accepter les sanctions, si des dommages collatéraux en découlent.

De quel genre es-tu ?

Genre optimiste.

Non, je veux dire de quel genre es-tu ?

Comme j'aime les gens de toutes sortes, et de tous les endroits, je dirais : international.

Non, ce n'est pas ça. De quel genre es-tu ?

Ah oui, du genre humain ; c'est aussi ma lutte finale.

Mais je ne serre pas le poing, bras semi-levé, pour frapper les contradicteurs.

Et encore moins, bras levé, en extension, paume vers le sol, pour abaisser ceux qui ne pensent pas comme moi.

Oui, c'est ton problème, mais bien plus. De quel genre es-tu ?

En peinture, je préfère le figuratif et le naïf (identifiant) à l'abstrait (irréel pour moi). Me pardonnera-t-on d'être ignare ?

Mais tous ont le droit de s'exprimer et de s'affirmer. C'est leur droit.

C'est encore aussi de mon droit en démocratie.

Avant d'être poursuivi par le politiquement correct ? Qui sait ?

Rien n'est à brûler comme parfois ailleurs.

Y compris les livres comme les gens.

Et les drapeaux, les croix, les églises, les temples, les mosquées et les synagogues… à présent.

Il existerait donc, en peinture et en politique aussi, des genres, des sous-genres… ?

Tu ne comprends pas ! De quel genre es-tu ?

Ah oui, homme ou femme ?

Non, sexuellement parlant.

Comme je suis un ange, je ne discute pas de sexe. La seule sexualité qui m'importe, c'est ce que chacun fait de son affection, et de son corps, ce qu'il veut.

D'ailleurs, on parle d'un amour, et même les lesbiennes s'offrent **un grand amour.**

Mais, homo ou hétéro, ce sont toujours **les amours les plus belles.**

Alors, il y a égalité ? OUI.

Par le nombre, certainement pas.

Révélés ou non, les homosexuels sont encore en bien moins grand nombre.

Cependant, ils doivent être **considérés avec égalité** dans une société, y compris au niveau des comportements.

Egalité n'est pas forcément parité.

Pour un poste donné, on prend ce qu'il y a de mieux.

La volonté de parité est comme le politiquement correct.

Mettre n'importe qui en dernier de liste, dernier en politique, pour appliquer la loi, c'est une faute !

On ne doit pas renier les qualités de chacun, par souci d'égalité, même selon le genre.

La valeur des qualités doit être supérieure au nombre des défauts.

Autrement dit, afin de me faire insulter, **pour diriger, et exercer,** les capacités intellectuelles ou manuelles sont supérieures et doivent primer, sur ce qu'il est fait, par ailleurs. Mieux vaut se faire opérer par le meilleur chirurgien, qui tromperait sa femme, plus que par un moins bon, excellent mari ! Cela se voit aussi en politique.

Aux États-Unis, pour une valeur d'exemple simplement, et sûrement dans d'autres pays.

Dans une élection, si une liste est faite et que l'on prend le nombre d'élus dans l'ordre fixé, le choix de l'ordre est déjà inégal.

Je ne crois pas que les meilleurs soient vraiment les mieux placés !

La logique devrait être de créer, pour la même liste, deux colonnes, homme, femme, avec panachage possible pour un ordre choisi par chacun des votants ! ! !

Il n'y a aucune fierté, ni aucune honte à être ce que l'on est, ni ce que l'on naît.

S'il n'y avait plus que des hommes, l'humanité s'éteindrait avec le dernier.

S'il ne reste que des femmes, l'humanité disparaîtra avec la dernière.

La biologie existe pour le pouvoir de faire naître des enfants.

Le mariage est pour le Droit affectif des adultes.

Et pour « l'héritage » financier à transmettre.

La propriété est toujours une valeur.

Et la jalousie des hétéros et des homos en est aussi une forme.

Il en est qui ne se voilent pas la face quand ils ont des vapeurs pour l'autre sexe.

C'est l'homo-hétérosexualité.

Il existe même du « sexe à piles », quand on est en manque.

Où un dieu (God) ne va-t-il pas se nicher ?

Avec la PMA, où se retrouve l'égalité entre les deux conjoints ?

Un homme et une femme ont un enfant, de eux deux.

Avec la Procréation Médicale Assistée, pour un couple homosexuel, un seul à un enfant.

Où est l'égalité ? Lequel, laquelle choisir ? Deux pères, deux mères, et s'ils divorcent ?

Car, si l'homosexualité est égale socialement, il faudra bien que les couples se trompent pour procréer ! Des deux sexes évidemment.

Nul ne peut se vanter de se passer des Hommes. (Sully Prudhomme, le bien nommé)

Alors, où se pose le problème actuellement ?

« Tout peut changer mais non l'homme et la femme » Louis Aragon, le second intermède, cité p. 53 de *Dieu, ma mère et moi* F.O. Giesbert, éd. folio.

Aboutir à ce que, pour les hommes et les femmes, l'égalité, à égalité de capacités, soit la règle, quelle que soit leur vie privée par ailleurs.

Cela semble fondamental dans l'époque actuelle.

Il y aura toujours (il faut l'espérer) des hommes galants, et des femmes galantes (nécessité oblige).

Je veux dire que l'égalité sociale ne doit pas altérer « le savoir-vivre » dans la Société.

Le problème du genre n'est certes pas crucial en ce moment.

Le mariage pour tous était un accès de fièvre, mais collatéral, dû à la vraie maladie sociale économique. On en oublie les causes.

Avec la désensibilisation, c'est le temps qui supprimera petit à petit l'homophobie, et l'éradiquera.

Même si ce n'est pas encore mondialisé, et l'homosexualité est toujours punissable dans certains Etats.

La fièvre sociale passée, la maladie reste. Car la crise perdure.

Ce problème était moins urgent que toutes les conjonctures économiques, sociales et culturelles.

Cette focalisation permet d'occulter pour un temps d'autres problèmes.

Ainsi, on pourra en créer un autre, celui de la prostitution.

Il vaut mieux punir les souteneurs que celles qui les entretiennent par la force. On dit aussi : pas de receleurs, pas de voleurs !

Il vaut mieux que les hommes trouvent des femmes, rétribuées pour le besoin qu'elles soulagent, quelle que soit l'origine des besoins, plutôt qu'ils n'en manquent, pour éviter que se forment des violeurs par nécessité.

Il y en a déjà suffisamment qui sont des malades.

Il existe des malheureux seuls, des malheureux avec des infirmités, qu'aucune société ne sait prendre en charge, et ces femmes sont des thérapeutes nécessaires.

La bien-pensance doit s'en prendre plus à ceux qui les exploitent.

Et moins à ceux qui peuvent les faire vivre.

Certaines réussissent mieux en se mariant ! Pour un seul homme.

D'autres problèmes nécessitent des solutions.

Et dans la culture, entre autres, les mots se terminant en isme sont parfois sources de plus grands maux mondiaux.

Etre noir, juif et gay en même temps est alors triste et encore moins facile, car c'est être sujet à un ou à plusieurs des antagon**ismes** : rac**isme**, antisémi**tisme** et homophob**isme**.

L'antisémitisme sournois, sous prétexte d'antisionisme, fait que des « juifs » quittent un pays par peur !

« *Alea jacta est*, le sort en est jeté », dit un juif.

Pour lui, le retour en Israël devient « *Alya jacta est*, il sort car rejeté ».

Il ne reste que peu ou pas de juifs dans certains pays, qui sont *juden frei*, *juden rein* comme le voulaient les nazis, dont le sort des citoyens ne s'est pas amélioré.

Pays sans ou nettoyés des juifs.

Heureusement qu'ils sont reçus ailleurs.

D'autres non-juifs n'ont pas cette chance, car aussi rejetés, cette nécessité d'être accepté ailleurs n'étant pas toujours finalisée, n'est-ce pas ?

Que veut définir le mot genre ?

Son **origine**, qui veut dire **engendrer**, provient de la racine *gan*, qui est restée vivante dans toutes les langues indo-européennes… *genus* en latin.

Dictionnaire Larousse du XIXe siècle (1870).

« Classe d'êtres ou d'objets assimilés par des propriétés communes »

Le Larousse 2009,

« Idée générale d'un groupe d'êtres ou d'objets présentant des caractères communs » *Le Robert* 2013.

Parmi ces définitions, la première parle de propriétés, les deux autres de caractères.

L'évolution du mot se retrouve dans les définitions. Pour simplifier.

Dans la première, les propriétés de l'homme et de la femme sont les mêmes, pour chacun, les différences créées sont dues à la couleur de peau par exemple, d'où utilisation du mot race.

Non applicable à l'espèce humaine.

Pas plus de race colorée, que de race cultuelle.

Les deux autres définitions ont enlevé le mot propriété, car seuls les caractères diffèrent (comme le phénotype en biologie).

Le genre résulte de l'expression phénotypique du génotype et de l'influence du milieu.

Homme ou femme avec, parfois, des influences biologiques certainement sous-jacentes, naturelles, mais qui, pour tous, s'expriment dans un environnement révélateur impulsif, familial, culturel, et aussi sociétal.

L'Antiquité donne de nombreux exemples d'homosexualité, qui était normalement acceptée... Dans les sacrifices aux dieux, les Incas jetaient dans les puits des jeunes filles et des jeunes hommes, on ne sait jamais !

J'attends, avec plus d'impatience, les livres et les cours qui parleront des méfaits très meurtriers de l'alcool, du tabac et des drogues dès les plus jeunes classes.

C'est beaucoup plus important pour la santé des individus, et de la société.

Vivre, conduire, bien se conduire dépendent aussi de ces addictions.

Tous les mâles ont ce qu'il faut pour violer : ils ne le font pas tous !

Ils se sentent responsables.

La conduite d'une voiture, quelle que soit la vitesse, dépend du conducteur.

Même pour un conducteur de train, comme à Compostelle (août 2013).

En définitive, écrire des livres pour expliciter les différences égalitaires sexuelles, c'est rester dans la mouvance d'une bataille peu meurtrière, à l'égal du créationnisme, et contraire à la réalité, à la différence des guerres encore actuelles, géopolitiques, et s'inspirant de concepts idéologiques.

J'ai en face de moi X soldats, j'en tue Y, combien en reste-t-il ?

Une façon scolaire d'apprendre idéologiquement la soustraction !

Et cela existe !

C'est aussi ouvrir des guerres civiles contre des pseudo-incivilités qui avaient tendance à s'estomper lentement.

Ne payons pas pour une Education Nationale, laïque, créatrice de solutions pour des problèmes qui sont artificiellement imaginés !

Souffler sur des braises pour enflammer les gens qui se soucient d'autres améliorations matérielles est une preuve de maturité d'exploitation politique.

C'est aussi créer une fièvre, une inflammation, à un moment crucial électoral.

Sortir de la crise, ainsi que supprimer l'insécurité ambiante, est plus une obligation de véritables politiques, et surtout de techniciens.

Qu'ils soient capables, dans la mondialisation actuelle, de s'élever au-dessus d'idéologies idéalisées, qui obligent à des légalisations de problèmes de société qu'on peut procrastiner.

DU PRINCIPE DE PRÉCAUTION AU CONCEPT DE SANTÉ

Une utopie vertueuse

« Appuyez-vous sur les principes, ils finiront bien un jour par céder »
(Talleyrand ou Oscar Wilde)

Le principe de précaution est inné, pour tout ce qui vit.

Quelles que soient les cellules, elles possèdent toutes, a priori, des moyens de défense appropriés contre certaines agressions.

Bien plus, il y a des cellules « vierges », prêtes a récupérer des informations pour combattre l'agresseur.

Pour l'Homme, sa protection va de sa personne à l'entourage social : la famille, la tribu, le village… l'Etat, le monde et l'environnement.

Le principe de précaution a certainement débuté avec les premiers humains.

Ce furent des **règles**, créées tout d'abord par la précarité de l'existence.

Tout le savoir de ce qui était néfaste s'apprenait au fil des dangers surmontés.

Et tout ce savoir se transmettait oralement et par l'exemple aux membres de la tribu.

La notion de santé s'exprimait alors grâce aux connaissances acquises.

L'utilisation par exemple de plantes bienfaisantes et le rejet de ce qui avait été mortel ou nuisible.

On apprenait ce qui était bon pour la santé et ce qui ne l'était pas.

Ce savoir appartenait surtout, dans une tribu, à celui qui devenait « le chef de meute », aux sorciers surtout.

Les Hommes ont toujours eu des individus, auto-proclamés par la force (c'est le totalitarisme) ou choisis pour leur charisme (ce qui est retrouvé dans les démocraties).

Cette soumission et ce besoin d'être guidé ont suscité, de plus, la notion de dieux protecteurs et salvateurs.

S'y ajoute le Dieu Principe, origine créant le monde, pour ceux qui le vénèrent.

Les gouvernants sont humainement similaires et doivent conjurer nos peurs.

Cet exposé liminaire, synthèse synthétisée, est une base pour expliciter notre argumentation.

Un principe, en physique, correspond à une loi à caractère général, régissant un ensemble de phénomènes et vérifiée par l'exactitude de ses conséquences.

Par extension, ce terme a pris une connotation de règle de conduite.

Ramené au principe de physique, qui est une loi universelle, il apparaît que ce terme, s'appliquant à chaque individu, est susceptible de modifications.

J'ai pour principe d'être tolérant, je n'admets pas le sectarisme, et je suis intolérant contre les sectaires.

Si mon principe est d'être contre la peine de mort, ai-je le droit d'être pour, contre les assassins d'enfants par exemple ?

Les principes personnels sont parfois contradictoires.

Si, par **principe**, je n'enlève jamais mon chapeau en public, en réalité c'est que « **le chapeau peut être le couvre-chef d'un teigneux** ».

Autrement dit, on fait porter le chapeau au principe, pour cacher une volonté, un défaut personnel, ou de société.

« Moi qui ne suis pas radin » est ainsi la preuve cachée d'une avarice !

Le principe sert à justifier des idées, s'en servant de prétexte pour des actions, utiles ou néfastes.

Ce sont alors des émanations de comportements existentiels.

Il est préférable de parler de règles de précaution ou de recommandations plutôt que de principes.

Car, en politique, justifier des actes au nom de principes, c'est s'exposer aussi à la défaite au nom d'autres principes.

C'est aussi s'impliquer dans des actes répressifs au nom du principe de précaution.

Prisons dans les démocraties, camps de concentration dans des États totalitaires en sont des exemples.

Les principes de précaution devraient avoir pour origine des obligations éthiques de savoir-vivre.

Et savoir vivre c'est aussi savoir se protéger.

Il devient nécessaire d'ériger ce principe en loi.

Et donc de punir ceux qui y contreviennent ! ! !

Il fallait, suite aux avantages de la vaccination antivariolique, obliger les individus à s'y soumettre.

L'éradication de cette maladie étant effectuée, l'obligation a été supprimée.

Les règles d'utilisation supplantent le principe de précaution

Le code d'Hammourabi, les tables de la Loi, le serment d'Hippocrate revisité par Maïmonide, les lois éthiques de Nuremberg de 1945, tout cet ensemble impose des règles de bonne conduite, qui se modifient au fur et à mesure de l'évolution des connaissances scientifiques et des contingences sociales.

Mais **toutes les règles de précaution ont un coût** et, alors, l'économie d'un pays est sérieusement impliquée.

Et les autorités sont responsabilisées vis-à-vis de l'opinion publique.

Deviennent-elles aussi coupables s'il advient des erreurs à des niveaux inférieurs ?

Responsable ? non-coupable ?

Il existe une géopolitique de l'émotion ou chaque pays réagit face à un problème, selon le mode de vie, c'est-à-dire pays riche ou non, et l'appartenance politique ou religieuse.

Il existe un quotient émotionnel propre à chaque individu, qui découle de son cursus existentiel, dans son environnement.

Un exemple flagrant est celui ou les gens s'apitoient sur le sort d'un député faisant la grève de la faim, dans un pays riche, pour éviter une délocalisation, cependant que des millions d'enfants affamés meurent ailleurs, sans susciter la même émotion dans ces mêmes pays.

Il apparaît, ici, tout ce qui touche à l'inconscient personnel et collectif des individus d'un pays.

D'abord, ne pas nuire ?

D'accord.

Mais là intervient l'éthique, et le rapport entre le risque et le résultat !

Pasteur devait-il intervenir pour tenter de sauver un enfant mordu par un chien enragé ?

Lors de l'utilisation de la pénicilline en France, juste après la Deuxième Guerre mondiale, il y eut des cas mortels, disons cent pour cent mille malades. Fallait-il arrêter son utilisation, malgré les résultats spectaculaires obtenus ?

A partir de ces résultats, il fallait trouver de nouvelles règles bien plus protectrices !

En 1998, un à deux cas d'affection démyélinisante sont attribués (sans certitude) à la vaccination d'une cohorte de 800 000 enfants contre le virus de l'hépatite B.

Y avait-il une raison de suspendre cette vaccination en milieu scolaire, tant sur le plan scientifique que sur le plan épidémiologique ? (A.M. Goudeau Concours médical 8 mars 1999).

Le possible bien-être d'un individu prime-t-il sur la préservation d'une société ?

La peur d'un procès ?

L'Etat serait-il en cause ? Et devrait-il alors payer ?

Nous voyons bien là où se trouve un problème.

C'est pour cela que le Principe de précaution est devenu la loi relative à la Charte de l'environnement, article de loi numéro 2005-205 du 1er mars 2005 dans la Constitution française.

« Lorsque la réalisation d'un dommage, bien qu'incertaine en l'état des connaissances scientifiques, pourrait affecter de manière grave et irréversible l'environnement, les autorités publiques veilleront, par application du principe de précaution, et dans leurs domaines d'attribution, à la mise en œuvre de procédures d'évaluation des risques et à l'adoption de mesures provisoires et proportionnées afin de parer à la réalisation du dommage ».

Et si ce Principe était appliqué aux dirigeants qui font des erreurs d'appréciation dans la conduite de l'Etat ?

Erreurs qui rendraient l'Etat malade ! Ce n'est qu'une divagation.

Le concept de santé

Spontanément, notre organisme maintient un état d'équilibre qui lui permet de vivre dans un milieu difficile, qui est la source de sa nourriture.

L'être humain, se basant sur les caractéristiques comportementales de l'organisme, en a recensé les moyennes générales, pour tenter de maintenir cet organisme dans ces normes.

L'organisme tente de répondre spontanément à ce qu'il définit comme dangereux pour lui-même.

Si la réponse salutaire n'est pas trouvée, des troubles sont ressentis par l'individu qui est alors considéré comme malade.

La médecine a pour but de constater ce qui est étiologiquement responsable de l'état maladif, le diagnostic se référant aux signes cliniques et aux différents examens annexes nécessaires, et de tenter de remédier aux effets en corrigeant ou supprimant la ou les causes.

Tous les effets maladifs ont pour origine un dysfonctionnement cellulaire.

Pour revenir aux normes qui permettent une vie cellulaire programmée, chirurgie et médicaments vont se substituer aux réactions de défense de l'organisme déficient, en remplaçant les effets de l'activité perdue.

Socialement, il en est de même pour les activités humaines.

Demandez à n'importe qui comment il peut définir la santé, la réponse la plus courante sera l'absence de souffrance. Y compris le ressenti des individus dans un contexte politique.

Cette notion correspond au ressenti physique le plus traumatisant et le plus invalidant, quel que soit le degré de douleur.

Une notion est une tentative de regroupement, sans définition précise.

Un concept est une construction de l'esprit, une idée qui circonscrit **un ensemble de caractères stables et de propriétés communes.**

Il doit servir de fondement et ne pas varier avec le temps.

L'absence de maladie avérée, et cependant nous semblons privé de la santé, est aussi une notion relative. Il existe des malades hypocondriaques !

Le bien-être physique est une valeur culturelle qui doit s'accompagner d'un état mental similaire.

Avec une première cellule tumorale non éliminée, est-on déjà malade ou encore en bonne santé ?

Socialement parlant, pour un langage politiquement correct, un individu au comportement oncophile a, comme son homologue cellulaire, des besoins nutritionnels pour pouvoir réaliser ses projets. Les néovaisseaux qu'il crée sont toutes les attaques (comme les braquages) qui peuvent lui apporter des subsides. Les lois devraient réguler son comportement, mais la loi cultuelle prime souvent (comme la *charia*) et motive les dérèglements.

Les capacités de choix sont inhibées par une culture appropriée : c'est une drogue qui aboutit au lavage de cerveau, ajoutée aux drogues médicamenteuses pour une action meutrière décomplexée.

L'expansion métastasique est une caractéristique essentielle de ce cancer.

Dans *Le normal et le pathologique*, Georges Canguilhem écrit :

« S'il existe des normes biologiques, c'est parce que la vie, étant non pas seulement soumission au milieu, mais institution de son milieu propre, pose par là même, des valeurs non seulement dans le milieu, mais dans l'organisme même. C'est ce que nous appelons la normativité biologique »

*« **L'état pathologique** peut être dit, sans absurdité, normal, dans la mesure où il exprime un rapport à la normativité de la vie. Mais ce normal ne saurait être dit sans absurdité, identique au normal physiologique, car il s'agit d'autres normes. L'anormal n'est pas tel par absence de normalité. Il n'y a point de vie sans normes de vie, et l'état morbide est toujours une certaine façon de vivre. »*

L'état physiologique est l'état sain, plus encore que l'état normal.

C'est l'état qui peut admettre le passage à de nouvelles normes.

L'homme est sain pour autant qu'il est normatif relativement aux fluctuations de son milieu.

L'état pathologique traduit la réduction des normes de vie tolérées par le vivant, la précarité du normal établi par la maladie.

La guérison est la reconquête d'un état de stabilité des normes physiologiques.

« Guérir c'est se donner de nouvelles normes de vie, parfois supérieures aux anciennes. »

La vaccination, créée par une maladie infectieuse guérie, vous protège mieux contre cette infection qu'avant la maladie ! Résilience !

La norme correspond à une moyenne universelle de composantes spécifiques de tous les individus, avec des variations en plus (hyper) ou en moins (hypo) qui sont des éléments propres à diverses maladies (numération et formule sanguine…)

Elles sont caractéristiques de certaines maladies.

C'est pourquoi les examens de laboratoires peuvent orienter ou informer le diagnostic des maladies.

« Le concept de norme est un concept original.

Il n'y a pas, à proprement parler, de science biologique du normal.

Il y a une science des situations et des conditions biologiques dites normales, la physiologie. C'est d'abord parce que les hommes se sentent malades et souffrent qu'il y a une médecine.

Ce n'est que secondairement que les hommes, parce qu'il y a une médecine, savent en quoi ils sont malades »

De ce travail philosophique, rédigé par un médecin, l'**OMS** définit la santé comme le « *bien-être physique et mental d'un individu, par rapport à lui-même et à la société.* »

L'évolution des mentalités a transformé le comportement des malades et des médecins.

Je ne connais pas de praticien de santé qui ne veuille guérir les malades.

Mais les médecins sont confrontés à des obligations nouvelles.

Par rapport à la société, avec des contingences matérielles, logiques mais coûteuses.

Pour des règles de précaution indispensables, mais dont la moindre faille peut être synonyme de poursuite judiciaire.

Pour des problèmes d'éthique concernant les procédures de traitement, d'où d'autres obligations, de « couverture » avec des examens parfois superflus, et qui sont supportés par la Sécurité Sociale… Et le conflit avec la conscience.

L'évolution rapide des connaissances scientifiques et de leurs applications autorise-t-elle à intervenir ? Le praticien doit agir en fonction des données acquises de la science. Avec l'avenir vital du malade qui est en jeu.

Le problème des essais de médicaments nouveaux, avec le suivi des anciens, est déterminant.

L'émergence de maladies nouvelles impose d'y faire face avec promptitude.

Les gouvernements sont politiquement responsabilisés par leurs sujets.

Ils deviennent le sujet de leur peur, avec un transfert de protection et une obligation de résultats.

Comme le battement d'ailes d'un papillon en un endroit peut créer un tsunami aux antipodes.

Sur plus de sept milliards d'habitants dans le monde, mille morts en un site précisé, attribués à une cause spécifique de la maladie, se transforment médiatiquement en épidémie, surtout dans les milieux dits riches. Il faut vite se protéger, et l'Etat doit y pourvoir.

Car la peur est endémique !

Se rappeler le virus de la grippe aviaire ! Quelques morts, au même endroit, sont alors mondialisés !

L'évolution des techniques médicales et chirurgicales a aussi transformé le pronostic des affections et la vision de l'avenir des réhabilitations.

Et le malade se transforme lui-même en objet.

Un objet, c'est toute chose, y compris les êtres animés, qui affecte les sens.

Ainsi, le médecin est devenu souvent pour certains comme un garagiste pour sa voiture : conseils, entretien et réparation, avec possibilités de pièces de rechange.

Pour certaines juridictions, l'obligation de résultats au niveau du médical semble logique, alors qu'elle est aléatoire.

Pour les malades, il en est de même, d'où de nombreux procès.

Le patient objet n'est pas considéré comme un individu au mental inégal, avec des réactions psychologiques, sans relation avec la qualité des interventions parfaitement réalisées.

Mais objet, la réparation est jugée sur un résultat qui est apprécié par le sujet lui-même.

Le complément (médical) apporté à l'objet direct du sujet s'accorde en nombre (prix de l'intervention ou de l'évaluation légale du préjudice), selon le verbe du praticien (placé avant) ou de l'avocat (placé après).

J'ai droit à la santé, dit le patient.

Malheureusement, la santé n'est pas un droit et elle est tributaire du patient et de tout l'environnement qui retentit sur un organisme alors préparé.

La cigarette et l'alcool ont une incidence néfaste sur la santé dont seul l'utilisateur est responsable.

La nourriture en excès et l'obésité créent des maladies qui en découlent.

La vaccination protège les individus, mais aussi l'entourage en partie également.

En réalité, ils ont le droit d'être soignés, ce qui n'est vraiment le cas que dans certains pays.

Il s'avère, surtout, que la mentalité des populations se transforme inconsciemment, pour la très grande majorité, en un état de subordination aux gens qui les gouvernent.

L'Histoire le montre, quels que soient les régimes.

Il apparaît que le transfert de responsabilité vis-à-vis des dirigeants est proportionnel aux implications de ceux-ci dans la vie de tous les jours.

Que ce soit pour l'existence matérielle ou affective.

Les lois interviennent à tous les niveaux, jusqu'à la mort, et parfois après. Le sperme congelé d'un individu décédé peut-il encore être utilisé ?

Les lois conditionnent toute notre existence, et notre espace de liberté se restreint.

Tout est fait pour la protection de la société.

Paradoxalement, il semble que la société se plie aux besoins de l'individu en ce qui concerne la santé.

Gouvernants et responsables de la santé sont devenus des otages des individus.

Et les individus réagissent devant les situations, selon leur intégration à la géopolitique de l'émotion.

Le problème du nucléaire en est un exemple type.

Nous inspirant de la définition de l'état de santé par l'OMS, nous voyons que rares sont les gens ayant atteint un véritable équilibre.

L'intérêt qu'ils portent à leur propre personne et au rôle qu'ils s'attribuent dans la société les autorise à revendiquer, en raison de la virtualité que représente le mot Etat.

De plus, sachant le respect porté à la vie d'autrui et à son bien-être, le malade a souvent, vis-à-vis de ceux qui les soignent, une certaine arrogance en jouant sur le résultat obtenu, ou à obtenir.

Diagnostiquer avec certitude devient pratiquement une obligation.

L'accident aléatoire peut apparaître comme une erreur aux yeux de la loi.

Changer les mentalités en rendant les individus plus sociables civiquement, et surtout plus responsables, est un des atouts pour une existence paisible, donc de bien-être.

Les allergies

C'est en 1902 que Charles Richet, après une croisière avec Albert 1er de Monaco, découvre des méduses possédant une hypotoxine qui provoque une urticaire chez l'homme.

Il recherche un moyen de guérison pour les baigneuses ! ! !

Il tente donc de trouver un moyen de vacciner à partir de toxine d'actinie et expérimente sur des chiens, avec les doses mortelles les plus faibles, pour les étalonner.

Puis, il vaccine des chiens avec des doses infra-mortelles.

Trois semaines après, il fait une vaccination de rappel, avec une dose très faible de la toxine.

Les animaux meurent, après un choc anaphylactique.

« Nous appelons anaphylactique, contraire de *phylaxos*, protection, la propriété dont est doué un venin, de diminuer au lieu de renforcer l'immunité, quand il est injecté à dose non-mortelle » Charles Richet et Paul Portier, 1902.

Si cette même dose est injectée quelques jours seulement après la première, il n'y a pas de problème. Après ce temps de latence, les réactions apparaissent.

Il existe donc une réponse immunitaire adaptative, qui donne lieu à des réactions inappropriées ou excessives, et appelée maintenant **hypersensibilité**.

Il en existe quatre grands types, dont deux résumés ainsi :

Type 1 ou hypersensibilité immédiate. Humorale.

L'allergène fait créer la réponse sous forme d'anticorps IgE, ce qui explique le temps de latence nécessaire (3 semaines environ) avant la réaction différente de celle attendue. Ensuite, elle est installée.

Quand les IgE, fixés sur les mastocytes, se lient avec les allergènes, les cellules supports libèrent des médiateurs : histamine, cytokines IL4, l'interféron TNF.

On peut transférer la réaction d'un individu à un autre, par l'intermédiaire du sérum, qui contient des Ac, IgE du malade.

Les responsables sont des pneumallergènes, pollens, acariens, piqûres d'abeilles, iode (huîtres), arachides…

D'où rhume des foins, asthme, urticaire…

Le traitement immédiat est l'histamine ou, pour un choc grave, la cortisone.

La désensibilisation se fait par de petites doses de l'allergène responsable, pour saturer les anticorps IgE.

Type IV ou hypersensibilité retardée. Cellulaire.

C'est un ensemble de réactions qui mettent 12 à 24 heures au moins à se manifester.

L'antigène, appliqué sur la peau ou qui a pénétré dans l'organisme (tuberculine), appelle une réponse inflammatoire des cellules T, lymphocytes spécifiques de l'antigène pour l'individu sensibilisé.

L'intradermoréaction crée une petite réaction inflammatoire au niveau de peau scarifiée, si l'individu est ou a été en contact avec le BK tuberculeux. Sinon, il n'y a aucune réaction dermique.

Le transfert des cellules T est possible chez un autre individu.

Les responsables se trouvent avec la tuberculose, la lèpre, les schistosomes, et dans la maladie de Crohn…

La société s'est emparée de ce terme, sous forme de rejet.

Ne me parle pas de… j'y suis allergique, cela me donne des boutons !

Et le prurit perdure.

Car toutes les phobies sont des allergies, des hypersensibilités sociales.

La répétition d'un rejet culturel entraîne, chez certains, une réaction pruritaire intellectuelle.

Pouvant aller jusqu'à l'agression du responsable de l'urticaire.

La guérison passe par la désensibilisation.

Prenons l'homophobie.

Des siècles durant, il y a eu des courants contre l'homosexualité.

A part dans la Grèce antique. Et encore.

Dans certains pays, l'homosexualité était admise, pas la sodomie. Sans chercher les raisons pour lesquelles on devient homosexuel, nous voyons que cette « affection » s'est vue reconnue et acceptée au fur et à mesure des années.

En 1791, la France est le premier pays à dépénaliser.

1810, le code Napoléon perpétue cette loi.

1942, le code pénal, article 334, accepte l'homosexualité à partir de 21 ans.

1982, cette loi est abrogée le 4 août, loi de Raymond Forni, et ce n'est plus un privilège, donc plus de nécessité d'être fier, puisque tous pareils. Ce qui est normal.

Comme les sous-hommes, les nazis marquaient les homosexuels mâles d'un triangle rose et les femmes, dites inadaptées sociales, d'un triangle noir.

Ils étaient nés sous une meilleure étoile que la jaune par exemple !

Mais finissaient pareil.

1991, l'Organisation Mondiale de la Santé reconnaît que l'homosexualité n'est pas une maladie mentale.

Et que penser des neuro-chirurgiens qui pratiquaient la lobotomie pour les « guérir » ?

1999, le 15 septembre, le pacte civil de solidarité, PACS, donne des droits qui matérialisent les propriétés des couples.

2004, le 30 septembre, la loi réprime les propos homophobes, au même titre que les propos antisémites ou racistes.

2013, le 12 février, le mariage pour tous est voté, permettant aux couples de même sexe de pouvoir aussi adopter.

La boucle est presque refermée.

La Procréation Médicale Assistée reste le dernier maillon à sceller.

C'est ainsi que se réalise une désensibilisation.

Par petites doses, pour saturer les esprits qui sont contre l'homosexualité.

Mais elle s'est faite parce que les mentalités y étaient favorables, puis acquises.

Elle s'est améliorée par petites étapes, selon la technique du saucisson.

Chaque tranche éliminant un peu de l'homophobie.

Elle s'est faite car ce n'était pas une idéologie par elle-même, mais une conséquence de la nature innée, visible depuis le début de l'humanité.

Les premiers humains n'avaient pas des réactions philosophiques et intellectuelles aussi avancées que maintenant.

Des origines, les mentalités se sont conservées bien plus longtemps que la mise en évidence de l'homosexualité comme fait social.

Les Grecs, quelques siècles avant Jésus-Christ, l'homosexualité du roi de France Henri III et de ses mignons, celle de peintres, d'écrivains, jalonnent l'évolution des idées et de leur formulation, depuis la sodomie, punie, alors que l'homosexualité est acceptée.

La mondialisation permet de concevoir les rapports affectifs et sexuels comme normaux, mais sans influence sur la politique, l'économie.

Des Rois ou des Présidents peuvent avoir des relations homosexuelles, sans que ce soit un handicap pour continuer de gouverner.

Mentir, aux États-Unis, est plus grave que, disons, forniquer de manière homosexuelle.

Bien vues ou mal vues, il n'y a pas de connexions mentales associées à la direction d'un pays.

Il n'en est pas de même pour l'antisémitisme.

D'innombrables livres, revues, journaux ont paru et vont encore paraître pour parler de ce problème.

Il apparaît cependant que l'on ne peut parler de désensibilisation, mais plutôt de **vaccination**.

Biologiquement, lors de la pénétration d'un agent dit infectieux, l'organisme réagit avec la formation d'anticorps, et une inflammation mobilise tous les responsables de la défense immune, innée.

Cette première réaction nécessite une période de latence, pour former les anticorps spécifiques de l'agent infectieux.

Une deuxièmes agression de cet agent, et tout ce qui le reconnaît alors est mobilisé.

C'est une vaccination naturelle.

Nous avons vu que cette réaction peut être déviée sous forme d'hypersensibilité.

Au niveau psychologique, nous connaissons la résilience, qui rend plus fort contre l'adversité. Et qui parfois nous abat, comme le choc anaphylactique.

Vacciner est un acte de prévention qui introduit, chez un individu, la partie responsable de la réaction infectieuse, sans que l'agent actif porteur de cette responsabilité soit présent.

On met une toxine, rendue moins agressive, un germe mort (sans avoir détruit les communications portées), un virus vivant atténué, comme la poliomyélite avant les nouveaux vaccins.

Chacune des spécificités reconnues initie les réactions de défense contre l'agent pathogène.

Socialement, le juif est affirmé comme agent spécifique infectieux de tout ce qui ne va pas Il est responsable des réactions de défense de la société, n'importe où il se trouve.

Responsables de la peste en 1348 ! Même cela lui est reproché.

Chaque acte l'accuse.

Chacune de ses paroles est comme un boomerang qui se retourne contre lui.

L'antisémite se vaccine contre le juif.

Par tous les « anticorps » provoqués, et les réactions de défense.

Pour lui, le juif est un antigène, un corps étranger, cosmopolite et communiste, à la fois riche et pauvre, et sale.

A ce titre, il doit être refoulé, ou éliminé.

Sale juif, diminutif de salaud, **retourne dans ton pays.**

Maintenant il le peut ; c'est l'antisémitisme mondial qui a créé l'Etat d'Israël, avec la loi du retour !

Alors... chaque acte, chaque parole, chaque écrit, se retourne contre lui.

Dans chaque pays. A plus forte raison, s'il ne s'y trouve pas, car écarté, éliminé de tout pouvoir, ou plus, tué, éjecté, car il a préféré une fuite imposée.

Vivant, où est-il allé ? et où a-t-il été accepté ?

Et les pays où il n'est plus là, vont-ils mieux ?

Des non-juifs, dans la même situation, n'ont pas eu la même réaction.

Et n'ont pas été non plus acceptés par les Etats de même confession.

Ils sont partis aussi, car on leur avait dit qu'ils reviendraient, plus forts, après la destruction d'Israël. Ceux-là sont un abcès de fixation !

Et ceux qui sont restés profitent d'une vie sociale intéressante en Israël, et meilleure qu'à l'extérieur.

Le fait, pour eux, de ne pas faire de service militaire est approuvé par les deux populations. Israël est libre de ses actes, mais il permet aux Arabes et aux chrétiens de ne pas être armés contre leurs frères de l'extérieur, qui ainsi ne peuvent leur rapprocher les interventions.

Les Palestiniens, terme créé artificiellement, focalisent tous ceux qui sont antisémites sur un lieu qui leur sert de justificatif.

Il permet de retenir des éléments jugés séditieux par certains pays.

Se souvenir de Septembre noir en Jordanie (1971).

Ils sont surtout le ciment qui lie des Etats aux idéologies contraires, comme l'Iran, l'Arabie saoudite, le Venezuela...

Le juif, unique objet de leur ressentiment !

Comme aurait pu dire Coluche, on a tous les mêmes droits, mais certains plus que d'autres. N'est-ce pas !

Le printemps arabe pourrait devenir un hiver, mais faut pas charrier (*Le Robert*, 2014, mener en bateau). Pour aller à Gaza ?

Seize millions de juifs dans le monde, très influents sur le reste de l'humanité actuelle, dit-on ! Et ils dirigent tout ! Dit-on toujours.

Sept milliards d'habitants dans le monde. Un milliard six cents millions de musulmans.

L'antisémitisme est différent de l'homophobie qui va heureusement disparaître.

On ne peut avoir une désensibilisation. Mais on se vaccine contre le juif.

Chaque acte réalisé par les juifs en général, en Israël en particulier, fortifie l'antisémitisme.

Chaque acte attribué aux juifs est une piqûre de rappel pour rendre les antisémites plus belliqueux.

Droite et gauche confondues, seules les statistiques numériques peuvent les différencier.

Comme le pâté d'alouette, une réponse armée de l'alouette juive égale un cheval d'agressions du petit cheval arabe. Un soldat libéré contre mille prisonniers terroristes est de la même appréciation ! La disproportion.

Le politiquement correct empêche les israélophiles, au feeling plus proche, de se manifester, en France, surtout les coreligionnaires, qui n'est pas le terme exact, car nombreux sont les juifs laïques ou athées qui sont idéologiquement pacifistes, y compris en Israël.

Ils désirent tous la paix là-bas, mais sont obligés de se défendre. **Avant.**

Comme en biologie.

Pas comme la France et l'Angleterre, **après**, avec l'invasion de la Pologne. Si on avait su.

Un fait historique, quand Hitler a « réoccupé » la Ruhr, en 1933, alors qu'il n'avait pas d'armée. Si l'interdiction de réarmer lui avait été imposée, il n'y aurait pas eu l'après, en 1939 !

Tant de raisons étaient certainement contre ! (William L. Schirer, *Le IIIe Reich, des origines à la chute,* éd. Stock, 1961).

La création de l'Etat d'Israël, en 1948, Etat laïque à prédominance israélite de confession, avec 5 millions de juifs seulement sur 7 millions d'habitants, sur une surface de 30 000 km^2 environ, dans des frontières qui ne sont que des lignes de cessez-le-feu, n'a pas été reconnue par un certain nombre de pays.

En France, notre pays, il est de fait que l'état annexionniste d'un pays qui se défend est évidemment totalitaire pour certains, comparé à l'angélisme des démocraties arabes qui l'entourent.

L'influence des intellectuels permet de nier les réalités.

Ils vivent dans la fiction. D'autres dans les frictions. Et l'effraction.

Les idéologies de bons sentiments fictifs s'activent à faire le bien de tous les hommes, au profit de quelques-uns.

Par exemple, nazisme et communisme réunis ont réussi à faire mourir 60 millions d'individus, guerres comprises, de tous les bords.

Dont, au hasard, non, mais par solution finale, six millions de gens, hommes, femmes, même enceintes, enfants.

Futurs Pasteur, Einstein, Mozart peut-être, assassinés, ce n'étaient que des juifs, un détail.

Mais un dixième, tout de même, et non impliqués en tant que belligérants, encore une disproportion.

C'est la faute des juifs, la peste noire ; c'était donc aussi la faute des juifs, avant. Plus tard, Staline et le complot des blouses blanches.

Les enfants allemands ne sont pas responsables de ce qu'ont fait leur parents. Qui plus est, certains sont les enfants de prisonniers de guerre, ou des viols de soviétiques.

Tout ça pour dire que, de toute façon, les juifs sont fautifs, comme le sont les minorités, boucs émissaires chargés de tous les maux.

Associés souvent aux malheureux francs-maçons, en France en 1940.

Et l'antisionisme a pris le relai : on n'est pas contre les juifs, mais contre les dirigeants d'Israël.

Et tout acte de défense est reproché !

La pseudo-résistance qui tue sciemment aussi des femmes et des enfants.

Y compris dans des écoles.

Les chercheurs israélites, nobélisés, sont certes plus nombreux que ceux d'autres pays arabes, riches, qui s'impliquent plus dans l'achat d'hôtels ou d'affaires rentables, que dans des instituts de recherche. Pour former des Nobel. La disproportion continue encore.

Tout ceci est écrit pour dire qu'il n'y a pas de désensibilisation véritable possible en cours.

On n'a pas le droit de tenir des propos antisémites, mais faire référence aux deux cents familles est normalement légal.

Ne mélangeons pas les genres.

Le plus souvent, l'antisémitisme larvé est sous-jacent aussi à l'antisionisme !

Existe-t-il un sérum anti-antisémitisme ?

Un sérum anti, ce sont des anticorps contre l'antisémitisme, qui seraient injectés à l'antisémite.

Mais même montrer les bienfaits apportés par les Israéliens va à leur encontre. Leur réussite est reprochée !

Il est certain que la paix serait bénéfique pour tous.

Le boycott anti-juif

Le premier boycott économique anti-juif date de 1891, date à laquelle les résidents arabes ont demandé aux dirigeants ottomans de Palestine de bloquer l'immigration juive et d'interdire la vente de terres aux juifs.

En 1922, le cinquième Congrès arabe de Palestine appelle au boycott de tous les commerces juifs. En 1943, cinq ans avant la création d'Israël, les vingt-deux nations de la Ligue arabe imposent un boycott officiel interdisant, de plus, l'achat de « produits de l'industrie juive en Palestine ». Cette interdiction est ensuite étendue aux entreprises de tout pays qui achète ou vend à Israël (boycott secondaire) et même à celles qui feraient commerce avec les sociétés figurant sur la liste noire (boycott tertiaire). Aaron J. Sarna, *Boycott and Blacklist : A history of Arab Economic Warfare Against Israel Rowmann & Littlefield,* 1986, Annexe.

Et pourtant !

La salinité du sol du désert du Néguev était telle qu'on ne pouvait rien y planter.

Il y existe maintenant des oasis. Et aussi quatre millions d'arbres sur les collines qui bordent le désert.

Tout cela provient des connaissances en biologie, et promeut l'écologie.

Les Israéliens sont devenus des spécialistes de la désalinisation de l'eau de mer. Et des nappes phréatiques salées qui permettent la pisciculture dans le désert !

L'irrigation par l'utilisation du goutte-à-goutte est une invention réalisée en 1965 par Glass. Les premiers ambassadeurs dans l'Afrique occidentale s'occupaient de l'agronomie.

C'est ainsi que des relations avec des pays hostiles sont établies à partir des premiers brevets. Et nombre d'autres inventions, pour le plus grand profit de la sauvegarde de la vie sont créées par des Israéliens, en médecine par exemple, et par des juifs de la diaspora, dont des prix Nobel.

Il faut être bon dans de nombreux domaines et, ensuite, excellent dans celui où l'on excelle.

En ce qui concerne les armes, l'aviation, tout est amélioré pour la défense, en réponse aux agressions, et en prévention.

La guerre qui se perpétue, pour un si petit pays et une si petite population, doit être en avance technologique pour compenser ses faiblesses.

L'incertitude est à la base de la vie dans ce si petit pays. Avec le doute. Pourquoi nous ?

Mais aussi la certitude de faire au mieux pour se protéger.

Et ne jamais oublier les accords de Munich du 30 septembre 1938.

Et pourquoi tant de haine ?

Se basant sur une assertion frauduleuse de la notion d'apartheid, des individus se disent démocrates et inventent le BDS : Boycott, Désinvestissements et Sanctions contre Israël. Curieuse coïncidence avec 1891 ! *Et pour le profit de qui ?*

L'**apartheid**, créé en 1994 par le Parti Nationaliste blanc en Afrique du Sud, **est une ségrégation raciale**.

Qui a heureusement disparu.

Après l'attaque de Pearl Harbor le 7 décembre 1941 par les Japonais, les japonais vivant aux États-Unis furent emprisonnés préventivement.

Était-ce de l'apartheid, comme le problème des Noirs de l'époque dans ce même pays ?

Il en est de même pour la prévention des Israéliens contre les Palestiniens, hors Israël, qui se prévalent d'être toujours en guerre contre un pays qu'ils ne reconnaissent pas et qui n'existe pas sur des cartes géographiques au Moyen-Orient.

Je rappelle que, **biologiquement**, les cellules de la défense immunologique ont toutes, potentiellement, la capacité de fabriquer des anticorps contre tout nouvel agresseur, dès qu'il sera reconnu comme tel ! Elles ne font pas de l'apartheid.

Nous récusons toujours le politiquement correct.

Il faut se battre avec la vérité, contre le mensonge.

Le sérum anti, c'est cela.

Ne pas mettre en équivalence un assassinat terroriste sur des enfants, prémédité, avec un ou plusieurs enfants de l'autre côté, tués en réponse à des lanceurs de « roquettes », qui se sont placés exprès au milieu de la population.

Comparaison, ici, n'est pas raison.

Y compris les ambulances du croissant vert, remplies d'armes ou de combattants armés.

A ce propos, l'équivalence de la Croix Rouge pour Israël n'est pas reconnue par tous !

Elle doit faire une croix dessus.

Le matraquage contre l'homophobie doit être semblable contre les faux arguments touchant Israël.

Basés sur des clichés, des stéréotypes et surtout des préjugés, qui sont ceux de l'antisémitisme.

Homophobie, tout est fait pour que cela disparaisse.

Antisémitisme, tout est fait pour que cela perdure.

Y compris dans des démocraties, qui veulent exclure Israël de la Société Internationale. Sans pour autant le faire disparaître, comme un sous-pays !

Cela se traduit par des faits économiques, le boycott des exportations, ou culturels, avec la notion de colonie, qui est incorrecte, et la semonce de l'Unesco pour des recherches archéologiques !

Le fossé se creuse de plus en plus, en y surajoutant des problèmes culturels (médicaux) comme la circoncision.

Mais alors, doit-on vacciner les enfants sans leur accord, les soigner ?...

Après le genre, le mauvais genre.

On a le droit de discuter des problèmes d'Israël, mais il est anormal de le faire avec des vérités faussées.

La crue des désinformations et des rejets monte.

Ces eaux-là me poussent à dire « j'accuse ».

En espérant l'aurore d'une réhabilitation.

Je suis pour l'excision de l'antisémitisme, ce serait un plaisir.

Contre celle des femmes, pour leur plaisir.

Il serait correct, politiquement, que des responsables n'influencent pas les individus, en fonction de leurs nécessités matérielles respectives, pour recueillir des voix électorales.

Mais il est nécessaire que la vérité soit à jour.

Toujours par empathie, on ne peut accepter toute la misère du monde.

Qui a un coût. Et les contribuables sont ceux qui y contribuent !

Et alors, certains se sentent obligés d'émigrer. A tort ou à raison. Accusés d'être les instigateurs du système qui crée toute la misère du monde.

Mais la responsabilité incombe à ceux qui les font partir.

Gouverner c'est prévoir !

POUVOIR ET CONTRE-POUVOIR

Pouvoir et contre-pouvoir : équilibre déséquilibré, toujours soumis au principe princeps exposé au début.

C'est un équilibre toujours instable, astreint à des contraintes, et qui oblige à une constante nécessité d'évaluation pour retrouver un modus vivendi acceptable, une homéostasie de consensus.

Pouvoir et contre-pouvoir en biologie

Le biologique sait ce qu'il n'accepte pas. On sait comment il va réagir, comment il va se battre, et comment il va tuer.

Nous apprécions beaucoup le titre d'un livre de Bernard-Henri Lévy, paru le 1er janvier 1978 chez France-Loisirs : *La barbarie à visage humain.*

J'y ajoute que l'homme a pris de l'inné ce qu'il y a de pire.

Il lui associe une cruauté que n'ont ni les cellules, ni les animaux.

Je dis que l'on n'a jamais vu un écureuil en martyriser un autre pour lui faire avouer où il a caché ses noisettes.

Par contre, l'Homme, avec une H « hache » (mâle ou femelle), peut le faire pour vider un numéro de compte de la Caisse d'Epargne !

Extirper, par la violence, un faux aveu contre la cessation de la souffrance.

L'aveu, que l'on veut pour preuve !

En biologie, tout ce qui n'est pas strictement autorisé est strictement interdit.

Il en est de même dans une société totalitaire. Sauf… exceptions vitales.

« *La philosophie ne vaudrait pas une heure de peine si elle ne prenait pas d'abord la forme et la figure de Politique* ».

Avant-propos B.-H. Lévy dans l'ouvrage cité.

C'est pourquoi notre essai s'y introduit.

Et nous permet de nous indigner à notre tour.

En biologie, l'efficacité conditionne la liberté.

La greffe n'est libre qu'au détriment d'une partie de la liberté d'un organisme qui est de se protéger. Mais la recherche de l'efficacité permet la transgression.

Par contre, **la vaccination est un phénomène de résilience**, où l'on ressort plus fort, mais au détriment du futur envahisseur connu, qui perdra sa liberté, en mourant.

La vaccination est ainsi la résistance contre un agresseur.

La leptine agit comme une hormone, sécrétée par les cellules adipeuses, régulant les graisses mises en réserve et contrôlant la sensation de satiété.

Ce qui devrait réprimer certaines envies, donc votre liberté de transgression, qui est punie par la maladie.

De nombreux exemples sont à citer :

Poison et contrepoison

Toxines et antitoxines

Venin et sérum anti.

Et d'autres encore.

La transfusion sanguine. Connaître son groupe ou le tester avant utilisation.

En biologie, cela peut aboutir à la mort de l'individu si le contre-pouvoir vis-à-vis de l'agresseur n'est pas efficace.

C'est pourquoi, en biologie, la violence naturelle s'explique dans tous les cas d'agression.

Sauf neutralisation par des apports naturels analogues.

Le contre-pouvoir à l'allergie de type 1 par des antihistaminiques par exemple.

Mais la violence s'exporte aussi quand une greffe est effectuée d'un corps à un autre.

Le greffon est soit éliminé, soit conservé avec des effets bénéfiques, greffe d'un organe, de moelle, par exemple, mais en supprimant les réactions de défense du receveur.

Qui devient fragile envers d'autres agressions, infectieuses par exemple.

Et le cancer primaire et ses métastases, dont la survie n'existe que jusqu'à la mort du corps qu'il a envahi.

Il existe donc une analogie biologique avec l'expansionnisme quel qu'il soit.

Une lutte permanente entre pouvoir et contre-pouvoir.

La liberté, chacun en a une notion qui lui est propre, et qui s'intègre dans un concept, qui donc les englobe toutes. Ainsi, on pense toujours être dans le vrai. La liberté que l'autre conçoit n'est pas forcément celle que l'on apprécie.

Les traitements médicaux

La lutte entre la maladie et la guérison se fait, à l'intérieur par les réactions de défenses innées et acquises avec le temps, comme nous l'avons vu, et par les apports extérieurs qui introduisent des éléments favorisant et optimisant les réactions de défense.

Mais tout se fait dans le respect de ce qui est naturel.

La glande thyroïde enlevée, il faut fournir quotidiennement des extraits thyroïdiens.

Le traitement du diabète de type II demande de l'insuline.

Une infection nécessite des substances antibiotiques issues de la nature.

On doit retrouver dans la nature tous les éléments médicamenteux contre les maladies.

Jean-Marie Pelt, *Les dons précieux de la nature,* Fayard, 2010. *Carnets de voyage d'un botaniste*, Fayard, 2013.

Une valve biologique peut venir du porc ! A faire accepter par le corps, pouvoir, et les corps constitués cultuels, qui ont le contre-pouvoir, mais toujours avec le consentement du malade qui en définitive détient le pouvoir.

Mourir ou accepter la recherche appliquée par les essais, et les réussites cliniques.

Dans la recherche, une molécule est découverte, et on veut savoir quels sont ses effets, sur quelles cellules d'abord, sur des animaux et l'Homme ensuite, et à quelles doses.

La biologie répond sans tergiverser.

Les médicaments sont bons sans choix du genre, mâles, femelles, hétéro ou homosexuels.

Cependant, les femmes enceintes sont parfois proscrites du traitement.

Y a-t-il phobie ? Non, car constat est fait de dommages qui peuvent intervenir pour l'enfant à naître.

Même si le fait n'a pas encore été observé, principe de précaution !

Le problème est posé après les premiers essais : sur différentes cellules, *in vitro*, puis sur l'animal, et lequel choisir *in vivo* ?

Sans effet sur la souris, la thalidomide a provoqué des accidents tératogènes sur des enfants nés d'une mère traitée.

Il s'avère que les mêmes effets ont été trouvés chez les lapines gestantes.

Les tests n'avaient pas été effectués avant sur cet animal !

Pour ses propriétés antitumorales, la thalidomide est un excellent médicament, avec une utilisation remaniée.

Des individus sont dans une impasse thérapeutique, les médicaments sont sans effets, une nouvelle molécule n'est pas encore totalement reconnue, mais peut-être active, a-t-on le droit de l'utiliser ? Le Droit est le contre-pouvoir. Seul le patient est juge ! Avant qu'il ne soit parti !

Et le choix à faire entre les patients à l'essai ? Y en aura-t-il qui auront plus de chance ? En double aveugle, avec le placebo pour moitié de l'effectif. La réponse biologique est certaine.

Les appréciations des testés aléatoires !

Heureusement pour le petit sauvé de la rage par Pasteur.

Seules l'éthique et la croyance dans les recherches réalisées antérieurement ont permis le choix de l'intervention.

Qu'en serait-il de nos jours, surtout si la mort inexorable avait été la plus forte ?

Le contre-pouvoir de la réplication des virus est obtenu par des techniques qui tentent, soit d'interdire la pénétration du virus dans la cellule hôte, soit d'empêcher sa multiplication en brouillant son code viral.

La recherche fondamentale est à la base de toute innovation.

Découvrir, c'est mettre au jour une réalité cachée, mais déjà existante.

L'invention, c'est mettre en application, grâce aux techniques du moment, des découvertes fondamentales, les techniques évoluant de même grâce aux recherches dans leur domaine.

En informatique, le bit, *binary digit*, chiffre binaire, unité de mesure en informatique, correspond à 0, non ou faux, et 1, oui ou vrai.

C'est l'un ou l'autre.

Le choix biologique est ici retrouvé. Pour ou contre !

Mais avec la seule différence qu'il y a parfois entorse, c'est la vie !

Pouvoir et contre-pouvoir en politique

Toute société se fond sur l'appartenance. Déjà vu dans la propriété.

Donc, s'il y a opposition, qui est le plus libre ?

La liberté de l'un s'arrête où commence celle d'autrui.

Il se crée une liberté plus grande s'il y a opposition, car s'il n'y a pas de contradiction, c'est que tout le monde subit les mêmes obligations.

En politique, c'est l'unité retrouvée pour une orientation et un acte précis, excluant ce qui culpabilise l'opinion publique.

Il existe une inégalité biologique de naissance. Elle est obligatoirement acceptée par ceux qui en sont atteints. La Société doit pouvoir leur accorder des privilèges pour les aider à profiter des avantages utilisés par les autres.

La seule obligation des autres est de comprendre leur mal-vivre et, pour le moins, de les accepter.

Les santés physiologique, organique et intellectuelle déterminent une introduction dans le monde social. Avec une hiérarchie qui se crée.

Avec des avantages matériels disproportionnés par rapport aux moins nantis biologiquement.

La compensation doit être de nature à favoriser la vie sociale des mal lotis.

Sur le plan social, la culture favorise aussi diverses qualités selon l'environnement qui la conditionne.

L'intelligence, la beauté, les qualités physiques... sont des atouts préférentiels.

Même s'il est logique d'intégrer socialement au maximum les handicapés, il y a, malheureusement, la force de la nature qui les marginalise, en leur interdisant des professions destinées à ceux qui n'ont pas l'accident handicapant.

Mais il est indéniable qu'ils excellent dans tout ce qu'ils sont à même de faire !

Leur liberté est limitée physiquement, et en partie socialement.

Faciliter ne compense pas.

La biologie n'a pas de sentiments. Heureusement que la culture y pourvoit dans le social.

Mais pas toujours : voir Hitler... et les hôpitaux mouroirs, pour les handicapés mentaux.

Ce n'était qu'un début.

Une femme de ménage devient une technicienne de surface, ce qui ne change rien à son salaire ni à son travail.

Les péripatéticiennes sont-elles des techniciennes des surfaces corporelles ou des infirmières traitant certaines pulsions sexuelles ?

« *Ce qui se conçoit bien s'énonce clairement...* » Boileau

Un leucoderme ou individu à peau blanche, un mélanoderme à peau noire, un xanthoderme à peau jaune sont ils moins pénalisants, dans les journaux, qu'un Blanc, un Noir, un Jaune (non pas un Jaune, mais un Chinois, un Japonais...) assassin ?

Le drame, c'est l'assimilation de traits discriminatoires à des mots. Cette association péjorative par une déviation de l'étymologie est à la base du racisme, de l'antisémitisme, de l'anti-Beur...

Les mots ainsi dévoyés sont chargés de violence dans l'inconscient culturel des gens.

Les fondamentalistes, quels qu'ils soient, religieux ou philosophiques, sont porteurs d'une violence exportée, pour l'asservissement de ceux qui ne pensent pas comme eux, ou ne sont pas soumis à eux.

Rappelons la *d'himma*.

On peut dire qu'il ne faut pas « mettre la *charia* avant l'hébreu », car c'est historiquement vrai.

Le syllogisme permet, à partir de prémisses incluses dans des dogmes, d'aboutir à des conclusions perverses et dangereuses, confortées par la violence et la peur qu'elles inspirent.

Conclusions valables pour certains et réfutées par d'autres, donc non universelles.

La doxa du politiquement correct en est la preuve.

Les mots politiques gauche et droite ont des assimilations de qualités a priori !

Il est facile alors de déduire des comportements qui en réalité sont aléatoires, et certainement partagés individuellement.

Ils sont alors aidés, pas forcément consciemment, par un angélisme intellectuel libertaire qui annihile les réactions naturelles des individus contre les idées liberticides, et par la croyance que le mal disparaîtra par osmose des bons sentiments. Toujours le politiquement correct.

Il en est de même pour les partis qui chassent en meute.

Et le vote consensuel dans les chambres doit obligatoirement être unitaire.

Alors, pourquoi tant de députés ? Un représentant de chaque parti, selon les différents postulants au premier tour de la présidentielle, et représentant un pourcentage de voix ferait l'affaire ! Que d'économies !

Pas de chambres de députés, mais un salon. L'utopie, agir comme avec un raisonnement par l'absurde, permet et offre la discussion ! Pour le plaisir.

La disparition de l'analphabétisme et la révolte des femmes opprimées seront certainement la source d'une révolution printanière, pour l'éclosion d'un monde plus équilibré.

Une homéostasie intellectuelle et sociale des sexes enfin acquise.

Avec des dogmes revisités, révisés, accessibles pour certains qui les ont choisis, et acceptables pour tous.

Le rôle des médias

Il est connu que le quatrième pouvoir est le pouvoir médiatique. La communication en grande diffusion, et avec la possibilité de transfert, au même instant, dans le monde entier, permet d'informer, et aussi de transformer, des faits réels, ou des rumeurs.

Il donne à ceux qui sont dépositaires des informations dévoilées un ego plus ou moins extériorisé.

Le pouvoir des médias vient après les pouvoirs classiques, législatif, exécutif et judiciaire.

Et ce quatrième pouvoir fait émerger le pouvoir de la rue, qui est l'opinion publique.

Les présentateurs qui « interviewent », par exemple, ne sont pas exempts de leur caractère et de leurs opinions qui se dévoilent.

Ils deviennent procureurs, coupent souvent la parole, ou bien, a contrario, la cordialité émerge lors des questions posées.

Il est vrai que les places dépendent des autres pouvoirs en place, que le politiquement correct et les problèmes judiciaires qui peuvent en découler sont des censures infligées à l'information.

De plus, comme la rue peut intervenir selon les informations données, il est compréhensible que, lors des coups d'Etats, les moyens de diffusion, télévisions et radios, soient des cibles privilégiées à récupérer !

En biologie, d'évidence, le problème de l'information ne se pose pas.

La censure est innée entre pouvoir et contre-pouvoir. Les deux sont à égalité.

Seul l'environnement donne la suprématie, à l'un ou à l'autre, pour le seul bien du corps.

LES DIFFÉRENTS SYSTÈMES POLITIQUES

C'est l'opinion publique qui influe sur les directives du pouvoir politique, et moins l'inverse.

Mais aussi l'inverse.

Car une idéologie a formé l'opinion.

Créant un rapport de forces.

Les Présidents surfent sur les événements et, ainsi, suivent les vagues, qui les supportent, et qu'ils supportent.

Les valeurs sont soit émotionnelles pour beaucoup, et sont celles du moment social lors des élections, soit intellectuelles, et pérennisées, même dans l'erreur.

Quand y a-t-il discrimination ? En biologie, c'est simple.

Tout ce qui n'est pas soi, qui **ne parle pas la même langue.**

Donc tout ce qui apparaît contre son unité.

Ce qui, **en société**, veut dire, parler la même langue c'est pouvoir converser, pouvoir se comprendre, et accepter le compromis des lois du pays où l'on est, où l'on vit.

Le barrage de la langue est source de conflit.

La surdité peut être source de conflits même dans les liens familiaux : on ne s'entend plus !

Anarchie : le désordre sans le pouvoir

Communisme : un ordre ordonné, et ordonné par l'idéologie du pouvoir. Tout ce qui n'est pas strictement autorisé est strictement interdit.

Dictatorial : un pouvoir désordonné, réglé selon les désirs du dictateur.

Démocratie : exemple de la France, 45 millions d'inscrits pour voter, 577 députés et 348 sénateurs

Résultats fictifs, pour un exemple.

289 députés au pouvoir et 288 dans l'opposition et 175 sénateurs pour avec 173 dans l'opposition, soit 22 5820 000 votes pour le président et 22 480 000 contre.

Par cet exemple, il est démontré que toutes les lois peuvent être votées en faveur du pouvoir, une seule voix représentant 40 000 citoyens sur 45 millions de votants !

Seule la rue peut voter en marchant… sans rien changer.

Seule la Constitution ne peut évoluer, du fait de la majorité des 2/3 députés et sénateurs réunis qui ne peut être obtenue que par d'autres moyens.

Cinq ans après, les résultats inversés ne sont pas certains de renverser tout ce qui a été fait, car certaines ont modifiées les mœurs. Quoique !

Les lois sont rédigées à un moment donné, par un pouvoir donné.

Un exemple curieux de pouvoir de certains maires. En général, le nom des rues est donné à des victoires, des personnes célèbres.

En Angleterre, c'est Waterloo ou Winston Churchill.

En France Austerlitz ou Charles de Gaulle.

Il ne vient pas à l'idée de nommer Landru une rue de Gambais.

Ni une rue Ravaillac ailleurs.

Mais des maires du Val-d'Oise ont décidé de nommer citoyens d'honneur (la rue mènerait à une impasse judiciaire) des assassins reconnus et incarcérés (mais non-résistants selon la valeur éthique de ce mot), des assassins de femmes, d'enfants d'Israël, ou d'ailleurs.

Il leur reste aussi Merad de Toulouse et Youssouf Fofana, pour la couleur locale. La politique crée des mystères électoraux incompréhensibles.

Comme les sentiments qui les motivent !

Le vote crée la démocratie populaire qui est un pléonasme.

Des démocraties impopulaires sont pleines d'« occis morts » !

Dans une théocratie, sans se « casher, l'hallal lie » la meute des pratiquants pour la mise à mort.

Les rois actuels ont le pouvoir de représenter, sans avoir à se représenter.

En comparaison avec le corps biologique, l'homéostasie n'est pas semblable.

Un énorme astéroïde s'écrase sur la terre, et seuls survivront, paraît-il, des microbes, des mouches et des plantes !

Dans les changements de régime politique, seuls subsistent les pauvres qui le restent. Apparaissent de nouveaux riches.

Tout le monde est écolo, mais…

La Science est neutre, et les idéologies qu'elle crée dépendent de l'autorité qu'on lui accorde. Comme pour le créativisme !

Les idéologies vont de l'acceptation raisonnée des découvertes jusqu'au refus culturel basé sur la peur.

La peur est innée. Elle est nécessaire et correspond à l'instinct de survie, tel l'instinct maternel.

Mais la culture doit remédier aux excès de la peur.

Pour nager dans ces eaux-là, j'accuse la géopolitique de l'émotion, où d'évidence, pour les pays riches, les valeurs ne sont pas les mêmes que pour les pays pauvres ou émergents.

Nous le constatons en ce moment où la politique s'est emparée du Principe de Précaution sous le vocable d'écologie.

En voici une interprétation sociologique.

Les partis écologiques surfent sur nos fantasmes.

Profitant des médias pour faire vivre leur progression, le moindre supposé problème est optimisé.

On doit accuser les écologistes politiciens d'être anxiogènes pour les populations car, pour cela, ils sont plus dangereux que les supposés dangers qu'ils prophétisent.

Sans précaution, ils anticipent sur un avenir dangereux, qui sera très souvent contredit par la réalité.

Car l'écologie est comme la religion.

Tout le monde y croit, mais chacun la pratique selon ses arrangements.

On a tous du « vert à soi ».

En politique, le problème est que du flot d'idéologies émotionnelles qu'on enveloppe si joliment, l'écologiste en campagne discute âprement ses prétentions électorales pour se placer avec le parti de son choix et pour tous ceux qui votent globalement pour lui.

Or, nous pensons que, selon sa culture politique, il faut choisir son camp avant, pour le faire évoluer du dedans.

Les vermillons vont à gauche.

Les extrêmes prennent parfois le *vert-de-gris.*

Mais s'ils restent groupés dans le seul parti écologique, au soir des élections, ils seront comme le café, *vert moulu.*

Seuls s'en tireront ceux qui sont montés au plus haut, agrippés au tuteur politique choisi, qui est leur principe de précaution. Ce seront ceux qui ont accepté le *vert tige* du pouvoir.

L'écologie seule n'est en rien pour l'homosexualité, par elle-même, par exemple, et le mariage pour tous, qui n'est certainement pas biologiquement écologique, sauf pour les précautions à prendre.

Donc, on est écologique, mais surtout ailleurs, en plus.

L'écologie s'intègre évidemment dans une culture référencée, mais pas seule, car l'écologie ne peut être un parti, sans parti pris.

LES MINISTÈRES BIOLOGIQUES

La royauté, qui persiste au Royaume-Uni, aux Pays-Bas, au Luxembourg, dans les pays nordiques, est revenue en Espagne.

Cela semble être une analogie avec le biologique.

Homéostatique, elle maintient l'équilibre du royaume.

Apportant une continuité dans la pérennité, c'est le lien qui soude les gens entre eux, même si ce qui « soude est caustique » à différents moments.

Ce qui peut amener une Révolution.

Le cerveau et ses possibilités se transmet avec l'hérédité.

Il hérite d'un programme qui est génétiquement imposé.

Avec la démocratie, c'est aussi un programme quand celui qui le représente est élu.

Le Président d'une République est celui qui est l'élu consensuel des individus, avec son dessein, destin idéologique à accomplir dans un temps donné.

Un contrat à durée déterminée (CDD) sera renouvelé, offert par le pouvoir électoral, s'il est conforme aux aspirations de la majorité des citoyens.

La population fluctue en fonction de l'environnement.

Et les rétroactions s'imposent au moment où un programme et son application s'avèrent déficients.

Les élections programmées, ou non (dissolution), qui suivent, modifient l'évolution politique.

Parfois, un individu dont le charisme tient à ses qualités de « chef de meute » se révèle et fait fureur. Il se fait offrir le pouvoir démocratiquement, puis s'impose en imposant une rigueur dans « la banalité du mal ».

La « fureur devient führer » ! Attention aux extrêmes.

Car la politique est la gestion d'un organisme vivant qui est la Société.

Cette gestion dépend du pouvoir en place, héréditaire ou élu.

Si l'on compare l'ensemble des ministres à un orchestre symphonique, le Président choisit la partition et la musique qui en rythme le parcours.

Cette partition, c'est son programme, c'est le livret qui provient de sa philosophie, et l'interprétation qui en découle dépend de la compréhension qu'il en a. En musique, les chefs d'orchestre se singularisent en dirigeant chacun du Bizet ou du Rachmaninov par exemple, selon leur propre intuition, leur sensibilité.

La direction, homme ou femme, est comme un chef d'orchestre.

C'est elle qui impose le rythme d'une partition.

Si cela ne convient plus au Président, il change de chef.

En politique, on n'interprète pas du Marx, par exemple, de la même façon.

Chaque pays utilise une clé différente.

Pour les plus orthodoxes, la clé du sol. D'autres y mettent un bémol !

Le Président, quelle que soit son arrivée au pouvoir, donne les directives.

Et comme le disait Charles de Gaulle « l'intendance suivra ».

Tous les musiciens, tous les ministres, sont impliqués pour que la musique ne soit pas cacophonique ; c'est le rôle des répétitions.

La musique, pour une harmonie, dès la première, c'est le premier violon, le ministre du morceau choisi qui donne le la.

Les musiciens sont des spécialistes de l'instrument qu'ils utilisent.

Il vaut mieux des techniciens que des idéologues !

Sensibilité n'est pas philosophie.

En biologie, la vie est la musique.

Le cerveau est le chef d'orchestre.

Tout le corps est de l'intendance. Qui doit suivre !

En biologie, le squelette supporte les structures corporelles et, conjointement avec les muscles, participe au mouvement.

Dans le système ouvert qu'est la société, le squelette est l'encadrement, la structure de l'organisation… pour ce qui est du déplacement, et sur quoi s'accrochent les muscles.

Le cerveau dirige toute l'organisation interne, pensée et réflexes.

Une « *structure est la somme totale des moyens employés pour diviser le travail en tâches distinctes, et en assurer la coordination nécessaire.* »

H.Mintzberg : *Structure et dynamique des organisations*

Ed. Organisation 1988.

Cette définition vaut aussi pour toute la biologie.

La structure détermine la stratégie **avec ceux** qui vont l'appliquer.

L'idéologie, dans le social, détermine la stratégie **par ceux** qui vont l'appliquer.

Dans le premier cas, des personnes élues d'opinions et de partis différents forment une structure dans un but déterminé. Un problème d'éthique par exemple.

Choisies selon leur compétence, le choix de la stratégie se fait par consensus.

Il en est ainsi avec le Comité Consultatif National d'Ethique.

Selon l'idéologie, quelle que soit la manière d'arriver au pouvoir, la majorité absolue permet une dynamique dirigée.

Mais il faudra toujours un contre-pouvoir. Sinon…

Le Président de la République.

Il possède les Attributs Doctrinaux Naturels (ADN) conférés par les résultats du vote électoral.

C'est aussi, parfois, une Autorité Doctrinale Nocive !

Si, voir l'inné, biologiquement, T et A sont complémentaires, et C et G aussi, par analogie, Théorie et Administration, ainsi que Conception et Généralisation vont de pair également.

A Direction N forme le gouvernement (ADN)

A Réalisation N (ARN) est nommé pour réaliser, selon la Théorie initiatrice.

Alors, le T s'efface pour être remplacé par le U, pour utilisation, et ainsi l'ARN devient l'Administration Rationnelle Numérisée (codon), qui transmet le message, ARNm.

C'est aussi l'Automatisation Régulée des Nécessités transportées, ARNt, qui assume, dans le ribosome, l'assemblage ordonné du produit, fini et exporté.

Cependant, le code génétique a la possibilité de créer 64 triplets pour les vingt produits nécessaires, les vingt acides aminés.

Il y a donc des doublons qui devraient être inutiles, car en trop.

Le code génétique est dit dégénéré !

Dans la formation d'un gouvernement, le nombre de ministres, de chefs de Cabinet, de secrétaires d'Etat, et de personnel accompagnant est peut-être aussi, parfois, surévalué !

On peut aussi trouver, c'est exceptionnel, des Administrations Réalisées par Népotisme (ARN) donc inutiles, au profit de membres des familles dirigeantes.

Le Premier ministre met en application ses directives, comme le chef d'orchestre.

Il distribue les portefeuilles, avec les émoluments qu'ils renferment, aux organes responsables, pour chaque nécessité.

Cela correspond aussi à la caractérisation du genre, au moment de la formation du fœtus.

On élimine (pas physiquement tout de même, ou si, parfois) par la mise à l'écart des déviationnistes.

Ou bien, ils sont incorporés dans un sous-ministère inutile et redondant.

Ministère de l'Intérieur. Les différentes polices, Complément, les lymphocytes B, T et les lignées blanches.

Ministère de l'Education Nationale, et socialiste parfois, selon les élections.

On voit ici que national et socialiste peuvent cohabiter, ce n'est pas contradictoire, sans connotation péjorative.

Il doit se placer en premier, car à la base de tous les savoirs.

L'égalité sociale désirée des chances, dans la réussite, est contredite par l'inégalité biologique, amplifiée par un environnement similaire. Car l'égalité intellectuelle n'existe pas.

Ministère de l'Information : ADN, ARNm (messager).

Ministère de la Justice : lois sur l'intégration et l'immunité, et la peine de mort ! L'univers carcéral...

Ministère de la Défense et des Armées. A l'intérieur, contre les agressions de l'extérieur.

Ou pour des actions pour maîtriser l'extérieur. Honni soit qui mal y pense.

Comme les toxines microbiennes, émises pour défendre le territoire

Murs, ligne Maginot améliorée, avec protections biochimiques, telles sueur, acidité, muqueuses...

Et toutes les lignées blanches, les anticorps, le Complément.

Ministère des Communications : Cerveau, hormones, lymphokines...

Ministère des Transports : Sang, nourriture, les vaisseaux, ARN (de transfert).

Ministère du Redressement Productif. Dû à l'obstination inébranlable d'un dépité, pour l'érection d'un ministère.

Défend tout ce qui est créé par la Nation, pour son corps défendu.

Créer et acheter français, pour être national.

Pour la sauvegarde de la valeur des mots de la langue française.

Ministère de la Population et de la Famille. Les gènes du germen, les cellules fixes de l'organisme, et de l'immigration avec les greffes.

Sous-secrétariat à la Copulation : Pour la démographie, et l'INSEE, et pour ceux qui aiment Malthus, Mao pour la ségrégation des filles, car non-appréciées, et pour la PMA recommandée ou non…

Ministère de l'Économie et des Finances. Pour tout ce qui touche à l'énergie et à la nutrition.

Où s'implique le marketing sensoriel : morphologie, les phéromones, etc. la femme choisit son géniteur, ou l'inverse. Avec accord.

Reconnaissance dans tous les magasins du même nom par la même odeur, et le logo, et les implantations internes toutes semblables.

Les enfants et le colostrum…

La vie biologique, nourriture et conditions environnementales (température, humidité, ensoleillement).

La nécessité biologique de vivre nécessitait la fonction et **l'organe préexistant s'est adapté aux nouvelles conditions.**

Les jambes et les bras permettaient le mouvement et la préhension

C'était cela, avant l'homme, chez les tétrapodes.

L'**exaptation** est une adaptation sélective.

"Exaptation-a missing term in the science of form." Paleobiology 8- 1982 Stephen J. Gould et Elisabeth Vrba

Au début était une fonction remplie par des organes.

De la natation à la vie terrestre, il y a eu adaptation ultérieure pour la marche (voir aussi, *Le pouce du panda* de Stephen Jay Gould)

Les poumons des poissons tétrapodes, dans un milieu pauvre en oxygène, ont été adaptés à la vie terrestre (*Le ver qui prenait le taxi*, Jean Deutsch.)

L'évolution a fait évoluer ce qui existait en de nouvelles espèces.

Socialement parlant, **l'organe crée la fonction.**

Œil, dents… ophtalmologistes, dentistes…

La médecine en découle avec la spécialisation :

Les cinq sens sont le résultat d'organes préexistants.

Les organes créent ainsi la fonction sociale.

Ils permettent d'être, ou non, des sportifs de haut niveau… ou des génies grâce au cerveau.

Mais, en politique, ce peut être la fonction qui crée l'organe !!

On peut créer un ministère de la Culture, car elle préexiste avant le ministère.

Pour la beauté et l'inné.

Avec les musées. Sciences naturelles et beaux arts.

L'intelligence est l'inné… et l'acquis !

Dans le langage des biologistes : **l'analogie est une similitude fonctionnelle,** par exemple : queue des poissons et des cétacés = gouvernail.

Et **l'homologie est une similitude structurelle** (exemple : cellules, organes… séquences d'ADN, de protéines, et aussi séquences au niveau moléculaire), les membres, bras, jambes sont des homologues des membres antérieurs et postérieurs de tous les mammifères, et les relations entre leurs différentes parties sont les mêmes, chez l'être humain et les autres mammifères…

Il y a des similitudes dans la diversité.

C'est une des preuves de la théorie de l'évolution.

Les fondements sociaux existent en biologie.

Il y a des crèches pour les cellules spécialisées, des écoles pour leur formation, des casernes, des voies de circulation.

Chaque cellule possède des centrales énergétiques avec les mitochondries

Un langage ésotérique scientifique permet la mondialisation des connaissances de ce qui vit.

Biosociologie et philosophie

D'évidence, il y a toujours une base philosophique sous-jacente qui sous-tend une argumentation. Le monisme est à la base de notre ouvrage qui définit le corps comme un tout.

Le corps biologique, dans toute l'acception du terme, implique le support matériel physico-chimique. Sans le cerveau et les substances qu'il sécrète, il n'y a plus de pensée. La pensée est le paradigme de tout ce qui en découle : mémoire, sentiments, réflexions…

Le problème de l'existence de l'âme reste impliqué dans la croyance et la foi. Pour l'au-delà.

La biosociologie s'inspire aussi en partie de la théorie de la forme, la *gestaltheorie.*

Par exemple, comme des lettres, les notes de musique s'associent pour former une mélodie. Avec des silences, des fins de phrase, et des clés qui, au début de la phrase, en détermine la hauteur : clé de sol pour le son aigu, ut pour le médium et fa pour les sons graves. On entend la musique qui en est la forme, que l'on peut analyser ensuite. Surtout les mélomanes !

Y compris pour la musique dodécaphonique. Il en est de même pour les perceptions, en psychologie, et pour les peintures, l'abstrait entre autres, perçus par chacun avec une vision particulière.

Pour l'individu, il en est de même ; chacun en a une représentation perçue de lui-même et des autres.

Mais la vie biologique, avec l'ensemble de ses organes et de ses cellules, peut ensuite être analysée. Par les médecins, les neurologues et les psychologues. Avec des appréciations diverses.

Nous pouvons aussi faire référence au behaviorisme, science du comportement, qui correspond aux interactions observées d'un individu dans son milieu, en réponse aux différents stimuli de l'environnement, et de son état organique personnel. Comme déjà vu, l'apprentissage, pour tout ce qui vit, la mode et le politiquement correct en sont des apparences sociales.

En biologie, chaque cellule naît avec un programme, qui est adapté à un exercice qui lui est dévolu, selon son emplacement, dans le système qui l'incorpore. C'est le cas pour l'instinct inné, spécifique du groupement animal dont il dépend. L'instinct de survie existe aussi chez l'homme et seule sa volonté ne peut le contrecarrer.

Nous nous plaçons dans une tradition sociologique organiciste.

La société est comme une sorte d'organisme supérieur, et elle peut alors s'étudier par rapport aux organes biologiques inférieurs, dont seule la pensée n'est pas représentée. Mais, cependant, les réactions du cerveau se répercutent sur le comportement biologique, avec des hormones sécrétées qui incitent certains organes à avoir des réactions « instinctives ». Le cœur bat plus vite...

Les analogies fonctionnelles sont-elles suffisantes pour contribuer à comprendre les mécanismes spécifiques des différents niveaux d'organisation du social.

Les finalités du biologique et du social sont a priori les mêmes.

Le propre du social est d'assurer, au moins, les conséquences des obligations de la vie biologique de base.

A partir de représentations partagées avec celle-ci, c'est-à-dire de tous les besoins assurés, dans la sécurité individuelle et collective. Ces représentations sont variables depuis l'évolution des rassemblements sociaux, famille, clan, tribu... nation, et vont jusqu'à la mondialisation. Elles se perpétuent dans l'espace et le temps. Les nécessités sont qualitativement invariables. Les représentations sociales sont éphémères. Elles sont surévaluées ou sous-évaluées selon le lieu et l'idéologie dominante. Des lois différencient alors la hauteur des satisfactions à distribuer.

Mais partout, la recherche du mieux-vivre, avec la liberté de communiquer et d'aimer est un argument biosociologique de base.

La vie, valeur morale et valeur marchande !

La vie humaine n'a pas de prix !

La vie biologique a un prix.

Par l'inné, d'abord, au prorata des valeurs prônées par les différentes sociétés humaines.

En sachant que le choix biologique actuel du genre est aléatoire, que la durée de vie de chacun est également aléatoire et que le programme santé inné de notre existence n'est modifié qu'en fonction d'un environnement qui sera accompagné ou protégé par une écologie dirigée (alcool, drogues, cigarette et nourriture) et grâce aux progrès de la Science.

Nous naissons tous avec des possibilités liées à des capacités physiques, qui se révèlent au fil du temps, aptitudes appréciées socialement dans un environnement proche, ou mondialisé.

Cet inné influe sur la valeur marchande. Le sport en est un exemple.

Et la voix est aussi performante, avec des styles qui évoluent dans le temps, et deviennent le vintage d'une époque.

Les qualités morphologiques, la beauté, la laideur, la couleur de la peau… sont sources de réussite, ou d'exclusions.

La beauté est diversement ressentie. Elle en fixe un prix selon l'évolution culturelle. Et des cultes.

Par exemple, les femmes Mursi, d'Ethiopie, avec les ornements labiaux, comme les femmes à plateaux du Tchad, sont-elles victimes des hommes guerriers qui voulaient les protéger du viol en les rendant inesthétiques ou était-ce une manière symbolique de signifier la position de la caste, et la hauteur de la dot demandée ?

De nos jours, la beauté et aussi la laideur s'apprécient selon des modes mais occasionnent des revenus dans diverses activités, comme le cinéma ou la mode. Difficile de faire une publicité de voiture sans le mannequin de service. « Voyez, mesdames, la classe qui est rehaussée avec un tel véhicule, et vous, messieurs, voici ce que vous pourrez attendre de votre achat ! »

Et maintenant, même une « sale gueule » est une valeur ajoutée, surtout en tant qu'artiste. Pour le reste ?

Images subliminales incitatives. Pour le signifié représenté.

Et l'inné, représenté par les capacités réservées à la jeunesse, est commercialement impliqué dans le commerce des produits de beauté, et pour une existence sexuelle performante.

Et les produits biologiques et diététiques pour vous mettre au régime font florès. Mince alors !

Mais l'intelligence est une valeur inappréciable, donc appréciée selon les rendements économiques qu'elle procure. Elle nourrit et pérennise des inventions, qui innovent avec le temps. De l'ingénierie au littéraire, elle fournit un acquis pour l'inventeur, et un acquis pour tous.

Quelle valeur peut-on attribuer à la vie ?

Tout dépend de la morale du moment, et des gens du lieu où elle pose problème.

De l'homme ou de la femme, et de leur place dans la société, de la naissance ou de l'avortement, de la mort avec euthanasie ou de l'accompagnement sans souffrir, de l'incapacité légale après traumatisme physique, ou autre, des otages et de leur prix, des persécutions et du terrorisme…

L'éthique pourra-t-elle résoudre les problèmes ?

L'homme biologique, pratiquement immuable, est loin de laisser la place à l'H*omo sapiens*, et à son intelligence.

On peut modifier le biologique, mais pour un individu, pour certaines qualités, et sans transmission.

L'Homme social à son corps dépendant

Dès le début de la procréation, il y a inégalité biologique.

L'individu sera mâle ou femelle.

Et la société sera socialement responsable du plus ou du moins qu'elle accordera à cette différenciation sexuelle.

Les affects, états affectifs élémentaires habituels, peuvent être modifiés, et la vie en commun peut associer des individus du même sexe. Cette homosexualité est biologiquement inégale pour enfanter.

La société, par la médecine, peut combler ce manque, mais en utilisant toujours l'autre sexe, complément inévitable de la procréation.

Les parents offrent à leur descendance des qualités liées à l'inné de chacun des géniteurs.

Il y a inégalité dans la distribution des caractères, ne serait-ce que dans la transmission des possibilités intellectuelles, et dans la morphologie, diversement appréciée selon les critères fluctuants de la beauté.

L'intelligence, la beauté, les capacités innées de performances sportives, avec un travail pour les affiner, tout cela intervient dans la réussite sociale !

Et y ajouter, une partie du patrimoine génétique de chacun des géniteurs, prédictive pour une possible acquisition de maladies, comme certains cancers…

L'état de santé au moment de prendre des initiatives, l'environnement perturbant, le stress qui vous envoie aux toilettes, avant un examen, avant une réunion importante pour l'avenir, et bien plus pour les hommes d'Etat, surtout pour ceux dans le coma ; responsable, la biologie **impose parfois des réactions inadéquates au vu d'une situation.**

Et les accidents, maladies, ou mécaniques qui modifient votre état de santé, et votre avenir proche ou à long terme.

Que vous soyez puissant ou misérable, les jugements de l'assurance en seront appréciables.

Les invalidités temporaires ou permanentes sont adaptées à votre situation sociale.

Un acteur, un mannequin, un homme d'affaires… blessés au visage par exemple seront plus dédommagés qu'un accidenté lambda. L'accident mortel verra les donations aux survivants faites au prorata de ce qu'apportait le vivant antérieur.

L'inégalité biologique existe, et l'égalité sociale tente d'y remédier, mais jusqu'à quel niveau est-ce possible ?

Sinon en recréant d'autres inégalités.

En brimant, pour le moins, certaines réussites et en faisant partir ceux qui font aussi la richesse d'un pays !

Pour le plus, en permettant à chacun de se réaliser, dans des aspirations en accord avec ses qualités intellectuelles et physiques, acceptant les différences sociales et matérielles procurées, sans distinction des valeurs ethniques, culturelles et cultuelles que chacun supporte.

CONCLUSION

Que pouvons-nous retenir de ces analogies comportementales entre **la vie biologique et la vie sociale ?**

Hiérarchie et division du travail sont analogues dans ces deux types de sociétés.

Elles évoluent toutes deux entre l'amour et la haine.

Ce sont deux verbes, aimer et haïr, qui modulent les existences.

Avec des oscillations qui les font varier en raison d'un environnement donné, à un moment donné.

Le biologique est-il moral, éthique ?

Répondre à cette question, c'est affirmer des convictions idéologiques.

Tout d'abord, il apparaît que les organismes vivants sont, semble-t-il, programmés pour répondre à tout ce qui intervient dans les trois nécessités vitales que sont la communication, la nutrition et la pérennisation.

La Société aura toujours les mêmes obligations.

La pérennisation est aussi voulue pour faire perdurer une idéologie, un pouvoir.

Eh oui, la vie sociale et celle des Etats sont dans la même conception du maintien global !

La guerre commence dans l'individu, par ses propres contraintes, plus ou moins réfrénées.

Elle existe dès qu'il y a deux individus et, progressivement, prend de l'ampleur pour s'étendre mondialement entre les pays.

Tout le monde veut vivre vieux, et en bonne santé.

C'est toujours la base des souhaits, en toute occasion.

Profiter de la vie biologique, sans souffrir.

D'où la recherche de la meilleure fin de vie. Sans souffrir.

Pour soi, d'abord.

Les autres pensent le plus souvent à ce qu'on appelle une fin dans la dignité, pour eux !

Une fin de vie décente en enfer pour les malades « alzheimériens » qui ont dû oublier de la demander.

La vie sociale serait du type biologique, si l'intelligence et une certaine morale n'intervenaient, pour réfréner les conflits.

Mais, d'évidence, ce mode de vie biologique créerait d'autres difficultés, compte tenu que chaque individu n'est pas une cellule, placée immuablement dans une situation précisée dès la naissance.

Chaque individu possède une certaine liberté qui veut s'exprimer dans chaque type de société.

C'est pourquoi les lois créent des subordinations.

Sinon, la sanction peut motiver les insubordinations.

La vie biologique est l'indépendance dans l'interdépendance.

Dans le corps lui-même, et avec le milieu qui l'environne.

Il se trouve que toute action peut être modulée selon les nécessités, pour se maintenir dans des normes spécifiques pour chaque individu donné.

Dans la Société, il en est de même.

Il doit alors exister un pouvoir et un contre-pouvoir efficaces.

Mais, comme le dit Paul Valéry :

« Deux dangers ne cessent de menacer le monde, l'ordre et le désordre. »

L'un et l'autre doivent cohabiter.

Si l'un des deux prend le dessus, ou l'on se maintient, ou la crise maladive qui s'ensuit peut aboutir à la mort, soit de cellules, d'un organe, soit de la totalité de l'individu.

La vie sociale est analogue.

Les analogies sont donc fonctionnelles, surtout dans la sociologie des primitifs.

Le cerveau humain, la science et les techniques modifient le comportement social des humains.

L'évolution de la société s'est faite plus rapidement, en quelques millénaires, que l'arrivée de l'Homme en des millions d'années ! Cette évolution s'accélère.

Pour chaque individu, la propriété de son corps doit être protégée par la loi.

Bien que celle-ci protège l'individu contre toute atteinte à son intégrité (crime, euthanasie, assistance de fin de vie), il est certain que des modifications pourront apparaître dans l'avenir.

La loi est modifiable. Selon l'évolution idéologique des époques.

Et les idéologies évoluent ainsi, au fur et à mesure des intégrations.

La douleur et les souffrances physiques doivent être atténuées.

Mourir dans la dignité est, en fait, laissé à l'appréciation de l'entourage.

Car c'est lui qui paraît juger de la dignité.

Le malade atteint de la maladie d'Alzheimer sait-il encore ce qu'est la dignité ? Que pense-t-il dans les courts instants de normalité qui reviennent ?

Qui doit choisir la fin de l'autre ? Problème de conscience plus que d'éthique.

La liberté de choisir s'applique tant qu'elle ne supprime pas celle d'autrui.

Par contre, supprimer la douleur est possible, et mourir sans souffrance est digne.

La liberté s'impose donc des limites.

Ainsi, le suicide d'une personne, comme l'apoptose biologique, apporte un message à décrypter, pour une réponse spécifique, d'un individu, ou d'un groupe social lui-même spécifié.

Résistance et terrorisme, la connotation est originellement semblable, mais les moyens d'action éliminent des vertus morales et s'appuient sur d'autres valeurs contradictoires.

La résistance est un choix d'actions dirigés contre les représentants des « proposés envahisseurs ».

Le terrorisme ne choisit pas les victimes.

Sunnites contre chiites. Enfants, femmes et hommes assassinées devant leurs mosquées respectives, pour légitimer leur prépondérance idéologique.

Et qui tuent ensemble des mécréants pour la même croyance. Dans les églises et les synagogues.

Ou ceux qui tuent pour nier l'existence d'Etats reconnus.

Dans les Balkans, au Moyen-Orient, en Afrique, en Colombie…

Un organe social inefficace, ou qui s'éteint, et l'Etat est à la merci du cancer totalitaire, ou de l'anarchie interne, ou de l'environnement démagogique qui s'en empare.

Selon les critères de puissance, donc des représentants qui en sont les dépositaires, l'Etat survivra, ou disparaîtra, selon un temps variable, dû à l'environnement et au système interne.

La communication externe cristallise les dysfonctionnements internes.

Pouvant même intervenir matériellement parfois !

Chaque activité biologique possède une équivalence sociale.

Représentée par ses différents ministères, mais pour le compte d'une philosophie qui dirige.

En biologie, tout est conforme à un schéma inné, donné, prévu.

Les accidents proviennent d'une incapacité fonctionnelle déficitaire pour obtenir un résultat déterminé.

Dans une société, à un moment donné, la réponse de chaque ministère est aléatoire.

Et il s'avère que la réponse à chaque activité aura des conséquences parfois imprévisibles.

Qui dépendent de l'environnement social du moment.

Le biologique n'évolue que pour son mieux, dans un espace de temps, en millions d'années !

La société change partout, avec un temps de jours, de mois ou d'années parfois, pour aller du meilleur d'avant, au meilleur d'après !!! Sans jamais arriver au meilleur des mondes et sans modifier la nature humaine.

Car chaque individu possède sa conception de son existence.

En biologie, *si vis pacem, para bellum.*

Les Etats en font de même.

Etre armé, pas seulement par les armes, mais par un contexte social et psychologique qui regroupe tous les individus d'un pays, en vue d'une existence harmonieuse, et capable de se défendre pour se protéger.

Le peuple français s'est créé, formé au cours de longs siècles, avec des invasions et des immigrations intégrées.

Il n'a pas été inventé.

La France s'est créée par des communautés de langage, de pensées. Clovis et Henri IV l'ont prouvé, car Paris valait bien une messe, et dans des frontières non contestées.

Il en est de même du peuple juif, et de sa diaspora.

Du sable, de Sand Schlomo, ne peut pousser que de la haine.

Et pourra-t-il expliquer quand est né le peuple palestinien ?

L'an prochain à Jérusalem, est dit depuis des siècles durant la Pâque juive.

Et l'hébreu est le lien national.

Les guerres israéliennes ont été faites initialement par des pays arabes, puis contre, et certains refusent encore la création de l'Etat qui a eu lieu en 1948.

Des habitants arabes furent aussi appelés à s'enfuir, devant revenir après la victoire des légions arabes.

La défaite permet à Israël de conquérir des terres jordaniennes.

Par ailleurs, jamais les Etats arabes n'ont accepté une enclave dite palestinienne, avant 1967.

Après Septembre noir, en 1970, un attentat le 1er septembre est commis contre le roi de Jordanie que Yasser Arafat voulait destituer.

Le roi décrète la loi martiale et les camps palestiniens sont rasés, des milliers de morts. Fin des hostilités le 27 septembre.

Gaza, proposé aux Égyptiens, a été refusé.

Après être restés au Liban, des réfractaires se sont concentrés dans le Sud de la Jordanie.

D'évidence, les Palestiniens n'ont jamais eu de terre en tant qu'Etat, ni de frontières, ni de gouvernement, ni de capitale.

Les habitants qui revendiquent le titre de Palestinien étaient tous sujets de la Cisjordanie et des environs.

Avec un langage commun aux Arabes, pour un peuple arabe.

Aucune autodétermination ne demandait l'indépendance, sur les terres où ils se trouvaient.

C'est après 1967 que cette tentation s'est manifestée.

Et l'Etat palestinien se fera en annexant des terres jordaniennes.

Pour deux Etats.

La Jordanie, l'Egypte sont même devenues garantes des frontières communes actuelles.

Et pas tous ne désirent réellement l'élimination d'Israël.

Mais cette notion sert de ciment pour les Etats.

C'est d'ailleurs le seul lien véritablement commun pour eux tous au niveau des populations.

Jérusalem, qu'on ne peut oublier depuis la destruction du Temple sous Hérode, est cité trois fois dans le Coran, et 669 fois dans la Bible.

On ne peut nier que Jérusalem soit la capitale d'Israël, même si les trois religions y ont un patrimoine !

Tous les pays du monde se défendent contre toute agression.

Il y a moins de prix Nobel, dits juifs, qui œuvrent pour le Bien, que d'assassins glorifiés par le Hamas.

Surtout quand ils sont libérés des geôles. Mille terroristes, pour rendre un homme israélien capturé.

Nombre disproportionné, mais en rapport au nombre de morts qu'ils ont faits.

La langue ancienne d'Israël était déjà l'hébreu. Cela fait un peuple.

Ils font aussi des oasis dans le désert, par le désir de paix et l'intelligence qui distribue rationnellement l'eau, bénie.

Et par les ambassadeurs agronomes qui fertilisent en même temps des terres africaines.

Le droit de nous indigner n'est pas étranger à ce qui semble une injustice.

Mon regard dans la politique, en relation avec mon Histoire, m'est autorisé par mon parcours civique.

Et celui de ma famille, de mon père, engagé volontaire pendant la guerre de 1939, et de mon frère aîné, résistant.

Et j'ai aussi le droit de m'indigner.

Mon indignation est celle de celui qui est contre cette géopolitique de l'émotion. Injustice contre injustice.

Il existe aussi une hiérarchie dans les injustices !

Prôner la mort comme valeur morale et l'assassinat comme preuve de propriété de terres est un non-sens, pourtant toléré pour une géopolitique économique.

Et les affaires sont les affaires !

Nous ne voulons pas être simplement polémique.

Mais simplement, biologiquement objectif.

Et faire réfléchir. Et certainement à torts partagés !

Il faut une compensation pour rétablir une disproportion entre la vision généralement admise d'un Israël belliqueux, car acculé à se défendre, et des pays alentour considérés comme pacifiques, pas encore légaux, mais seulement revendiquant.

Avec, pour certains, la disparition de l'Etat d'Israël.

Ou alors dilué dans un Etat Palestinien, où les Israéliens seraient plus que largement, minoritaires.

Comme les *dhimmis* d'antan !

Le droit d'intervention pour se défendre est alors revendiqué.

Pour les pays concernés, sans distinction. Et que seule la paix fera cesser.

Ce qui, paraît-il, est désiré par tous !

Donc, il faut discuter, avec ceux qui le veulent bien.

Cet exemple est frappant des conflits qui surgissent dans le monde.

Des conditions matérielles ou idéologiques qui sont des prodromes, préfigurant les guerres, peuvent être prévenues, dans tous les sens du terme.

Il faut donc des observations équitables de la part des belligérants et de ceux qui se veulent des intervenants étrangers, impliqués dans le désir de médiation.

En se situant au niveau des deux antagonistes.

Sans interférer du fait des propres avantages à tirer pour les idéologies des interlocuteurs extérieurs, et qui peuvent être modifiés d'ailleurs dans le temps des négociations, suite aux élections de tous les protagonistes.

Si une paix arrive, donc avec un équilibre homéostatique social dans les pays belligérants, et suite à la mise de côté des éléments perturbateurs, la guérison permettra à la vie normale de reprendre, avec le maintien culturel de ce qui existait antérieurement à la maladie.

La vie biologique est le maintien d'un équilibre entre les corps et le milieu extérieur. Pour les Etats, il en est de même pour leur survie.

Un pays se réadapte au mieux, après une révolution ou une guerre, par également le maintien de ce qui faisait avant, l'équilibre matériel, social et culturel de l'Etat.

Mais en l'améliorant, si possible, grâce à la flexibilité de l'intelligence du pouvoir.

Sinon, une autre crise se profilera, guerre civile larvée, dans un temps variable, mais inéluctable.

Deux exemples contradictoires :

la France après août 1944, dans la première proposition, avec le général de Gaulle qui a tout voulu conserver, la monnaie et les gens qui n'étaient pas directement responsables des exactions, et l'Irak après la guerre, en novembre 2001, où tout a été modifié brutalement, avec l'instauration d'une guerre civile larvée !

L'Homme se déplace de plus en plus vite, par des moyens de locomotion plus élaborés.

Enfin, il faut admettre que la communication évolue encore plus rapidement de nos jours.

Le transfert des informations se fait dans l'immédiat, par des appareils de plus en plus sophistiqués.

L'information s'universalise au même instant.

La pensée pourra bientôt s'imposer physiquement, pour diriger un organe défaillant…

Et les neurotransmetteurs utiliseront toujours des substances biologiques pour faire réaliser ce que la pensée désire.

Le biologique persistera fondamentalement dans le temps, avec des améliorations transitoires et personnelles des individus, qui seront dues à des avancées scientifiques biologiques.

La nouveauté biologique est une liberté qui n'existe que lorsqu'elle s'inscrit dans le cadre des capacités que la biologie, que la nature donc, lui impose.

La liberté de l'homme est révélée par la présence d'une opposition, et si la sociologie doit analyser chaque fois des situations nouvelles, qui ne sont que des modifications, des mutations de situations préexistantes, elle retrouve tout de même, à chaque fois, des analogies avec la biologie.

Nous avons vécu parallèlement deux existences.

Une vie sociale, de jeunesse, avec une guerre déclenchée par un ordre discipliné, autoritaire, nazi, fasciste.

Une obéissance absolue, le rejet spécifique de populations arrêtées et livrées par une police autochtone à ceux qui les poursuivaient et qui sont montés au ciel, pour « des cendres ».

Il en a été de même pour ceux qui se sont vraiment soumis, idéologiquement.

Un ordre qui a aussi détruit ses propres artisans, avec des assassinats et des suicides imposés.

Un ordre qui prônait le regroupement familial. Ne pas séparer les enfants des parents, pour les envoyer en déportation.

Et j'ai connu ceux qui ont participé à la sauvegarde des individus poursuivis et celui qui, en sauvant un Homme, sauve l'humanité…

Et une existence familiale formatrice d'une éthique et d'une morale pas toujours retrouvées ailleurs.

Une vie sociale d'enseigné, d'enseignant, une vie professionnelle accomplie, et les quelques titres obtenus m'ont fait réfléchir sur le cursus d'une existence.

Le pourquoi est un problème personnel pour tous, jamais totalement figé, mais toujours en réadaptation, ce qui conditionne des actes révélateurs des conceptions qui les initient.

Le comment ?

L'enseignement laïque parental et les écoles de ma jeunesse m'ont appris la liberté de choix et la compréhension des autres.

L'enseignement pastorien, de rigueur, avec des maîtres qui seront nobélisés, ouvrait aussi aux connaissances de la vie, à partir du « primitif ».

Avec les microbes et les virus, et la persistance de leur pérennité…

L'immunologie autorisait la compréhension du maintien de la vie biologique plus complexe.

Les techniques évoluant, nous avançons de mieux en mieux dans les connaissances.

Du gène à la survie et à la mort, nous faisons un lien qui augmente notre compréhension de la vie biologique.

C'est l'immunologie, par le hasard, à un moment inattendu pour moi, qui m'a fait réfléchir.

Ma *serendipity* fut la greffe cardiaque réalisée par le Docteur Christiaan Barnard en 1968.

Tenter de donner la vie, qui est refusée par celui qui la reçoit.

J'ai beaucoup pensé à cette acceptation, temporaire, de la greffe, puis de son rejet.

Depuis, on sait que les greffes se maintiennent grâce à une acceptation par tolérance induite.

Ou par des éléments artificiels greffés, non-antigéniques.

Avec ces violences imposées, par la greffe d'abord, par l'organisme receveur ensuite, j'ai cru voir des analogies avec la vie politique, donc sociale.

Mon passé m'a fait comprendre que ce qui est merveilleux en biolcgie, pour sa survie, et par les analogies observées, peut être un danger pour une société qui le prendrait comme modèle exclusif.

Mais peut aussi être un élément de réponse dans une situation donnée.

Les cellules, dans le tout corporel, sont programmées universellement et armées, avec des armées qui protègent totalement l'intégrité du Tout.

Comme des ordinateurs. Avec des réponses préconçues.

Les individus sont aussi des ordinateurs, mais chacun y intègre son programme au fur et à mesure de son évolution dans le temps.

Dans son Tout social, il va répondre en fonction des acquis culturels, cultuels, mais chaque instant dépendra cependant du contexte du moment.

Les modifications, comme des virus engendrés par la culture et l'environnement social, modifieront votre disque dur.

Qui sera aussi impulsif, mais aussi réfréné après examen, comme une relecture !

On est contre la peine de mort, mais dans la vision ou la connaissance de certains crimes jugés odieux, seule la réflexion incite à persévérer dans cette option !

Au fond, un consensus inné, biologiquement acquis depuis l'évolution, en fonction de la, ou des cellules, et de l'environnement peut donner l'idée d'un consensus obtenu dans la direction globale d'un pays, avec les qualités techniques de ceux qui en ont la charge.

Eliminer la peine de mort pour quelques cas, c'est fait, mais il faut surtout soulager ceux qui ont la peine de vivre !

Et aider ceux qui veulent réussir.

A charge pour les gens élus démocratiquement de peaufiner les lois selon les affinités.

Ce sont les réflexions morales, éthiques qui imposent le mieux la devise liberté, égalité, fraternité.

Et je reconnais et me reconnais dans ce triplé de bon genre, issu des Droits de l'Homme.

Je l'ai utilisé. Sans que cela soit du matraquage.

Avec une vision politique qui mérite la contradiction.

Mais en se méfiant toujours des « abjecteurs » de conscience.

Qui veulent polluer les consciences.

Les images ne sont pas toujours la réalité « réelle ».

Les mots ne doivent pas s'associer à des images virtuelles, aux origines idéologiques.

La contestation et l'opposition doivent être intellectuelles, mais pas sous l'empire de l'empathie compassionnelle, commisératrice.

Ce qui nous a permis, dans cet essai, d'y inclure une partie sociologique, qui est due à la diversité intelligente de l'homme, et qui la différencie de la rigidité biologique.

Le biologique est-il moral, éthique ?

Nous savons bien que la morale, et les lois sont parfois corrélées, et souvent contradictoires, selon le lieu et le moment. Et parfois analogues au biologique !

Le biologique, on sait ce qu'il est, pratiquement immuable. On fait avec.

L'éthique s'universalise. Elle devrait être acceptée par tous, mais pas toujours.

Les problèmes des gaz, du nucléaire et de la guerre sont en relation directe avec ceux qui les possèdent.

Et dont l'usage est entre leurs mains, et dépend de leur idéologie, donc de leur éthique.

La biosociologie sera là, nous l'espérons, pour aider à comprendre certains comportements.

C'est notre intuition.

Pour moi : *Toute intuition subit une poussée vers l'extériorisation consciente d'un projet, supérieure à la somme des connaissances maintenues dans l'inconscient de la mémoire.*

Enseigner nous a aussi appris le pouvoir de la répétition.

Je l'ai utilisé. Pour l'imprégnation.

REMERCIEMENTS

Mes remerciements iront, tout d'abord, à la biologie qui m'a fait ce que je suis.

Seul spermatozoïde paternel à pénétrer en premier dans l'ovule maternel, et grâce à l'apoptose qui m'a permis de devenir un homme, j'ai une hérédité qui me convient.

Mes parents, immigrés en France en 1925, ont donné, à mon frère aîné et à moi-même, des leçons de courage et de morale. Traditionalistes, mais laïques et reconnaissants dans la vie sociale, ils ont été l'exemple d'une immigration réussie.

Modeste artisan tailleur, notre père a parlé, et écrit couramment en plusieurs langues : le polonais, le russe, l'hébreu, l'allemand, le français, puis l'anglais dans les années 1960, en allant retrouver ses parents, ses frères, sa sœur, ses neveux et nièces aux États-Unis.

En 1939, pas encore naturalisé français, alors que l'étaient ses enfants, notre père s'est engagé dans la Légion étrangère, pour la durée de la guerre. Et notre mère cousait des capotes militaires kaki pour nous nourrir. Ceci pour la morale sociologique. La famille, le travail et notre patrie !

Habitant depuis 1933 dans le même immeuble que mon ami Pierre Godeau, j'ai encore eu l'exemple de ce qu'étaient le courage et la morale. Le comportement de ses parents pour sauver des gens, et le sien, dans sa vie professionnelle, sont authentifiés par deux livres autobiographiques, et un *Traité de médecine*, avec les Professeurs Jean-Pierre Piette et Serge Herson, aux relations très amicales.

Un véritable ami d'enfance, de jeux d'abord, professionnellement ensuite.

Le Professeur Pierre Godeau, quasi-fondateur de la médecine interne en France, m'a offert, pendant nos études, lui pendant son internat, et moi à l'Ecole Dentaire de Paris, ses conférences d'internat qui touchaient la spécialité odonto-stomatologique. Cela m'a permis de réussir tous mes examens de clinique avec facilité et de finir premier d'un concours organisé entre les élèves des Ecoles dentaires parisiennes, en 1952, par le Docteur Parant, auteur du livre : *Petite Chirurgie de la bouche*, et Chef de service à l'hôpital Saint-Antoine.

Avant, il y avait eu l'école primaire de la Place des Vosges, ses instituteurs et son directeur, M. Vacheron, socialiste humaniste de l'époque Blum et Mendès France, qui m'a fait obtenir un *ausweis* en 1941, pour gagner la zone non occupée de la France, et que j'ai retrouvé et eu le bonheur de soigner après 1952.

Et aussi être moniteur de la colonie de vacances du IVe arrondissement de Paris (1948) avec, comme Directeur, mon ancien instituteur de 1941 André Debré.

1942 à 1944, période pendant laquelle j'ai été protégé dans une Ecole de frères des Ecoles Chrétiennes et dont le Directeur, Frère Marcel Genestier, et son supérieur du diocèse, Monseigneur Piguet, qui sera un « hôte » du camp de Dachau, seront nommés Justes, à juste titre !

Cette année est celle du Brevet Elémentaire.

A partir de 1943, mon frère aîné Charles, qui a rompu avec les études médicales, à cause des évènements, est au maquis du Mont Mouchet, en Auvergne. Il est et a été Président d'organismes d'anciens combattants. L'exemple toujours.

Août 1944, début juillet, l'Ecole de Pontgibault reçoit, après le débarquement, d'autres réfugiés de l'Ecole de Montreuil. Pour ne pas les importuner, je les quitte pour une expérience de paysan à Verneuges, où je me suis réfugié.

Je repars de là ; je me libère deux jours avant la libération de Clermont Ferrand et d'Aubière, mais aussi de la fille de ceux qui nous cachaient chez eux, quand la police venait nous avertir qu'une rafle allait avoir lieu.

Sur dénonciation calomnieuse, des résistants tardifs sont venus la chercher pour lui raser la tête.

Notre père est entré à la mairie et il en est ressorti avec elle, toujours avec ses cheveux.

Toujours le courage et la reconnaissance.

Mes parents, dont l'authenticité à la valeur républicaine est enfin reconnue, sont français en 1947.

1947, c'est l'année de mon baccalauréat, avec des professeurs du Lycée Blaise Pascal, résistants nommés Bouissy et Danton (du Chagrin et la pitié), et de mon entrée à l'Ecole Dentaire de Paris, avec d'excellents professeurs, et que j'apprécie comme tels.

La suite me permet d'évoluer, à l'Institut Pasteur de Paris, avec les cours de microbiologie, virologie, et le cours supérieur d'immunologie générale et de sérologie d'où je sors diplômé.

Pasteur et la rigueur. Une leçon parentale, qui se perpétue.

Par ce biais, j'ai connu les Nobel Lwoff, Monod et Jacob, et bien d'autres enseignants merveilleux.

Professeur à l'Université René Descartes, j'ai pu rencontrer tant d'autres spécialistes qui m'ont tous offert des connaissances.

Je ne peux tous les citer, mais je les remercie car ils m'ont aidé à devenir ce que je suis.

Président de l'Académie Nationale de Chirurgie Dentaire et Président d'Honneur du Comité National Odontologique d'Ethique, mon parcours social est une réussite personnelle de la République, et de ses intégrations.

D'autres amis, très chers, m'ont aussi fait évoluer : Jacques Mathieu, ancien directeur de Radio Monte Carlo, et sa fille Séverine, sociologue.

Ami de l'ancien Préfet de Paris Saint-Prix, nos discussions réconfortantes m'ont beaucoup fait réfléchir.

Ami des chercheurs, Mircea Dumitresco, immuno-généticien jusqu'à sa mort programmée, il y a si longtemps déjà, et le Docteur Huynh Thien Duc, oncologue, chercheur émérite au CNRS, la biologie m'a imprégné et fait voir l'existence dans ce qu'elle nous maintient.

Remerciements particuliers au Professeur Bertrand Weil, Professeur émérite et membre du Comité Consultatif National d'Ethique, pour l'élévation de sa culture, qu'il sait si bien transmettre.

Au Professeur Marc Zerbib, Président de nombreuses associations médicales, et dans l'éthique, pour son dévouement et notre amitié.

Infiniment merci à mes étudiants : ils m'ont plus donné que ce je leur ai offert.

Remerciements à mes amis, proches de plus de cinquante ans.

A la danse qui m'a longtemps facilité une existence physique agréable, avec la musique et les contacts sociaux variés.

Au Docteur Pierre Khalifa qui me permet une longévité qui me satisfait.

A mon neveu Alain Conso, directeur de l'agence Katanga, pour l'existence donnée à ce manuscrit, et si bien reproduite par mon éditeur.

A notre père, aux cieux.

Pour nous son nom est sanctifié, et à notre mère, pas tout à fait comme décrite habituellement, mais si vraie et non abusive.

Leurs 72 ans de mariage, exemplaire par le courage et la générosité.

A mon frère, le Professeur Charles Berenholc, pour son soutien, son affection, et aux siens, pour le partage.

A ma famille, parents, cousins et collatéraux, et à tous mes amis.

A mes beaux-parents et à leurs siens aussi.

Ils facilitent tous une vie affective et sociale équilibrée.

Et je suis plus intelligent que mon épouse, puisque j'ai réussi à me faire épouser par une femme plus intelligente que moi, sur de nombreux aspects de la vie.

Et qui agrémente et enjolive déjà 55 années de vie de famille. Elle m'a offert deux filles, Laurence et Corinne, donc deux gendres, Thierry et Jean-Marc, et les collatéraux, et, de plus, cinq petits-enfants, Maxime, Sacha, Elena, Johan et Alexis, pour pérenniser, tous ensemble, un amour familial.

Grâce à eux, merci à la vie. L'optimisme vous la transfigure.

L'Humanité, donc tous les êtres humains en général, est un immense corps social, où chaque individu est comme les chromosomes cellulaires, supports de gènes qui donnent les caractéristiques comportementales et sociales de chacun.

Selon l'éthique qui devrait permettre une vie communautaire bienveillante, il devrait y avoir des caractères dominants bénéfiques, qui rendraient défectives les mauvaises interprétations, les « mauvaises actions », pour une homéostasie apaisée et une existence libre, égalitaire et fraternelle.

Merci à vous, lecteurs, qui que vous soyez.

Vos appréciations et vos réflexions seront utiles à chacun.

BIBLIOGRAPHIE

Les lectures qui ont influencé mes réflexions.

Afoumado Diane *Exil impossible, errance des juifs du bateau Saint Louis* l'Harmattan 2005

Ameisen Jean-Claude *La sculpture du vivant* Point Seuil 2003

Sur les épaules de Darwin LLL 2012

Angier Nathalie *Petit cours de sciences* Dunod 2008

Atlan Henri, Vergely Bertrand *Sommes-nous libres ?* Salvator 2012

Berenholc Simon et Jean Paupe *Immunité et Immunologie*

Encyclopédie Médico-Chirurgicale 22009 1967

Berenholc Simon *Précis de microbiologie* AGECD 1975

Berenholc Simon *Immunologie Générale Symbiose Vol. 4* (77-109) 1973

Berenholc Simon *De l'expérience biologique au modèle humain,*

Bulletin de l'Académie Nationale de Chirurgie Dentaire. 36e année ; n°36 (p.47-55)

Berenholc Charles, Berenholc Simon, Jacotot David

Le Droit en Odontologie Encyclopédie M.C. 23-842-A-02 Elsevier 2008

Discours biologique et ordre social Seuil 1977

Ducrocq Albert *L'objet vivant* Stock 1989

Finkielkraut Alain *L'identité malheureuse* Stock 2013

Giordan André *Mon corps, la première merveille du monde* J.-C. Lattès 1999

Histoire de la biologie Technique et Documentation 1989

Gould Stephen Jay *Le pouce du panda* Grasset 1982

Quand les poules auront des dents Fayard 1983

L'éventail du vivant Le seuil 1997

Hagege Claude *L'homme de paroles* Fayard 1985

Huynh Thien Duc *The biological time calendar Biomed Pharmacol* janvier 2014

Jacob François *La logique du vivant* Gallimard 1970

Le darwinisme aujourd'hui Seuil 1979

Le jeu des possibles Fayard 1981

Koestler Arthur *Les somnambules : essai sur les conceptions de l'Univers* Les belles lettres 2010
Kourilsky Philippe *Le jeu du hasard et de la complexité* Odile Jacob 2014
Laval Christian *L'ambition sociologique* Gallimard 2012
Les menaces biologiques Puf 2008
Lwoff André *L'ordre biologique* Laffont 1969
Monod Jacques *Le hasard et la nécessité* Le seuil 1970
Margulis Lynn et Sagan Dorion *L'univers bactériel* Albin Michel 1989
Marylène Patou-Mathis *Préhistoire de la violence et de la guerre* Odile Jacob 2013
Moïsi Dominique *La géopolitique de l'émotion* Flammarion 2008
Montefiore Simon Sebag *Jérusalem* Le livre de poche 2011
Nazisme, science et médecine Ed. Glyphe 2006
Nora Pierre *Les lieux de mémoire* (7 volumes) Gallimard 1984
Prochiantz Alain *Qu'est-ce que le vivant ?* Seuil 2012
Université de tous les savoirs Qu'est-ce que la vie ? Odile Jacob 2000
Riaud Xavier *La pratique dentaire dans les camps du IIIème Reich* l'Harmattan 2005
Richard Guy *L'Histoire inhumaine* Armand Colin 1992
Robert Ladislas *Les horloges biologiques* Flammarion 1989
de Rosnay Joël *Et l'Homme créa la vie* LLL 2010
Shlomo Sand *Comment le peuple juif fut inventé* Fayard 2009
Stéphane Hessel *Indignez-vous* Indigène éditions 2010
Swynghedauw Bernard *Quand le gène est en conflit avec son environnement* de Boeck 2009
Szlamowicz Jean *Détrompez-vous !* Intervalles 2011
Vincent Jean-Didier *La biologie des passions* Odile Jacob 1986
Qu'est-ce que l'homme ? Odile Jacob 2000
Wilson Edward O. *Sociobiology* The Belknap Press of Harvard University Press 1980

Sciences
aux éditions L'Harmattan

Dernières parutions

MILLE ANS D'ASTRONOMIE ET DE GÉOPHYSIQUE
D'Aristote au haut Moyen Âge
De Felice Pierre
Le ciel et la terre sont observés depuis la plus haute antiquité. Ne disposant pas d'instruments de mesure appropriés, les hommes proposent des explications incluant l'action divine ou s'en affranchissant. D'Aristote (IVe siècle avant J.-C.) jusqu'à Isidore de Séville (VIe-VIIe siècles après J.-C.), les auteurs grec, latin, médiéval ont compilé et décrit les connaissances de leur temps sur les astres, les phénomènes atmosphériques et géophysiques en tentant de démythifier le monde qui les entoure. Ce livre illustre aussi le difficile processus de naissance de la connaissance.
(Coll. Acteurs de la Science, 14.00 euros, 128 p., Illustré en noir et blanc)
ISBN : 978-2-343-03816-2, ISBN EBOOK : 978-2-336-36544-2

CE MONDE QUI VIENT
Sciences, matérialisme et posthumanisme au XXIe siècle
Basquiat Jean-Paul - Préface de Paul Basquiat
Le monde qui vient sera ce que nous en ferons. Encore faut-il avoir le courage de regarder l'avenir en face. C'est à cet effort salutaire que cet opuscule invite le lecteur. Appuyé sur les recherches les plus pointues, il propose de décrypter sous tous ses aspects le monde nouveau porté par l'évolution des sciences et des techniques.
(Coll. Questions contemporaines, 10.00 euros, 66 p.)
ISBN : 978-2-343-05055-3, ISBN EBOOK : 978-2-336-36475-9

MANUEL DES PROBABILITÉS OU MATHÉMATIQUES DE L'INCERTAIN
Laloire Jean-Claude - Préface de Michel Delecroix
Ce manuel présente les aspects pratiques de l'analyse des données et les aspects théoriques des probabilités. Cela permet à la fois de comprendre les phénomènes observés, d'en déduire une prévision et ainsi de se projeter vers l'avenir avec un maximum de sécurité. Les méthodes proposées s'appliquent aussi bien aux sciences humaines qu'aux sciences biologiques et médicales et sont mises en pratique à l'aide de nombreux exercices corrigés.
(48.00 euros, 504 p.)
ISBN : 978-2-343-04627-3, ISBN EBOOK : 978-2-336-36043-0

VALEUR (LA) DE L'ESPÈCE
La biodiversité en questions
Lherminier Philippe
Philippe Lherminier est généticien; il propose de s'interroger sans faux-semblant sur la valeur de l'espèce. Que perd-on lorsqu'une espèce s'éteint ? Quelle valeur disparaît ? Il y a de multiples réponses : l'espèce vaut parce qu'elle est utile ou inutile, abondante ou rare, connue ou inconnue, ancienne ou récente, proche ou lointaine, ressemblante ou différente de l'homme, comprise ou mystérieuse.
(Coll. Acteurs de la Science, 13.50 euros, 128 p.)
ISBN : 978-2-343-04141-4, ISBN EBOOK : 978-2-336-35913-7

QUESTIONNEMENTS D'UN OCÉANOGRAPHE
Une immersion dans le monde de la recherche et les questions éthiques qu'elle soulève
Pichevin Thierry
Ce livre décrit de l'intérieur le travail de recherche en océanographie physique de Thierry Pichevin, son contexte, ses méthodes et ses enjeux procurant ainsi au lecteur une immersion dans le quotidien d'un chercheur. D'autre part, il procède à l'analyse éthique rigoureuse des questionnements rencontrés, tout en montrant que tout chercheur peut être confronté à des questionnements comparables.
(22.00 euros, 226 p.)
ISBN : 978-2-343-03444-7, ISBN EBOOK : 978-2-336-35786-7

À L'OMBRE DES FORÊTS
Usages, images et imaginaires de la forêt
Sous la direction de Philippe Billet, Claire Harpet et Jean-Philippe Pierron
Qu'est-ce qu'une forêt ? De quoi sont faites les forêts ? Nous construisons tous une image de la forêt empreinte de vécus et d'imaginaires, procédant d'une accumulation de souvenirs, de connaissances et de représentations médiatiques et institutionnelles. A l'aune d'une prise de conscience de la finitude des ressources naturelles et du changement climatique, il est fondamental de savoir ce que la «forêt» veut dire.
(Coll. Éthique, droit et développement durable, 26.00 euros, 248 p.)
ISBN : 978-2-343-02807-1, ISBN EBOOK : 978-2-336-35819-2

UN BOTANISTE AUTOUR DU MONDE
Afrique, Amérique, Australie
Delange Yves
L'auteur, botaniste, nous invite à la découverte des différents milieux naturels peu connus des Européens, notamment ceux encore peu altérés par la civilisation et caractéristiques de formations extrêmement riches sur le plan de la diversité biologique, tels que les mattorales ou hauts plateaux mexicains, le bush, le veld et le fynbos en Afrique australe, ou encore le mulga, le mallee et la jarrah forest australiens.
(Coll. Biologie, écologie, agronomie, 25.00 euros, 256 p.)
ISBN : 978-2-343-03492-8, ISBN EBOOK : 978-2-336-35415-6

CHERCHEURS, ÉTHIQUES ET SOCIÉTÉS
L'avenir de l'avenir
Patrice Thierry
Peu appréhendée par les décideurs, la biologie conditionnera nos sociétés, les rapports entre les hommes, entre eux et l'environnement. Le monde de la recherche est mal connu, parfois mal aimé ou craint. Il semble donc utile d'instituer un débat pour préciser les objectifs, les moyens, l'information et la vulgarisation, la propriété des résultats et l'appréhension des conséquences de la recherche en biologie.
(Coll. Ethique et pratique médicale, 31.00 euros, 298 p.)
ISBN : 978-2-296-57790-9, ISBN EBOOK : 978-2-296-50418-9

CAMILLE ARAMBOURG. UN PALÉONTOLOGUE, DE L'ALGÉRIE À L'AFRIQUE PROFONDE
Hadjouis Djillali - Préface de Yves Coppens
Depuis les plaines sahéliennes d'Oran à la Vallée de l'Omo en Éthiopie, en passant par les côtes du littoral atlantique, jusqu'au Moyen-Orient, Camille Arambourg aura fait connaître, au cours de ses recherches, non seulement les fossiles de l'Afrique mais également ceux des autres régions du monde. Ce livre retrace le parcours de cet homme qui identifia plus de 230 taxons (familles, genres, espèces) de mammifères et de poissons.
(Coll. Acteurs de la Science, 25.00 euros, 242 p.)
ISBN : 978-2-296-96391-7

POUR UN RENOUVEAU DANS L'ENVIRONNEMENT
De l'antiscience à l'Intelligence Artificielle des systèmes complexes
Bouché Marcel B. - Préface de Richard Moreau
Nos institutions écartent toute évaluation environnementale sérieuse par la promotion d'une démarche antiscientifique. Ce livre décrit au contraire les démarches sérieuses des sciences et techniques et la problématique environnementale. La rigueur, qui fait habituellement défaut à ce secteur d'étude, est indispensable pour permettre l'Intelligence Artificielle appliquée rationnellement à nos évaluations environnementales et à la méthode scientifique dans les systèmes complexes.
(Coll. Biologie, écologie, agronomie, 38.00 euros, 384 p.)
ISBN : 978-2-296-96826-4

VOYAGES D'UN BOTANISTE EN EURASIE
France, Scandinavie, Italie, Grèce, Japon, Inde, Cambodge
Delange Yves
L'auteur, botaniste, nous présente ici nombre d'espèces végétales, à travers ses récits de voyages, des pays du nord de l'Europe jusque dans la lointaine Asie, avec des séjours dans différents espaces méditerranéens. Il livre également de nombreuses informations recueillies au cours de rencontres avec différentes cultures, concernant les productions agricoles, l'alimentation, les traditions culinaires, mais aussi diverses spiritualités vouées aux cultes de la nature, en Inde et en Extrême-Orient.
(Coll. Biologie, écologie, agronomie, 21.50 euros, 224 p.)
ISBN : 978-2-343-03491-1, ISBN EBOOK : 978-2-336-35416-3

COELACANTHE (LE), UNE ESPÈCE ANIMALE À L'ÉPREUVE DES MÉDIAS
Barrère Florent
Le coelacanthe est l'objet de bien des fantasmes : affaire commerciale dans les îles Comores ; course au «spécimen» naturalisé dans les muséums ; étude anatomique dans le seul but de conforter l'hypothèse du «grand-père de l'Homme»... Devenu à ses dépens vedette médiatique, le coelacanthe s'extraira de ce marasme par un retour à son objet scientifique initial : dans les années quatre-vingt, le coelacanthe est enfin filmé dans son milieu naturel.
(Coll. Champs visuels, 20.00 euros, 192 p.)
ISBN : 978-2-296-99785-1, ISBN EBOOK : 978-2-296-53096-6

RÉSEAUX (LES) DE NEURONES DE LA CONSCIENCE
Approche multidisciplinaire du phénomène
Rollet Guy
Cet ouvrage vise à la compréhension de la conscience. Il apparaît que les neurosciences computationnelles apportent incontestablement des éléments décisifs. Un réseau de neurones original est conçu pour coder une conscience *stricto sensu*, capable de raisonnement et de prise de décision. Celle-ci peut être orientée par les émotions. La capacité d'agir, la composition du Soi et la verbalisation de la pensée peuvent alors être envisagées.
(Coll. Biologie, écologie, agronomie, 25.00 euros, 240 p.)
ISBN : 978-2-336-00597-3, ISBN EBOOK : 978-2-296-51375-4

SCIENCE (LA), SYMPTÔME DE L'OCCIDENT
Le «comment» des impasses de la recherche scientifique occidentale
Thiebert Lawrence
Et si les scientifiques avaient trop compliqué leur processus de démonstration ? Et si la démonstration, peu concluante, s'embourbait simplement parce qu'elle relève en vrai d'un raisonnement paralogique psychiatrique tel que celui que l'on rencontre dans le discours du paranoïaque, discours logique certes mais qui part d'un postulat faux ? Nous sous-entendons ici que cette hypothèse est fort probable.
(Coll. Pensée Africaine, 13.00 euros, 116 p.)
ISBN : 978-2-296-97025-0, ISBN EBOOK : 978-2-296-50278-9

UNIVERS (L') FASCINANT DES INSECTES
Nos amis, nos ennemis
Mariau Dominique
Cet ouvrage aborde tous les aspects de la vie des insectes et les rôles essentiels qu'ils jouent dans la vie sur terre. Comment définit-on un insecte ? Depuis quand existent-ils ? Que connaît-on sur leurs organes des sens, leurs migrations, leur rôle, qu'il soit positif ou négatif ?
(Coll. Biologie, écologie, agronomie, 22.00 euros, 182 p.) ISBN : 978-2-296-96144-9

SCIENCE (LA), CREUSET DE L'INHUMANITÉ
Décoloniser l'imaginaire occidental
Royer Jean-Marc
En 1610, Galilée promeut un mode de connaissance qui se veut une lecture mathématique de l'Univers. Face à lui, l'Église. Un long combat s'engage alors, lois contre lois. Un siècle et demi plus tard, tandis que naît la fabrique industrielle basée sur le charbon, les philosophes optent pour ces «lumières». Ce savoir qui voulait mettre la subjectivité à distance aura réussi au-delà de toute espérance : c'est l'être humain que la rationalité calculatrice a rendu obsolète.
(Coll. Questions contemporaines, 23.00 euros, 218 p.)
ISBN : 978-2-296-96233-0

NATURE, TECHNOSCIENCES ET RATIONALITÉ
Le tryptique du bon sens
Makanga Blanchard
La résolution des problèmes écologiques qui touchent notre planète ne peut être l'exclusivité des technosciences et de l'écologie en tant que discipline scientifique. D'autres disciplines sont capables d'apporter des savoirs aussi sûrs et surtout moins risqués que ceux des sciences expérimentales. La philosophie se propose donc de le faire à travers, notamment, la réflexion éthique basée sur la morale stoïcienne, en faisant de l'environnement un nouvel objet d'étude.
(Coll. Sciences et Société, 23.50 euros, 236 p.)
ISBN : 978-2-296-96960-5

UNDO THE MATH !
How semiotic gaps warp thinking
Idelson Marc
In a study inspired by author's observation of the spiraling out of control use of mathematics by bankers, financiers and economists, the Western world's reliance on arithmetic and geometry is traced back, with support from the works of Medieval historian Alfred Crosby and of Anthropologist of Knowledge Paul Jorion, to its Medieval and Antiquity roots. The author bases on different areas such as philosophy with François Jullien's Chinese thought and Michel Bitbol with his epistemological reflections.
(Coll. Recherches en Gestion, 20.00 euros, 190 p.)
ISBN : 978-2-296-96993-3

COMMENT L'HOMME QUITTA LA TERRE
Marc Jacques
L'auteur déroule ici une chronique des croyances, pensées et idées qui ont inspiré, tout au long des millénaires, philosophes et poètes, rêveurs et empiriques, bricoleurs et ingénieurs tandis qu'avançaient les sciences et les techniques permettant de concrétiser un des plus grands rêves de l'humanité : «voguer» dans l'espace jusque vers les étoiles.
(Coll. Acteurs de la Science, 15.50 euros, 152 p.)
ISBN : 978-2-296-96490-7

L'HARMATTAN ITALIA
Via Degli Artisti 15; 10124 Torino

L'HARMATTAN HONGRIE
Könyvesbolt ; Kossuth L. u. 14-16
1053 Budapest

L'HARMATTAN KINSHASA
185, avenue Nyangwe
Commune de Lingwala
Kinshasa, R.D. Congo
(00243) 998697603 ou (00243) 999229662

L'HARMATTAN CONGO
67, av. E. P. Lumumba
Bât. – Congo Pharmacie (Bib. Nat.)
BP2874 Brazzaville
harmattan.congo@yahoo.fr

L'HARMATTAN GUINÉE
Almamya Rue KA 028, en face
du restaurant Le Cèdre
OKB agency BP 3470 Conakry
(00224) 657 20 85 08 / 664 28 91 96
harmattanguinee@yahoo.fr

L'HARMATTAN MALI
Rue 73, Porte 536, Niamakoro,
Cité Unicef, Bamako
Tél. 00 (223) 20205724 / +(223) 76378082
poudiougopaul@yahoo.fr
pp.harmattan@gmail.com

L'HARMATTAN CAMEROUN
BP 11486
Face à la SNI, immeuble Don Bosco
Yaoundé
(00237) 99 76 61 66
harmattancam@yahoo.fr

L'HARMATTAN CÔTE D'IVOIRE
Résidence Karl / cité des arts
Abidjan-Cocody 03 BP 1588 Abidjan 03
(00225) 05 77 87 31
etien_nda@yahoo.fr

L'HARMATTAN BURKINA
Penou Achille Some
Ouagadougou
(+226) 70 26 88 27

L'HARMATTAN SÉNÉGAL
10 VDN en face Mermoz, après le pont de Fann
BP 45034 Dakar Fann
33 825 98 58 / 33 860 9858
senharmattan@gmail.com / senlibraire@gmail.com
www.harmattansenegal.com

L'HARMATTAN BÉNIN
ISOR-BENIN
01 BP 359 COTONOU-RP
Quartier Gbèdjromèdé,
Rue Agbélenco, Lot 1247 I
Tél : 00 229 21 32 53 79
christian_dablaka123@yahoo.fr

644872 - Mars 2016
Achevé d'imprimer par

1livre.com
du rêve à la réalité !

www.ingramcontent.com/pod-product-compliance
Lightning Source LLC
LaVergne TN
LVHW011446061026
849535LV00004BA/979
* 9 7 8 2 3 4 3 0 5 6 3 3 3 *